高等职业教育（本科）土木建筑类专业系列教材

建筑工程施工质量检验与竣工验收

主　编　丁以喜　苑　敏

副主编　王　玮　梁　慷

参　编　王　晶　曹祯记

机械工业出版社

本书的内容主要包括建筑工程质量管理法规及相关基础知识模块、建筑工程施工质量验收标准体系模块、建筑工程施工质量管理的技术方法模块、建筑工程施工质量检验与验收实务模块。本书前3个模块组合主要阐述建筑工程施工准备阶段质量管理所要掌握的法律法规、质量管理体系、标准体系、科学原理与方法；第4个模块结合优质工序管理，采用主动控制的方法介绍建筑工程施工阶段质量策划、分部分项工程施工质量检验与验收的实务要领。附录是配套理论知识学习和实践项目训练的辅助资源。

本书配合在线教学资源可作为应用型本科、高职本科及专科土木建筑大类建筑工程与建设工程管理等专业的专项能力必修课程的教学用书，也可作为行业从业人士的业务参考书及培训用书。

图书在版编目（CIP）数据

建筑工程施工质量检验与竣工验收 / 丁以喜，苑敏主编． -- 北京：机械工业出版社，2024.8． --（高等职业教育（本科）土木建筑类专业系列教材）． -- ISBN 978-7-111-76406-9

Ⅰ．TU712

中国国家版本馆CIP数据核字第2024RR1826号

机械工业出版社（北京市百万庄大街22号　邮政编码100037）
策划编辑：常金锋　　　　　责任编辑：常金锋　陈将浪
责任校对：王荣庆　李　婷　　封面设计：马精明
责任印制：邓　博
北京盛通数码印刷有限公司印刷
2024年9月第1版第1次印刷
184mm×260mm·13.5印张·314千字
标准书号：ISBN 978-7-111-76406-9
定价：45.00元

电话服务　　　　　　　　　网络服务
客服电话：010-88361066　　机　工　官　网：www.cmpbook.com
　　　　　010-88379833　　机　工　官　博：weibo.com/cmp1952
　　　　　010-68326294　　金　书　网：www.golden-book.com
封底无防伪标均为盗版　机工教育服务网：www.cmpedu.com

前言

随着建筑行业的高质量发展，建筑工程施工质量检验与竣工验收已经深入到建设领域各项工作当中，为与转型升级中的建筑行业接轨，适应新形势下建筑工程施工质量检验与竣工验收岗位需求，本书编写团队深入市场调研，总结了大量的新需求、新知识，从建筑工程施工质量检验与竣工验收相关岗位需求出发，精心组织编写了此书。

本书在编写过程中着重体现了以下特色：

1. 本书内容衔接职业标准，覆盖其专业管理实务部分。为了培养具备建筑工程施工质量管理职业专业技能，达到施工现场专业人员职业标准，胜任建筑工程质量管理和目标控制任务要求的施工一线高层次技术技能人才，本书以《高等学校工程管理本科指导性专业规范》为依据，结合职业本科建设工程管理专业教学标准，以现行建筑工程施工质量检验与竣工验收规范、标准为主线编写。本书内容与全国二级建造师考试内容和《建筑与市政工程施工现场专业人员职业标准》（JGJ/T 250—2011）中的质量管理人员职业标准相衔接。

2. 本书内容融入质量管理技术，符合国家标准、规范要求。随着建筑工程技术的不断发展，建筑工程各专业的质量验收规范和各级工程质量管理部门的政策陆续更新，以及质量管理和质量监督电子平台的陆续开通及升级，本书在编写时注意吸收现行的政策及规范要求，如《建筑地基基础工程施工质量验收标准》（GB 50202—2018）、《建筑装饰装修工程质量验收标准》（GB 50210—2018）、《建筑节能工程施工质量验收标准》（GB 50411—2019）等，以体现内容的实用性、实施性与规范性。

3. "新形态一体化"编排结构方面的创新，符合本课程实操性强的特点。本书一改传统教材"规范介绍-附录案例"的体例，按照本科层次职业院校土木建筑类学生职业专业能力的需要和认知特点，基于主要工作任务，对应组织内容架构、合理编排知识结构体系。本书内容重点突出必须掌握的法律法规、质量管理体系、标准体系和技术方法；在每个模块的开始都有明确的"知识目标""能力目标""素质目标"，以强化学习的针对性，便于学生掌握重点和难点，侧重解决应用问题。本书充分体现了职业本科教材应有的"高等性"和"职业性"双重属性，教师可借助于本书采用项目化教学模式，落实学生应具备的专业知识、职业能力要求。

4. 本书进行立体化教材建设，符合"互联网+职业教育"发展需求。本书以党的二十大报告中"推进教育数字化"的重要论述为依据,进行立体化教材建设,符合"互联网+职业教育"发展需求,本书配套有微课视频等数字化资源,方便教师教学和学生学习。

5. 本书由"双师"型教师主编。本书的策划、编写过程始终注意听取企业专家的意见,紧密联系地方建筑行业发展方向,注重产教结合、校企合作、"双元"育人。

本书由南京工业职业技术大学丁以喜、河北科技工程职业技术大学苑敏任主编;江苏建筑职业技术学院王玮、南京工业职业技术大学梁慷任副主编。参加编写的人员还有江海职业技术学院王晶、南京工业职业技术大学曹祯记。同济大学应惠清教授、南京工业大学徐霞教授对本书的编写提纲和书稿进行了审阅,并提出了许多宝贵意见,在此表示感谢。

本书的编写工作得到了中国建筑第七工程局有限公司、中国建筑工程(香港)有限公司、江苏南通二建集团有限公司,以及江苏镇淮建设集团有限公司、江苏润宇建设集团有限公司等房建施工总承包特级资质企业专家的鼎力配合;本书的教学资源制作得到了房地产经营与管理专业教学资源库资源制作团队的大力支持,在此对相关的企业专家、学者一并表示衷心的感谢!

限于编者水平,书中不足之处在所难免,恳请广大读者批评指正。

编 者

微课资源列表

序号	名称	二维码	序号	名称	二维码
1	《建筑工程施工质量检验与竣工验收》课程教学建议		9	江苏省工程质量验收资料软件操作指南	
2	项目部综合管理体系简介		10	土方开挖分项工程检验批质量验收记录填制	
3	建设工程质量验收规范支持体系简介		11	土方开挖分项工程质量验收记录填制	
4	质量计划与质量验收的辩证关系		12	子分部工程质量验收记录表填制	
5	分项检验批质量验收记录表填制		13	工程竣工验收与备案资料整理	
6	质量控制资料收集与整理的标准、程序与方法		14	质量验收四类资料质量管理的一般规定	
7	建筑工程检测试验技术管理与试验报告解读		15	单位工程分部分项检验批一览表编制	
8	材料见证取样和检验试验程序				

目 录

前 言

微课资源列表

模块一 建筑工程质量管理法规及相关基础知识 ··· 1

1.1 建筑工程五方责任主体施工质量管理的法律规定 ··· 1
    1.1.1 《中华人民共和国建筑法》（摘要） ··· 2
    1.1.2 《建设工程质量管理条例》（摘要） ··· 3
    1.1.3 《房屋建筑和市政基础设施工程质量监督管理规定》（摘要） ················· 5
    1.1.4 建筑工程五方责任主体项目负责人质量终身责任的界定与追究办法 ······· 6
1.2 建筑工程施工质量管理体系 ·· 7
    1.2.1 GB/T 19001—2016/ISO 9001：2015 质量管理体系的要求与八项原则 ····· 9
    1.2.2 建筑工程施工阶段质量管理体系 ·· 12
    1.2.3 施工现场质量管理检查要求 ·· 14
1.3 建筑工程施工质量的特点与影响因素 ·· 16
    1.3.1 建筑工程施工质量的特点 ·· 16
    1.3.2 建筑工程施工质量的影响因素 ·· 17

模块二 建筑工程施工质量验收标准体系 ··· 19

2.1 建筑工程施工质量验收标准和规范支撑体系 ·· 19
    2.1.1 建筑工程施工质量验收的标准体系框图 ·· 19
    2.1.2 工程建设强制性标准监督 ·· 21
    2.1.3 工程建设标准化工作改革趋势 ·· 22
2.2 建筑工程施工质量验收规范解读 ·· 23
    2.2.1 《建筑工程施工质量验收统一标准》（GB 50300—2013）的术语与
         基本规定 ··· 23
    2.2.2 《建筑工程施工质量验收统一标准》（GB 50300—2013）的分部分
         项划分标准 ··· 25
    2.2.3 质量目标控制的基石——分项工程的检验批质量检验与验收 ············· 28
    2.2.4 检验批质量验收的标准与验收记录填报要求 ·· 29
    2.2.5 分项工程质量验收的标准与验收记录填报要求 ···································· 31

        2.2.6 分部工程质量验收的标准与验收记录填报要求 ·················· 32
        2.2.7 单位工程质量验收的标准与验收记录填报要求 ·················· 35

模块三 建筑工程施工质量管理的技术方法 ·················· 41

  3.1 建筑工程质量控制的科学原理和类型 ·················· 41
      3.1.1 建筑工程质量控制的科学原理 ·················· 43
      3.1.2 建筑工程质量控制的类型 ·················· 44
      3.1.3 建筑工程质量控制的重点 ·················· 46
  3.2 建筑工程施工质量管理的技术方法 ·················· 48
      3.2.1 建筑工程施工质量检验与验收的基本方法 ·················· 48
      3.2.2 建筑工程施工质量管理七种管理工具 ·················· 49
      3.2.3 建筑工程施工质量检测试验技术 ·················· 50
      3.2.4 抽样检验技术 ·················· 59
      3.2.5 质量验收统计方法 ·················· 61
      3.2.6 文件和档案信息化管理技术 ·················· 63
  3.3 建筑工程施工质量管理的四类措施 ·················· 64

模块四 建筑工程施工质量检验与验收实务 ·················· 65

  4.1 项目质量策划与质量管理计划 ·················· 66
      4.1.1 项目质量策划 ·················· 66
      4.1.2 质量管理计划 ·················· 66
  4.2 地基与基础分部工程施工质量检验与验收 ·················· 67
      4.2.1 地基与基础分部工程施工质量验收基本规定 ·················· 68
      4.2.2 土方子分部工程施工质量检验与验收 ·················· 69
      4.2.3 桩基础子分部工程施工质量检验与验收 ·················· 79
      4.2.4 地下防水子分部工程施工质量检验与验收 ·················· 80
      4.2.5 地基与基础分部工程施工质量验收 ·················· 90
  4.3 主体结构分部工程施工质量检验与验收 ·················· 91
      4.3.1 结构工程找平放线、技术核定与验收 ·················· 92
      4.3.2 混凝土结构子分部工程施工质量检验与验收 ·················· 97
      4.3.3 砌体结构子分部工程施工质量检验与验收 ·················· 113
      4.3.4 主体结构分部工程施工质量验收 ·················· 126
  4.4 装饰装修分部工程施工质量检验与验收 ·················· 127
      4.4.1 装饰工程找平放线、技术核定与验收 ·················· 127
      4.4.2 建筑装饰装修分部工程施工质量验收基本规定 ·················· 131

4.4.3 抹灰子分部工程质量检验与验收 ………………………………………… 133
4.4.4 门窗子分部工程质量检验与验收 ………………………………………… 135
4.4.5 饰面砖子分部工程质量检验与验收 ……………………………………… 141
4.4.6 涂饰子分部工程施工质量检验与验收 …………………………………… 143
4.4.7 细部工程子分部施工质量检验与验收 …………………………………… 145
4.4.8 建筑地面子分部工程施工质量检验与验收 ……………………………… 146
4.4.9 室内环境工程施工质量检验与验收 ……………………………………… 161
4.4.10 装饰装修分部工程施工质量验收 ……………………………………… 161

4.5 屋面分部工程施工质量检验与验收 …………………………………………… 163
4.5.1 屋面分部工程施工质量验收基本规定 …………………………………… 163
4.5.2 基层与保护子分部工程施工质量检验与验收 …………………………… 165
4.5.3 保温与隔热子分部工程施工质量检验与验收 …………………………… 167
4.5.4 防水与密封子分部工程施工质量检验与验收 …………………………… 169
4.5.5 细部构造子分部工程施工质量检验与验收 ……………………………… 173
4.5.6 屋面分部工程施工质量验收 ……………………………………………… 174

4.6 建筑节能分部工程施工质量检验与验收 ……………………………………… 176
4.6.1 建筑节能分部工程施工质量验收的基本规定 …………………………… 176
4.6.2 墙体节能分项工程施工质量检验与验收 ………………………………… 178
4.6.3 建筑节能分部工程施工质量检验与验收 ………………………………… 183

4.7 质量不合格与质量事故处理 …………………………………………………… 184
4.7.1 质量不合格处理规定 ……………………………………………………… 184
4.7.2 质量事故等级与处理 ……………………………………………………… 186

4.8 单位工程竣工验收与建筑工程竣工备案制 …………………………………… 187
4.8.1 单位工程竣工验收 ………………………………………………………… 187
4.8.2 建筑工程竣工备案制 ……………………………………………………… 189

4.9 建设工程文件管理规范 ………………………………………………………… 190
4.9.1 建设工程文件的内容 ……………………………………………………… 190
4.9.2 建设工程文件管理基本规定 ……………………………………………… 191

4.10 质量评价标准与优质工程申报 ………………………………………………… 192
4.10.1 质量评价标准 …………………………………………………………… 192
4.10.2 优质工程申报与验收 …………………………………………………… 192

附　录　施工质量计划编制案例 ………………………………………………………… 195

参考文献 …………………………………………………………………………………… 208

模块一

建筑工程质量管理法规及相关基础知识

【知识目标】

1. 了解质量管理体制。
2. 掌握建筑工程质量管理相关法律。
3. 熟悉建筑工程五方责任主体施工质量管理的法律规定。

【能力目标】

1. 能够正确处理参与验收各方主体的关系，对照法律法规，履行自己的主要职责。
2. 在履行建筑工程质量管理职责时，能够遵循建筑工程质量管理的客观规律，正确运用建设工程质量管理的法律法规。

【素质目标】

树立全面的建筑工程施工质量管理法律意识，严格执行建筑工程五方责任主体施工质量管理的法律规定，规范建设工程质量管理行为。

1.1 建筑工程五方责任主体施工质量管理的法律规定

质量管理体制是指国家质量管理机构的设置以及权责配置制度的统称。《中华人民共和国产品质量法》确立了统一领导、统筹规划、分级、分部门管理的质量管理体制。新中国成立之初，工程质量管理采取的是自我管理、自我约束的企业自检自评的质量检查制度。随着建筑质量管理制度建设的不断完善，全国各省、市、县陆续建立了工程质量管理部门，五方责任主体（建设单位、勘察单位、设计单位、监理单位、施工单位）的质量意识和质量管理能力逐步增强，从而形成了施工单位自检、建设单位抽检和政府监督相结合的质量管理体系。

《中华人民共和国建筑法》《建设工程质量管理条例》《建设工程勘察设计管理条例》的实施，奠定了我国工程质量管理的法规基础。建设工程质量由等级核验制转变为竣工验收备案制，进一步厘清了监管责任和主体责任。

《中共中央 国务院关于进一步加强城市规划建设管理工作的若干意见》（2016年）、《国务院办公厅关于促进建筑业持续健康发展的意见》（2017年）、《中共中央 国务院关于开展质量提升行动的指导意见》(2017年)等进一步完善了工程质量管理监督体系。

1.1.1 《中华人民共和国建筑法》(摘要)

为了加强对建筑活动的监督管理，维护建筑市场秩序，保证建筑工程的质量和安全，促进建筑业健康发展，国家制定了《中华人民共和国建筑法》(1997年11月1日第八届全国人民代表大会常务委员会第二十八次会议通过，根据2019年4月23日第十三届全国人民代表大会常务委员会第十次会议《关于修改〈中华人民共和国建筑法〉等八部法律的决定》第二次修正)。

第一章 总　则

第二条　在中华人民共和国境内从事建筑活动，实施对建筑活动的监督管理，应当遵守本法。

本法所称建筑活动，是指各类房屋建筑及其附属设施的建造和与其配套的线路、管道、设备的安装活动。

第三条　建筑活动应当确保建筑工程质量和安全，符合国家的建筑工程安全标准。

第四条　国家扶持建筑业的发展，支持建筑科学技术研究，提高房屋建筑设计水平，鼓励节约能源和保护环境，提倡采用先进技术、先进设备、先进工艺、新型建筑材料和现代管理方式。

第六条　国务院建设行政主管部门对全国的建筑活动实施统一监督管理。

第六章　建筑工程质量管理

第五十二条　建筑工程勘察、设计、施工的质量必须符合国家有关建筑工程安全标准的要求，具体管理办法由国务院规定。

有关建筑工程安全的国家标准不能适应确保建筑安全的要求时，应当及时修订。

第五十三条　国家对从事建筑活动的单位推行质量体系认证制度。从事建筑活动的单位根据自愿原则可以向国务院产品质量监督管理部门或者国务院产品质量监督管理部门授权的部门认可的认证机构申请质量体系认证。经认证合格的，由认证机构颁发质量体系认证证书。

第五十四条　建设单位不得以任何理由，要求建筑设计单位或者建筑施工企业在工程设计或者施工作业中，违反法律、行政法规和建筑工程质量、安全标准，降低工程质量。

建筑设计单位和建筑施工企业对建设单位违反前款规定提出的降低工程质量的要求，应当予以拒绝。

第五十五条　建筑工程实行总承包的，工程质量由工程总承包单位负责，总承包单位将建筑工程分包给其他单位的，应当对分包工程的质量与分包单位承担连带责任。分包单位应当接受总承包单位的质量管理。

第五十六条　建筑工程的勘察、设计单位必须对其勘察、设计的质量负责。勘察、设计文件应当符合有关法律、行政法规的规定和建筑工程质量、安全标准、建筑工程勘察、设计技术规范以及合同的约定。设计文件选用的建筑材料、建筑构配件和设备，应当注明其规格、型号、性能等技术指标，其质量要求必须符合国家规定的标准。

第五十七条 建筑设计单位对设计文件选用的建筑材料、建筑构配件和设备，不得指定生产厂、供应商。

第五十八条 建筑施工企业对工程的施工质量负责。

建筑施工企业必须按照工程设计图纸和施工技术标准施工，不得偷工减料。工程设计的修改由原设计单位负责，建筑施工企业不得擅自修改工程设计。

第五十九条 建筑施工企业必须按照工程设计要求、施工技术标准和合同的约定，对建筑材料、建筑构配件和设备进行检验，不合格的不得使用。

第六十条 建筑物在合理使用寿命内，必须确保地基基础工程和主体结构的质量。

建筑工程竣工时，屋顶、墙面不得留有渗漏、开裂等质量缺陷；对已发现的质量缺陷，建筑施工企业应当修复。

第六十一条 交付竣工验收的建筑工程，必须符合规定的建筑工程质量标准，有完整的工程技术经济资料和经签署的工程保修书，并具备国家规定的其他竣工条件。

建筑工程竣工经验收合格后，方可交付使用；未经验收或者验收不合格的，不得交付使用。

第六十二条 建筑工程实行质量保修制度。

建筑工程的保修范围应当包括地基基础工程、主体结构工程、屋面防水工程和其他土建工程，以及电气管线、上下水管线的安装工程，供热、供冷系统工程等项目；保修的期限应当按照保证建筑物合理寿命年限内正常使用，维护使用者合法权益的原则确定。具体的保修范围和最低保修期限由国务院规定。

第六十三条 任何单位和个人对建筑工程的质量事故、质量缺陷都有权向建设行政主管部门或者其他有关部门进行检举、控告、投诉。

《中华人民共和国建筑法》还对建筑许可、建筑工程发包与承包、建筑工程监理、建筑安全生产管理进行了明确，规定了违反《中华人民共和国建筑法》所应承担的法律责任。

1.1.2 《建设工程质量管理条例》（摘要）

为了加强对建设工程质量的管理，保证建设工程质量，保护人民生命和财产安全，根据《中华人民共和国建筑法》，国家制定了《建设工程质量管理条例》（2000 年 1 月 30 日中华人民共和国国务院令第 279 号发布，根据 2019 年 4 月 23 日《国务院关于修改部分行政法规的决定》第二次修订）。

第一章 总则

第二条 凡在中华人民共和国境内从事建设工程的新建、扩建、改建等有关活动及实施对建设工程质量监督管理的，必须遵守本条例。

本条例所称建设工程，是指土木工程、建筑工程、线路管道和设备安装工程及装修工程。

第三条 建设单位、勘察单位、设计单位、施工单位、工程监理单位依法对建设工程质量负责。

第四条 县级以上人民政府建设行政主管部门和其他有关部门应当加强对建设工程质量的监督管理。

第四章 施工单位的质量责任和义务

第二十五条 施工单位应当依法取得相应等级的资质证书,并在其资质等级许可的范围内承揽工程。

禁止施工单位超越本单位资质等级许可的业务范围或者以其他施工单位的名义承揽工程。禁止施工单位允许其他单位或者个人以本单位的名义承揽工程。

施工单位不得转包或者违法分包工程。

第二十六条 施工单位对建设工程的施工质量负责。

施工单位应当建立质量责任制,确定工程项目的项目经理、技术负责人和施工管理负责人。

建设工程实行总承包的,总承包单位应当对全部建设工程质量负责;建设工程勘察、设计、施工、设备采购的一项或者多项实行总承包的,总承包单位应当对其承包的建设工程或者采购的设备的质量负责。

第二十七条 总承包单位依法将建设工程分包给其他单位的,分包单位应当按照分包合同的约定对其分包工程的质量向总承包单位负责,总承包单位与分包单位对分包工程的质量承担连带责任。

第二十八条 施工单位必须按照工程设计图纸和施工技术标准施工,不得擅自修改工程设计,不得偷工减料。

施工单位在施工过程中发现设计文件和图纸有差错的,应当及时提出意见和建议。

第二十九条 施工单位必须按照工程设计要求、施工技术标准和合同约定,对建筑材料、建筑构配件、设备和商品混凝土进行检验,检验应当有书面记录和专人签字;未经检验或者检验不合格的,不得使用。

第三十条 施工单位必须建立、健全施工质量的检验制度,严格工序管理,做好隐蔽工程的质量检查和记录。隐蔽工程在隐蔽前,施工单位应当通知建设单位和建设工程质量监督机构。

第三十一条 施工人员对涉及结构安全的试块、试件以及有关材料,应当在建设单位或者工程监理单位监督下现场取样,并送具有相应资质等级的质量检测单位进行检测。

第三十二条 施工单位对施工中出现质量问题的建设工程或者竣工验收不合格的建设工程,应当负责返修。

第三十三条 施工单位应当建立、健全教育培训制度,加强对职工的教育培训;未经教育培训或者考核不合格的人员,不得上岗作业。

第六章 建设工程质量保修

第三十九条 建设工程实行质量保修制度。

建设工程承包单位在向建设单位提交工程竣工验收报告时,应当向建设单位出具质量保修书。质量保修书中应当明确建设工程的保修范围、保修期限和保修责任等。

模块一　建筑工程质量管理法规及相关基础知识

第四十条　在正常使用条件下，建设工程的最低保修期限为。

（一）基础设施工程、房屋建筑的地基基础工程和主体结构工程，为设计文件规定的该工程的合理使用年限。

（二）屋面防水工程、有防水要求的卫生间、房间和外墙面的防渗漏，为5年。

（三）供热与供冷系统，为2个采暖期、供冷期。

（四）电气管线、给排水管道、设备安装和装修工程，为2年。

其他项目的保修期限由发包方与承包方约定。

建设工程的保修期，自竣工验收合格之日起计算。

第四十一条　建设工程在保修范围和保修期限内发生质量问题的，施工单位应当履行保修义务，并对造成的损失承担赔偿责任。

第四十二条　建设工程在超过合理使用年限后需要继续使用的，产权所有人应当委托具有相应资质等级的勘察、设计单位鉴定，并根据鉴定结果采取加固、维修等措施，重新界定使用期。

第七章　监督管理

第四十三条　国家实行建设工程质量监督管理制度。

县级以上地方人民政府建设行政主管部门对本行政区域内的建设工程质量实施监督管理。

第四十七条　县级以上地方人民政府建设行政主管部门和其他有关部门应当加强对有关建设工程质量的法律、法规和强制性标准执行情况的监督检查。

第四十九条　建设单位应当自建设工程竣工验收合格之日起15日内，将建设工程竣工验收报告和规划、公安消防、环保等部门出具的认可文件或者准许使用文件报建设行政主管部门或者其他有关部门备案。

建设行政主管部门或者其他有关部门发现建设单位在竣工验收过程中有违反国家有关建设工程质量管理规定行为的，责令停止使用，重新组织竣工验收。

第五十二条　建设工程发生质量事故，有关单位应当在24小时内向当地建设行政主管部门和其他有关部门报告。对重大质量事故，事故发生地的建设行政主管部门和其他有关部门应当按照事故类别和等级向当地人民政府和上级建设行政主管部门和其他有关部门报告。

特别重大质量事故的调查程序按照国务院有关规定办理。

第五十三条　任何单位和个人对建设工程的质量事故、质量缺陷都有权检举、控告、投诉。

《建设工程质量管理条例》还对建设单位、勘察单位、设计单位、工程监理单位的质量责任和义务进行了明确，规定了违反《建设工程质量管理条例》的处罚条款。

1.1.3　《房屋建筑和市政基础设施工程质量监督管理规定》（摘要）

《建设工程质量管理条例》明确了建设工程质量实行监督制度，住房和城乡建设部以第5号令发布了《房屋建筑和市政基础设施工程质量监督管理规定》，明确了建设工程质量监督机构的法律地位、基本结构和权利、责任、监督内容等。

第四条 本规定所称工程质量监督管理，是指主管部门依据有关法律法规和工程建设强制性标准，对工程实体质量和工程建设、勘察、设计、施工、监理单位（以下简称工程质量责任主体）和质量检测等单位的工程质量行为实施监督。

本规定所称工程实体质量监督，是指主管部门对涉及工程主体结构安全、主要使用功能的工程实体质量情况实施监督。

本规定所称工程质量行为监督，是指主管部门对工程质量责任主体和质量检测等单位履行法定质量责任和义务的情况实施监督。

第五条 工程质量监督管理应当包括下列内容。

（一）执行法律法规和工程建设强制性标准的情况。

（二）抽查涉及工程主体结构安全和主要使用功能的工程实体质量。

（三）抽查工程质量责任主体和质量检测等单位的工程质量行为。

（四）抽查主要建筑材料、建筑构配件的质量。

（五）对工程竣工验收进行监督。

（六）组织或者参与工程质量事故的调查处理。

（七）定期对本地区工程质量状况进行统计分析。

（八）依法对违法违规行为实施处罚。

第八条 主管部门实施监督检查时，有权采取下列措施：

（一）要求被检查单位提供有关工程质量的文件和资料。

（二）进入被检查单位的施工现场进行检查。

（三）发现有影响工程质量的问题时，责令改正。

第九条 县级以上地方人民政府建设主管部门应当将工程质量监督中发现的涉及主体结构安全和主要使用功能的工程质量问题及整改情况，及时向社会公布。

1.1.4 建筑工程五方责任主体项目负责人质量终身责任的界定与追究办法

为加强房屋建筑和市政基础设施工程（以下简称建筑工程）质量管理，提高质量责任意识，强化质量责任追究，保证工程建设质量，根据《中华人民共和国建筑法》《建设工程质量管理条例》等法律法规，国家制定了《建筑工程五方责任主体项目负责人质量终身责任追究暂行办法》。建筑工程五方责任主体单位之间的相互关系详见图1-1。

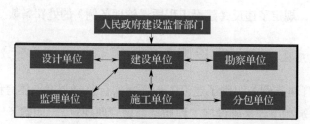

图1-1 建筑工程五方责任主体单位之间的相互关系

一、明确项目负责人的质量终身责任

按照《建筑工程五方责任主体项目负责人质量终身责任追究暂行办法》的规定，建设单位项目负责人、勘察单位项目负责人、设计单位项目负责人、施工单位项目经理和监理单位总监理工程师在工程设计使用年限内，承担相应的质量终身责任。全省各级住房城乡建设主管部门要按照规定的终身责任和追究方式追究其责任。

二、推行质量终身责任承诺和竣工后永久性标牌制度

自 2014 年 8 月 25 日起，工程项目开工前，工程建设五方项目负责人必须签署质量终身责任承诺书，工程竣工后设置永久性标牌，载明参建单位和项目负责人姓名，以增强相关人员的质量终身责任意识。

三、依法严格落实五方责任主体项目负责人质量责任

各级住房城乡建设主管部门要按照《建筑工程五方责任主体项目负责人质量终身责任追究暂行办法》《建筑施工项目经理质量安全责任十项规定（试行）》的规定，督促五方责任主体，尤其是施工企业切实落实好项目负责人的质量安全责任。

四、建立项目负责人终身质量信息档案

自 2014 年 8 月 25 日起，建设单位要建立五方项目负责人终身质量信息档案，竣工验收后移交城建档案管理部门统一管理保存。

五、加大质量责任追究力度

对检查发现项目负责人履责不到位的，各地住房城乡建设主管部门要按照《建筑工程五方责任主体项目负责人质量终身责任追究暂行办法》《建筑施工项目经理质量安全责任十项规定（试行）》的有关规定，给予罚款、停止执业、吊销执业资格证书等行政处罚和相应的行政处分。

1.2 建筑工程施工质量管理体系

建筑工业是整个国家工业发展的一个重要组成部分，建筑工程施工质量管理属于产品与服务质量管理的重要领域。建筑工程施工质量管理的发展水平、管理制度和管理标准一直与同期的国家整体建筑经济、建筑技术和建筑法规建设有着密不可分的关系。建筑工程施工质量管理是质量管理的一个分支，理解了质量管理可以为后续知识的学习打下坚实的理论基础。纵观质量管理的发展历程，质量管理的研究先后经历了图 1-2 所示的 4 个阶段，下面通过质量管理各阶段的特征分析，阐述各阶段质量管理层次和水平提高的过程。

图 1-2　质量管理的发展历程

1. 质量管理第一阶段：质量检验阶段

（1）质量检验制度的形成。20世纪初，现代工厂大量出现，生产工长负责质量管理，第一批专职的检验人员就从生产工人中分离出来，从而开启了质量检验阶段。

（2）质量检验的特点：

1）质量检验所验证的是确定质量是否符合标准要求，含义是静态的符合性质量。

2）质量检验的主要职能：把关、报告（信息反馈）。

3）质量检验的基本环节：测量（度量）比较、判断和处理。

4）质量检验的基本方式：全数检验和抽样检验。

5）在保证质量和节约检验费用的前提下，检验方式逐渐向工序检验方式发展。

（3）质量检验制度的优点：

1）检验职能中的预防和报告职能得到加强。

2）检验环节的集成度和检验水平有显著的提高。

（4）质量检验制度的缺点：

1）质量检验制度属于"事后检验"制度，生产企业无法预先控制质量。

2）检验产品的过程为逐个检验，检验工作量很大，质量检验成为生产的薄弱环节。

2. 质量管理第二阶段：统计质量控制阶段

（1）统计质量控制制度的形成。1924年，美国贝尔电话实验所的休哈特首创工序控制图，1929年由道奇与罗米克提出了统计抽检检验原理和抽检表，取代了原始的质量检验方法，主要标准有《质量管理指南》（Z1.1）、《数据分析用控制图》（Z1.2）、《生产过程中质量管理控制图法》（Z1.3）。20世纪50年代，统计质量控制阶段的发展达到高峰。

（2）统计质量控制制度的特点：

1）利用数理统计原理对质量进行控制。

2）将事后检验转变为事前控制。

3）以专职检验人员的质量控制活动为主。

4）将最终检验改为每道工序之中的抽样检验。

5）质量控制理论以产品质量的统计分析为基础，以强调工序质量的控制来保证产品的质量控制；工序质量控制的实施主要借助于控制图及工序标准化。

（3）统计质量控制制度的缺点：因数理统计比较深奥，加上过分强调质量控制而忽视其组织管理工作，人们容易误认为统计方法就是质量管理，而质量管理是统计学家们的事情。

3. 质量管理第三阶段：全面质量管理阶段

（1）全面质量管理制度的形成。全面质量管理制度始于20世纪60年代，在现阶段仍在不断完善和发展。

（2）全面质量管理制度的特点：

1）全面质量管理制度的核心是全过程的质量管理、全员的质量管理、全企业的质量管理。

2）全面质量管理制度的基本观念是质量第一、为用户服务、预防为主。

3）全面质量管理制度的基本工作方法是 PDCA 循环法，即由 Plan（计划）、Do（实施）、Check（检查）和 Action（处理）4 个工作阶段组成的工作循环。

4. 质量管理第四阶段：质量管理和质量保证阶段

（1）质量管理和质量保证制度的形成。国际标准化组织质量管理和质量保证技术委员会（ISO/TC 176）总结了各国质量管理和质量保证经验，于 1986 年 6 月 15 日发布了《质量——术语》（ISO 8402）标准，1987 年 3 月发布了 ISO 9000~ISO 9004 系列标准。我国及时将其等同转化为国家标准，即 GB/T 19000 系列。

（2）质量管理和质量保证制度的优点。随着 ISO 9000 系列标准的发布，使世界主要工业国家的质量管理和质量保证制度的概念、原则、方法与程序统一在国际标准的基础上，它标志着质量管理和质量保证制度走向规范化、程序化的新高度。

质量体系认证机构对通过了质量体系认证的企业颁发证书（图 1-3），获得认证的企业在招标投标时往往会获得加分。

图 1-3　职业健康安全管理、质量管理和环境管理体系认证证书示例

1.2.1　GB/T 19001—2016/ISO 9001：2015 质量管理体系的要求与八项原则

国际标准化组织（ISO）成立于 1947 年，是标准化领域中的一个国际组织，该组织的目的和宗旨是在全世界范围内促进标准化工作的开展，以便于国际物资交流和服务，并扩大在知识、科学、技术和经济方面的合作。其主要活动是制定国际标准，协调世界范围的标准化工作，组织各成员和技术委员会进行情报交流，与其他国际组织进行合作，共同研究有关标准化问题。

ISO 9000 质量管理体系是由国际标准化组织质量管理和质量保证技术委员会制定的系列标准，其四个核心标准如下：

（1）《质量管理体系　基础和术语》（ISO 9000：2015）。

（2）《质量管理体系　要求》（ISO 9001：2015），它既是认证机构审核的依据标准，也是业务范围涉及设计/开发、生产、安装、服务的企业想进行认证需要满足的标准。

（3）《质量管理　组织的力量　实现持续成功指南》（ISO 9004：2018）。

（4）《管理体系审核指南》（ISO 19011：2018）。

《质量管理体系　要求》（GB/T 19001—2016）是中国国家标准化管理委员会（代表中国参加 ISO 的国家机构）等同采用的 ISO 9001：2015 标准。为便于进一步了解和贯彻标准，下面就其主要内容介绍如下：

质量管理是指在质量方面指挥和控制组织的协调的活动，通常包括制定质量方针和质量目标、质量策划、质量控制、质量保证、质量改进。

质量管理体系是指确定质量的方针、目标和职责，并通过质量体系中的质量策划、质量控制、质量保证和质量改进来使其实现的全部活动。

图 1-4 阐述的是 GB/T 19001—2016/ISO 9001：2015 的主要内容：

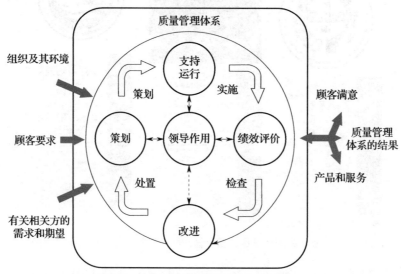

图 1-4　以过程为基础的质量管理体系模式

1）范围。

2）规范性引用文件。

3）术语和定义。

4）组织环境（组织及其环境、相关方的需求和期望、质量管理体系的范围、质量管理体系及其过程）。

5）领导作用（领导作用和承诺，方针，组织的岗位、职责和权限）。

6）策划（应对风险和机遇的措施、质量目标及其实现的策划、变更的策划）。

7）支持（资源、能力、意识、沟通、成文信息）。

8）运行（运行的策划和控制，产品和服务的要求，产品和服务的设计与开发，外部提供的过程、产品和服务的控制，生产和服务提供，产品和服务的放行，不合格输出的控制）。

9）绩效评价（监视、测量、分析和评价，内部审核，管理评审）。

10）改进（总则、不合格和纠正措施、持续改进）。

GB/T 19000—2016/ISO 9000：2015 所包含的质量管理七项基本原则：

1）原则 1——以顾客为关注焦点：质量管理的首要关注点是满足顾客要求并且努力超越顾客期望。因为一个建设工程项目合同签订的机缘，首先来源于组织长期以来的企业信誉；合同在履约过程中，组织只有赢得和保持顾客和其他有关相关方的信任才能获得持续成功。与顾客相互作用的每个方面，都提供了为顾客创造更多价值的机会。理解顾客和其他相关方现在和未来的需求，有助于组织的持续成功。

2）原则 2——领导作用：各级领导建立统一的宗旨和方向，并创造全员积极参与实现组织的质量目标的条件。工程建设项目经理部只是质量管理体系组织环境的终端，各级领导必须将本组织的宗旨、方向和内部环境统一起来，并创造使员工能够充分参与实现组织目标的环境。充分发挥领导作用，可以提高实现质量目标的有效性和效率；使组织的过程更加协调；可以改善组织各层级、各职能间的沟通；可以开发和提高组织及其人员的能力，以获得期望的结果。

3）原则 3——全员积极参与：整个组织内各级胜任、经授权并积极参与的人员，是提高组织创造和提供价值能力的必要条件。无论采用哪种组织结构形式，组织的质量管理绩效不仅需要最高管理者的正确领导，还有赖于实现组织的质量目标过程中的全员积极参与。

4）原则 4——过程方法：将活动作为由相互关联、功能连贯的过程组成的体系来理解和管理时，可更加有效和高效地得到一致的、可预知的结果。建设工程的质量目标需要在合同框架内，按照施工组织设计，通过一系列相互关联的、遵照"按图施工"要求进行的建设活动来实现，而 ISO 9000 族标准推荐的单一过程模式把质量策划、管理职责、资源管理、产品实现、测量、分析和改进等作为体系的主要过程，描述其相互关系，并以顾客要求为输入，以提供给顾客的产品为输出，通过信息反馈测定顾客的满意度，以此评价质量管理体系的绩效。

5）原则 5——改进：改进对于组织保持当前的绩效水平，对其内外部条件的变化做出反应，并创造新的机会，都是非常必要的。成功的组织应持续关注改进。

6）原则 6——循证决策：决策是一个复杂的过程，并且总是包含某些不确定性。它经常涉及多种类型和来源的输入及其理解，而这些理解可能是主观的。重要的是要理解因果关系和潜在的非预期后果。对事实、证据和数据的分析可导致决策更加客观、可信。基于数据和信息的分析和评价的决策，更有可能产生期望的结果。需要确定、测量和监视关键指标，以证实组织的绩效，使相关人员能够获得所需的全部数据；需要确保数据和信息足够准确、可靠和安全；使用适宜的方法对数据和信息进行分析和评价；需要确保人员有能力分析和评价所需的数据；权衡经验和直觉，基于证据进行决策并采取措施。

7）原则7——关系管理：为了持续成功，组织需要管理与有关相关方（如供应方）的关系。当组织管理与所有相关方的关系，以尽可能有效地发挥其在组织绩效方面的作用时，持续成功更有可能实现。对供应方及合作伙伴网络的关系管理是尤为重要的。

1.2.2 建筑工程施工阶段质量管理体系

1. 施工企业质量管理体系的基本要求

施工企业应结合自身特点和质量管理需要，建立质量管理体系并形成文件；应对质量管理中的各项活动进行策划；应检查、分析、改进质量管理活动的过程和结果，保持持续改进。

以工程质量责任主体之一的施工企业（项目经理部）为例，建筑工程施工阶段质量管理体系需要根据施工管理的范围，结合工程的特点建立，其主要内容应包括：质量管理体系的建立、实施、保持和改进。

2. 施工企业质量管理体系建立的步骤

（1）确定顾客和其他相关方的需求与期望。

（2）明确组织的质量方针和质量目标，建立现场施工质量控制的目标体系。

（3）确定实现质量目标必需的过程与职责。

（4）确定和提供实现质量目标必需的资源；确定现场施工质量控制的组织结构、业务职能分工；编制施工质量计划或施工组织设计文件；确定现场施工质量控制点及其控制措施。

（5）规定测量每个过程的有效性和效率的方法。

（6）应用上述测量方法确定每个过程的有效性和效率。

（7）确定防止不合格并消除其产生原因的措施，这些措施通常是指纠正措施和预防措施。

（8）建立和应用持续改进质量管理体系的过程。

上述8个步骤不能简单地理解成工作程序，它们是质量管理原则，即"过程方法""管理的方法"的应用。

3. 项目经理部施工阶段质量管理体系案例

项目经理部贯彻公司质量方针："诚信经营，持续发展；过程控制，建造精品"。

工程质量目标：实现对业主的质量承诺，严格按照合同条款要求及现行规范、标准组织施工，确保工程验收一次性通过，达到《建筑工程施工质量验收统一标准》（GB 50300—2013）的合格标准，确保市级（省级）优质工程，争创××奖。确保各分部工程合格率100%，优良率90%；观感质量评定得分率>90%。单位（子单位）工程质量竣工验收（包括分部工程质量、质量控制资料、安全和主要使用功能、观感质量）符合有关规范规定和标准要求。

工程质量目标分解表详见附表1-1。

项目经理部施工阶段组织结构与质量职责：项目经理责任制在项目管理中发挥主要作用，项目经理部综合管理组织结构一般有以下几种（但不限于）形式：

（1）矩阵式管理组织，该结构形式呈矩阵状，该形式下的管理人员由企业有关职能部门派出并接受原职能部门的业务指导。此形式的优点是提高了管理组织的灵活性，有利于在企业内部推行经济承包责任制和实施目标管理。

（2）事业部式管理组织，在企业内作为派往项目的管理班子，在企业外具有独立法人资格。此组织结构的优点是能迅速适应环境变化，提高企业应变能力和决策效率，有利于拓展企业的业务范围和经营领域。

（3）直线职能管理组织，在该组织形式下，每个成员只受一位上级领导指挥。

无论采用哪种组织结构类型，均以产品的实现过程效益最大化作为衡量标准。

项目经理部质量管理体系是施工企业质量管理体系的终端，应建立项目经理部综合管理体系（图1-5），明确质量责任制度，采用管理的方法系统加强过程控制，保证质量目标的实现。

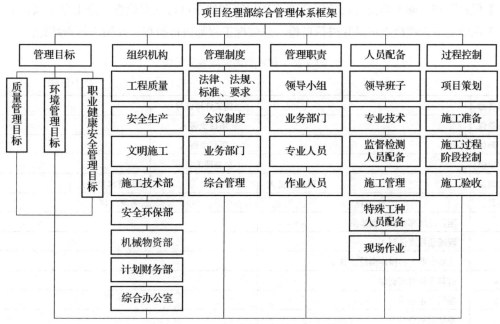

图1-5　项目经理部综合管理体系框图

项目经理部依据《质量管理体系　要求》（GB/T 19001—2016）、《环境管理体系　要求及使用指南》（GB/T 24001—2016）和《职业健康安全管理体系　要求及使用指南》（GB/T 45001—2020）建立质量控制目标、成本控制目标、进度控制目标、职业健康安全控制目标、环保控制目标，进行项目综合管理。

建筑工程质量管理体系是项目综合管理的一个主要组成部分，围绕项目综合管理目标，一套项目经理部班子拥有多重职能。其中，以施工企业和项目经理部为实施质量管理责任的主体，根据业主的项目质量管理总体目标和施工企业质量管理体系的要求，按照建筑工程质量管理体系的运行规律，可以更有效地实现项目质量目标，促进项目综合管理目标的实现。

建筑工程施工单位应建立必要的质量责任制度，应推行生产控制和合格控制的全过程质量控制，应有健全的生产控制和合格控制的质量管理体系，不仅包括原材料控制、工艺流程控制、施工操作控制、每道工序质量检查、相关工序间的交接检验以及专业工种之间等中间交接环节的质量管理和控制要求,还应包括满足施工图设计和功能要求的抽样检验制度等。施工单位还应通过内部的审核与管理者的评审,找出质量管理体系中存在的问题和薄弱环节,并制定改进的措施和跟踪检查落实等措施,使质量管理体系不断健全和完善,这是使施工单位不断提高建筑工程施工质量的基本保证。

同时,施工单位应重视综合质量控制水平,从施工技术、管理制度、工程质量控制等方面制定综合质量控制水平指标,以提高企业整体管理水平、技术水平和经济效益。

项目经理部产品实现过程系统图(全面质量管理体系图)如图1-6所示。

1.2.3 施工现场质量管理检查要求

工程开工前,施工单位应对项目经理部质量管理体系进行全面检查。施工单位按表1-1填写施工现场质量管理检查记录并进行自检,总监理工程师进行检查,并做出检查结论。

表1-1 施工现场质量管理检查记录

开工日期:

工程名称			施工许可证号		
建设单位			项目负责人		
设计单位			项目负责人		
监理单位			总监理工程师		
施工单位		项目负责人		项目技术负责人	
序号	项目		主要内容		
1	项目经理部质量管理体系				
2	现场质量责任制				
3	主要专业工种操作岗位证书				
4	分包单位管理制度				
5	图纸会审记录				
6	地质勘察资料				
7	施工技术标准				
8	施工组织设计、施工方案编制及审批				
9	物资采购管理制度				
10	施工设施和机械设备管理制度				
11	计量设备配备				
12	检测、试验管理制度				
13	工程、质量检查验收制度				
14					
自检结果:			检查结论:		
施工单位项目负责人: 年 月 日			总监理工程师: 年 月 日		

模块一 建筑工程质量管理法规及相关基础知识

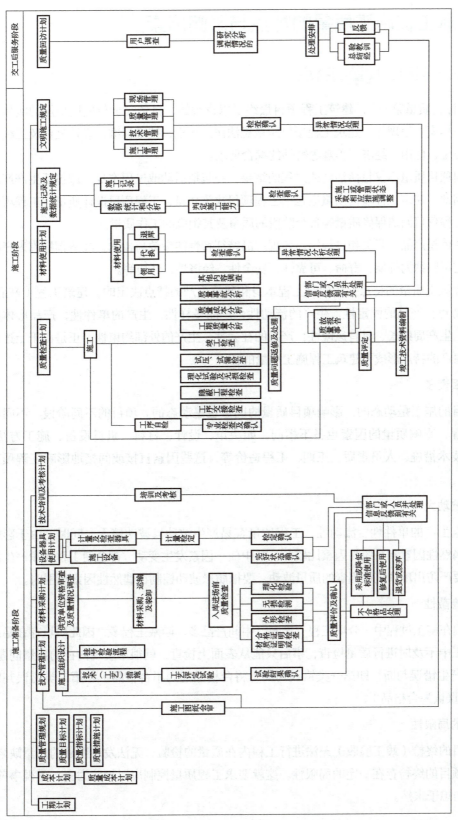

图1-6 项目经理部产品实现过程系统图

1.3 建筑工程施工质量的特点与影响因素

1.3.1 建筑工程施工质量的特点

"百年大计,质量第一",建筑工程项目最终是以直观的、具备安全与使用功能的实体工程(包括电子档案)呈现的。建筑工程项目质量是法律、法规、技术标准、设计文件及工程合同对工程的安全、使用、经济、美观等特性的综合要求。

建筑工程项目质量不仅包括活动或过程的结果,还包括活动或过程本身,即包括生产产品的全过程。因此,建筑工程项目质量应包括工程项目决策质量、工程项目设计质量、工程项目施工质量、工程项目回访保修质量等各个阶段的质量及其相应的工作质量。

质量的主体是产品、服务和过程等。表现产品特征特性的参数与技术、经济指标称为产品质量特性,它可归纳为性能、寿命、可靠性、安全性、经济性、环境等。

建筑工程施工质量的特点是由建筑工程本身和建筑生产的特点决定的。建筑工程(产品)及其生产的特点:产品的固定性,生产的流动性;产品多样性,生产的单件性;产品形体庞大、高投入、生产周期长、具有风险性;产品的社会性,生产的外部约束性。正是由于上述建筑工程及其生产的特点形成了建筑工程施工质量的特点:

1. 影响因素多

工程项目的施工是动态的,影响项目质量的因素也是动态的。项目的不同阶段、不同环节、不同过程,影响质量的因素也各不相同。如决策、设计、材料、机具设备、施工方法、施工工艺、技术措施、人员素质、工期、工程造价等,这些因素直接或间接地影响工程项目质量。

2. 质量波动大

由于建筑生产的单件性、流动性,工程质量容易产生波动且波动较大。同时,由于影响工程质量的偶然性因素和系统性因素比较多,其中任一因素发生变动,都会使工程质量产生波动。为此,要严防出现系统性因素的质量波动,要把质量波动控制在偶然性因素范围内。

3. 质量隐蔽性

建筑工程在施工过程中,分项工程交接多、中间产品多、隐蔽工程多,因此质量存在隐蔽性。若在施工中不及时进行质量检查,事后只能从表面上检查,就很难发现内在的质量问题,这样就容易产生错误判断,即第一类错误判断(将合格品判为不合格品)和第二类错误判断(将不合格品误认为合格品)。

4. 终检的局限性

工程项目的终检(竣工验收)无法进行工程内在质量的检验,无法发现隐蔽的质量缺陷。因此,工程项目的终检存在一定的局限性。这就要求工程质量控制应以预防为主,重视事前、事中控制,防患于未然。

5. 评价方法的特殊性

工程质量的检查评定及验收是按检验批、分项工程、分部工程、单位工程进行的。检验批的质量是分项工程乃至整个工程质量检验的基础，检验批质量主要取决于主控项目和一般项目经抽样检验的结果。隐蔽工程在隐蔽前要检查合格后验收，涉及结构安全的试块、试件以及有关材料，应按规定进行见证取样检测，涉及结构安全和使用功能的重要分部工程要进行抽样检测。工程质量是在施工单位按合格质量标准自行检查评定的基础上，由监理工程师（或建设单位项目负责人）组织有关单位、人员进行检验并确认验收的，这种评价方法体现了"验评分离、强化验收、完善手段、过程控制"的指导思想。

1.3.2 建筑工程施工质量的影响因素

建筑工程施工阶段影响质量控制的因素主要有人、材料、施工方法、机具设备和环境五大方面。因此，对这五方面因素进行严格控制，是保证建筑工程施工质量的关键。

1. 人

参与工程建设各方人员按其作用性质可划分为：

（1）决策层：参与工程建设的决策者。

（2）管理层：决策意图的执行者，包含各级职能部门、项目经理部的职能人员。

（3）作业层：工程实施中各项作业的操作者，包括技术工人和辅助工人。

人的因素影响主要是指上述人员个人的质量意识及质量活动能力对施工质量形成的影响。作为控制对象，人应尽量避免失误；作为控制动力，应充分调动人的积极性，发挥人的主导作用。必须有效控制参与施工人员的素质，不断提高人的质量活动能力，才能保证施工质量。

2. 材料

材料包括工程材料和施工用料，泛指构成工程实体的各类建筑材料、构配件、半成品等。各类材料是工程建设的物质条件，因而材料的质量是工程质量的基础。材料选用是否合理、产品是否合格、材质是否经过检验、保管使用是否得当等，都将直接影响建设工程的质量，影响工程外表及观感，影响工程使用功能，影响工程的使用寿命。材料质量不符合要求，工程质量就不可能达到标准。所以，加强对材料的质量控制，是保证工程质量的重要基础。

3. 施工方法

施工方法包含整个建设周期内所采取的技术方案、施工工艺、工法、施工技术措施、组织措施、检测手段、施工组织设计等。施工方法正确与否，直接影响工程质量控制能否顺利实现。为此，制定和审核施工方法时，必须结合工程实际，从技术、管理、工艺、组织、操作、经济等方面进行全面分析、综合考虑，力求施工方法技术可行、经济合理、工艺先进、措施得力、操作方便，有利于提高质量、加快施工速度、降低成本。

4. 机具设备

机具设备可分为两类：

（1）组成工程实体配套的工艺设备和各类机具，如电梯、泵机、通风设备等。它们的作用是与工程实体结合，保证工程形成完整的使用功能。其质量的优劣，直接影响到工程使用功能的发挥。

（2）施工机械和各类施工工（器）具，包括施工过程中使用的运输设备，各类操作工具，各种施工安全措施，各类测量仪器、计量工具等。

机具设备是所有施工方案和工法得以实施的重要物质基础，合理选择和正确使用机具设备是保证施工质量的重要措施。

5. 环境

影响工程质量的环境因素较多，有工程地质、水文、气象、噪声、通风、振动、照明、污染等。环境因素对工程质量的影响具有复杂而多变的特点，如气象条件变化万千，温度、湿度、大风、暴雨、酷暑、严寒都直接影响工程质量；另外，前一工序就是后一工序的环境，前一分项分部工程也是后一分项分部工程的环境。因此，根据工程特点和具体条件，应对影响质量的环境因素采取有效的措施严加控制。

模块二

建筑工程施工质量验收标准体系

【知识目标】

1. 了解参与建筑工程施工质量检验与验收各方主体的职能，了解现行验收规范的特点。
2. 掌握建筑工程施工质量检验与验收的基本思想和基本方法，掌握现行验收标准体系的构成和适用范围。
3. 熟悉现行施工质量验收规范和相关施工规范。

【能力目标】

1. 能正确运用建筑工程施工质量验收标准体系。
2. 根据须检查的项目，能提出相应的检验与验收的标准、程序和方法。

【素质目标】

建筑工程施工质量检验与验收是实现建筑安全和使用功能的重要保证。模拟参与施工质量验收的各方主体，自觉依据现行验收标准体系，根据须检查的项目，能提出建筑工程施工质量检验与验收的标准、程序和方法。

2.1 建筑工程施工质量验收标准和规范支撑体系

2.1.1 建筑工程施工质量验收的标准体系框图

支持建筑工程施工质量验收活动的相关标准和规范较多，为便于理解与掌握建筑工程施工质量验收的标准体系，下面以图 2-1 所示的框图进行展示。

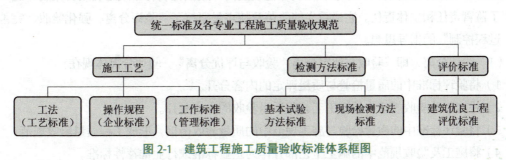

图 2-1 建筑工程施工质量验收标准体系框图

建筑工程施工质量验收标准和规范支撑体系包括《建筑工程施工质量验收统一标准》（GB 50300—2013）和各专业工程施工质量验收规范、设计规范、施工规范、专业技术规程、检测方法标准、质量评价标准等。相关标准还有产品标准、社会组织评优标准、监理规范等。

为了加强建筑工程质量管理，统一建筑工程施工质量的验收，保证工程质量，现行工程质量验收标准以建筑工程施工质量的验收方法、质量标准、检验数量和验收程序以及建筑工程施工现场质量管理和质量控制为体系，提出了检验批质量检验的抽样方案的要求，规定了建筑工程施工质量验收中子单位和子分部工程的划分，涉及建筑工程安全和主要使用功能的见证取样及抽样检测，并确定了必须严格执行的强制性条文。国家自2001年起，陆续发布了工程质量验收规范，2010年开始对有关验收规范进行了修订，现行验收规范主要由以下标准组成：

1)《建筑工程施工质量验收统一标准》（GB 50300—2013）。
2)《建筑地基基础工程施工质量验收标准》（GB 50202—2018）。
3)《砌体结构工程施工质量验收规范》（GB 50203—2011）。
4)《混凝土结构工程施工质量验收规范》（GB 50204—2015）。
5)《钢结构工程施工质量验收标准》（GB 50205—2020）。
6)《木结构工程施工质量验收规范》（GB 50206—2012）。
7)《屋面工程质量验收规范》（GB 50207—2012）。
8)《地下防水工程质量验收规范》（GB 50208—2011）。
9)《建筑地面工程施工质量验收规范》（GB 50209—2010）。
10)《建筑装饰装修工程质量验收标准》（GB 50210—2018）。
11)《建筑节能工程施工质量验收标准》（GB 50411—2019）。
12)《建筑给水排水及采暖工程施工质量验收规范》（GB 50242—2002）。
13)《通风与空调工程施工质量验收规范》GB 50243—2016）。
14)《建筑电气工程施工质量验收规范》（GB 50303—2015）。
15)《电梯工程施工质量验收规范》（GB 50310—2002）。
16)《智能建筑工程质量验收规范》（GB 50339—2013）。

以《建筑工程施工质量验收统一标准》（GB 50300—2013）为代表的建筑工程施工质量验收标准、规范体系的编制，标志着建设工程质量由等级核验制转为竣工验收备案制，进一步厘清了监管责任和主体责任。它最重大的改革及特点是坚持了"验评分离、强化验收、完善手段、过程控制"的指导思想。

（1）验评分离，即"验收与评定分离，验收与评优分离"。验评分离体现在：
1)将验评标准中的质量检验与质量评定的内容分开。
2)将施工及验收规范中的施工工艺和质量验收的内容分开。
3)将验评标准中的质量检验与施工规范中的质量验收衔接，形成工程质量验收规范。
4)将施工及验收规范中的施工工艺部分作为企业标准或行业推荐性标准。

5）将验评标准中的评定部分（主要是对企业的操作工艺水平进行评价）作为行业推荐性标准，为社会及企业的创优评价提供依据。

（2）强化验收，是将施工规范中的验收部分与验评标准中的质量检验内容合并起来，形成一个完整的质量验收规范，作为强制性标准。它是工程建设必须达到的最低质量标准，是质量控制的主要环节和内容。强化验收体现在：

1）强制性标准。

2）只设合格一个质量等级。

3）质量指标都必须达到规定要求。

4）增加检测项目。

（3）完善手段，是指完善以往施工规范、验评标准中质量指标的量化；利用先进的技术手段强化各种原材料、设备的检验，以及施工过程中的试验、检测；对施工的工程实体进行检验。其主要从以下方面着手改进：

1）完善材料、设备的检验。

2）改进施工阶段的施工试验。

3）完善竣工工程的抽测项目（如安全、使用功能抽样检测），减少或避免人为因素的干扰和主观评价的影响。

（4）过程控制，是指从施工前准备、物质资源投入、各工序的质量控制到分项工程验收、分部工程验收、单位工程竣工验收等，进行全过程控制，体现了质量管理的指导思想。

2.1.2 工程建设强制性标准监督

《建筑工程施工质量验收统一标准》（GB 50300—2013）及相应的专业验收规范均规定了强制性条文，用黑体字表示，强制性条文是必须严格执行的条文；违反强制性条文的应按《实施工程建设强制性标准监督规定》进行处罚。《实施工程建设强制性标准监督规定》摘要如下：

> **第二条** 在中华人民共和国境内从事新建、扩建、改建等工程建设活动，必须执行工程建设强制性标准。
>
> **第三条** 本规定所称工程建设强制性标准是指直接涉及工程质量、安全、卫生及环境保护等方面的工程建设标准强制性条文。
>
> **第四条** 国务院住房城乡建设主管部门负责全国实施工程建设强制性标准的监督管理工作。
>
> 国务院有关主管部门按照国务院的职能分工负责实施工程建设强制性标准的监督管理工作。
>
> 县级以上地方人民政府住房城乡建设主管部门负责本行政区域内实施工程建设强制性标准的监督管理工作。

> **第十条** 强制性标准监督检查的内容包括。
> （一）有关工程技术人员是否熟悉、掌握强制性标准。
> （二）工程项目的规划、勘察、设计、施工、验收等是否符合强制性标准的规定。
> （三）工程项目采用的材料、设备是否符合强制性标准的规定。
> （四）工程项目的安全、质量是否符合强制性标准的规定。
> （五）工程中采用的导则、指南、手册、计算机软件的内容是否符合强制性标准的规定。

2.1.3　工程建设标准化工作改革趋势

为适用国际技术法规与技术标准通行法则，落实《国务院关于印发深化标准化工作改革方案的通知》，进一步改革工程建设标准体制，健全标准体系，完善工作机制，2016年以来，住房和城乡建设部陆续印发《关于深化工程建设标准化工作改革的意见》等文件，提出政府制定强制性标准、社会团体制定自愿采用性标准的长远目标，明确了逐步用全文强制性工程建设规范（简称工程规范）取代现行标准中分散的强制性条文的改革任务，逐步形成由法律、行政法规、部门规章中的技术性规定与工程规范构成的"技术法规"体系。

总体目标：到2025年，初步建立以强制性标准为核心、推荐性标准和团体标准相配套的标准体系。为落实工程建设标准改革的总体要求，推进工程建设绿色高质量发展，保障工程质量安全，促进产业转型升级，加强生态环境保护，按照工程建设规范体系和术语标准体系总体规划，住房和城乡建设部组织制定并颁布了《2019年工程建设规范和标准编制及相关工作计划》，推动建设领域标准化深化改革。

规范种类：工程规范体系覆盖工程建设领域各类建设工程项目，主要规定保障人身健康和生命财产安全、国家安全、生态环境安全的技术要求，以及满足经济社会管理基本需要的技术要求。工程规范分为工程项目规范（简称项目规范）和通用技术类规范（简称通用规范）两种类型，是工程建设的控制性底线要求。项目规范以工程建设项目整体为对象，以项目的规模、布局、功能、性能和必要的关键技术措施等要素指标为主要内容；通用规范以实现工程建设项目功能性要求的各专业通用技术为对象，以勘察、规划设计、测量、施工、维修、养护等通用技术要求为主要内容。在工程规范体系中，项目规范为主干，通用规范是对各类项目共性的、通用的专业性关键技术措施的规定。参照国际通行做法，工程规范发布后将替代现行标准中分散的强制性条文，并作为约束推荐性标准和团体标准的基本要求。

推荐性工程建设标准、团体标准、企业标准要与工程规范协调配套，各项技术要求不得低于工程规范的相关技术水平。

2.2 建筑工程施工质量验收规范解读

2.2.1 《建筑工程施工质量验收统一标准》（GB 50300—2013）的术语与基本规定

1. 术语

（1）建筑工程：通过对各类房屋建筑及其附属设施的建造和与其配套线路、管道、设备等的安装所形成的工程实体。

（2）检验：对被检验项目的特征、性能进行量测、检查、试验等，并将结果与标准规定的要求进行比较，以确定项目每项性能是否合格的活动。

（3）验收：建筑工程质量在施工单位自行检查合格的基础上，由工程质量验收责任方组织，工程建设相关单位参加，对检验批、分项工程、分部工程、单位工程及其隐蔽工程的质量进行抽样检验，对技术文件进行审核，并根据设计文件和相关标准以书面形式对工程质量是否达到合格做出确认。

（4）主控项目：建筑工程中对安全、节能、环境保护和主要使用功能起决定性作用的检验项目。

（5）一般项目：除主控项目以外的检验项目。

（6）观感质量：通过观察和必要的测试所反映的工程外在质量和功能状态。

（7）返修：对施工质量不符合标准规定的部位采取的整修等措施。

（8）返工：对施工质量不符合标准规定的部位采取的更换、重新制作、重新施工等措施。

2. 基本规定

（1）施工现场应具有健全的质量管理体系、相应的施工技术标准、施工质量检验制度和综合施工质量水平评定考核制度。施工现场质量管理可按《建筑工程施工质量验收统一标准》（GB 50300—2013）附录 A 的要求进行检查记录。

负责工程施工的建筑工程施工单位应建立必要的质量责任制度，推行生产控制和合格控制的全过程质量控制，应有健全的生产控制和合格控制的质量管理体系，不仅包括原材料控制、工艺流程控制、施工操作控制、每道工序质量检查、相关工序间的交接检验以及专业工种之间等中间交接环节的质量管理和控制要求，还应包括满足施工图设计和功能要求的抽样检验制度等。施工单位还应通过内部的审核与管理者的评审，找出质量管理体系中存在的问题和薄弱环节，并制定改进的措施和跟踪检查落实等措施，使质量管理体系不断健全和完善，这是使施工单位不断提高建筑工程施工质量的基本保证。

同时，施工单位应重视综合质量控制水平，从施工技术、管理制度、工程质量控制等方面制定综合质量控制水平指标，以提高企业整体管理水平、技术水平和经济效益。

（2）未实行监理的建筑工程，建设单位相关人员应履行《建筑工程施工质量验收统一标准》（GB 50300—2013）涉及的监理职责。根据《建设工程监理范围和规模标准规定》，对国家重点建设工程、大中型公用事业工程等必须实行监理。对于该规定包含范围以外的工程，也可由建设单位完成相应的施工质量控制及验收工作。

（3）建筑工程的施工质量控制应符合下列规定：

1）建筑工程采用的主要材料、半成品、成品、建筑构配件、器具和设备应进行进场检验。凡涉及安全、节能、环境保护和主要使用功能的重要材料、产品，应按各专业工程施工规范、验收规范和设计文件等的规定进行复验，并应经监理工程师检查认可。

2）各施工工序应按施工技术标准进行质量控制，每道施工工序完成，经施工单位自检符合规定后，才能进行下道工序施工。各专业工种之间的相关工序应进行交接检验，并应记录。

考虑到企业标准的控制指标应严格于行业和国家标准指标，鼓励有能力的施工单位编制企业标准，并按照企业标准的要求控制每道工序的施工质量。施工单位完成每道工序后，除了自检、专职质量检查员检查外，还应进行工序交接检查，上道工序应满足下道工序的施工条件和要求；同样，相关专业工序之间也应进行交接检验，使各工序之间和各相关专业工程之间形成有机的整体。

3）对于监理单位提出检查要求的重要工序，应经监理工程师检查认可，才能进行下道工序施工。

工序是建筑工程施工的基本组成部分，一个检验批可能由一道或多道工序组成。根据目前的验收要求，监理单位对工程质量控制到检验批，对工序的质量一般由施工单位通过自检予以控制，但为保证工程质量，对监理单位有要求的重要工序，应经监理工程师检查认可，才能进行下道工序施工。

（4）符合下列条件之一时，可按相关专业验收规范的规定适当调整抽样复验、试验数量，调整后的抽样复验、试验方案应由施工单位编制，并报监理单位审核确认。

1）同一项目中由相同施工单位施工的多个单位工程，使用同一生产厂家的同品种、同规格、同批次的材料、构配件、设备。

相同施工单位在同一项目中施工的多个单位工程，使用的材料、构配件、设备等往往属于同一批次，如果按每一个单位工程分别进行复验、试验，势必会造成重复，且必要性不大，因此规定可适当调整抽样复检、试验数量，具体要求可根据相关专业验收规范的规定执行。

2）同一施工单位在现场加工的成品、半成品、构配件用于同一项目中的多个单位工程。

施工现场加工的成品、半成品、构配件等符合条件时，可适当调整抽样复验、试验数量。但对施工安装后的工程质量应按分部工程的要求进行检测试验，不能减少抽样数量，如结构实体混凝土强度检测、钢筋保护层厚度检测等。

3）在同一项目中，针对同一抽样对象已有检验成果可以重复利用。

在实际工程中，同一专业内或不同专业之间对同一对象有重复检验的情况，并需分别填写验收资料。例如混凝土结构隐蔽工程检验批和钢筋工程检验批，装饰装修工程和节能工程中对门窗的气密性试验等。因此，本条规定可避免对同一对象的重复检验，可重复利用检验成果。

调整抽样复验、试验数量或重复利用已有检验成果应有具体的实施方案，实施方案应符合各专业验收规范的规定，并事先报监理单位认可。施工或监理单位认为必要时，也可不调整抽样复验、试验数量或不重复利用已有检验成果。

（5）当专业验收规范对工程中的验收项目未做出相应规定时，应由建设单位组织监理、设计、施工等相关单位制定专项验收要求。涉及安全、节能、环境保护等项目的专项验收要求应由建设单位组织专家论证。

为适应建筑工程行业的发展，鼓励"四新"技术的推广应用，保证建筑工程验收的顺利进行，本条规定对国家、行业、地方标准没有具体验收要求的分项工程及检验批，可由建设单位组织制定专项验收要求，专项验收要求应符合设计意图，包括分项工程及检验批的划分、抽样方案、验收方法、判定指标等内容，监理、设计、施工等单位可参与制定。为保证工程质量，重要的专项验收要求应在实施前组织专家论证。

（6）建筑工程施工质量应按下列要求进行验收：

1）工程质量验收均应在施工单位自检合格的基础上进行。

2）参加工程施工质量验收的各方人员应具备相应的资格。

3）检验批的质量应按主控项目和一般项目验收。

4）对涉及结构安全、节能、环境保护和主要使用功能的试块、试件及材料，应在进场时或施工中按规定进行见证检验。

见证检验的项目、内容、程序、抽样数量等应符合国家、行业和地方有关规范的规定。

5）隐蔽工程在隐蔽前应由施工单位通知监理单位进行验收，并应形成验收文件，验收合格后方可继续施工。

6）对涉及结构安全、节能、环境保护和使用功能的重要分部工程应在验收前按规定进行抽样检验。

应适当扩大抽样检验的范围，不仅包括涉及结构安全和使用功能的分部工程，还包括涉及节能、环境保护等的分部工程，具体内容可由各专业验收规范确定，抽样检验和实体检验结果应符合有关专业验收规范的规定。

7）工程的观感质量应由验收人员现场检查，并应共同确认。

观感质量可通过观察和简单的测试确定，观感质量的综合评价结果应由验收各方共同确认并达成一致。对影响观感及使用功能或质量评价为差的项目应进行返修。

（7）建筑工程施工质量验收合格应符合下列规定：

1）符合工程勘察、设计文件的规定。

2）符合《建筑工程施工质量验收统一标准》（GB 50300—2013）和相关专业验收规范的规定。

2.2.2 《建筑工程施工质量验收统一标准》（GB 50300—2013）的分部分项划分标准

建筑工程质量验收的划分要求如下：

（1）具备独立施工条件并能形成独立使用功能的建筑物或构筑物为一个单位工程。

（2）对于规模较大的单位工程，可将其能形成独立使用功能的部分划分为一个子单位工程。

（3）分部工程应按下列原则划分：

1）可按专业性质、工程部位确定。

2）当分部工程较大或较复杂时，可按材料种类、施工特点、施工程序、专业系统及类别等将分部工程划分为若干子分部工程。

（4）分项工程可按主要工种、材料、施工工艺、设备类别等进行划分。分项工程是分部工程的组成部分，由一个或若干个检验批组成。

（5）检验批可根据施工、质量控制和专业验收的需要，按工程量、楼层、施工段、变形缝等进行划分。

多层及高层建筑的分项工程可按楼层或施工段来划分检验批，单层建筑的分项工程可按变形缝等划分检验批；地基基础的分项工程一般划分为一个检验批，有地下层的基础工程可按不同地下层划分检验批；屋面工程的分项工程可按不同楼层屋面划分为不同的检验批；其他分部工程中的分项工程，一般按楼层划分检验批；对于工程量较少的分项工程可划分为一个检验批。安装工程一般按一个设计系统或设备组别划分为一个检验批。室外工程一般划分为一个检验批。散水、台阶、明沟等含在地面检验批中。

按检验批验收有助于及时发现和处理施工中出现的质量问题，确保工程质量，也符合施工实际需要。

地基基础中的土方工程、基坑支护工程及混凝土结构工程中的模板工程，虽不构成建筑工程实体，但因其是建筑工程施工中不可缺少的重要环节和必要条件，其质量关系到建筑工程的质量和施工安全，因此将其列入施工验收的内容。

（6）建筑工程的分部工程、分项工程划分宜按表2-1采用。

表2-1 建筑工程的分部工程、分项工程划分

序号	分部工程	子分部工程	分项工程
1	地基与基础	地基	素土、灰土地基，砂和砂石地基，土工合成材料地基，粉煤灰地基，强夯地基，注浆地基，预压地基，砂石桩复合地基，高压旋喷注浆地基，水泥土搅拌桩地基，土和灰土挤密桩复合地基，水泥粉煤灰碎石桩复合地基，夯实水泥土桩复合地基
		基础	无筋扩展基础，钢筋混凝土扩展基础，筏形与箱形基础，钢结构基础，钢管混凝土结构基础，型钢混凝土结构基础，钢筋混凝土预制桩基础，泥浆护壁成孔灌注桩基础，干作业成孔桩基础，长螺旋钻孔压灌桩基础，沉管灌注桩基础，钢桩基础，锚杆静压桩基础，岩石锚杆基础，沉井与沉箱基础
		基坑支护	灌注桩排桩围护墙，板桩围护墙，咬合桩围护墙，型钢水泥土搅拌墙，土钉墙，地下连续墙，水泥土重力式挡墙，内支撑，锚杆，与主体结构相结合的基坑支护
		地下水控制	降水与排水，回灌

模块二 建筑工程施工质量验收标准体系

（续）

序号	分部工程	子分部工程	分项工程
1	地基与基础	土方	土方开挖，土方回填，场地平整
		边坡	喷锚支护，挡土墙，边坡开挖
		地下防水	主体结构防水，细部构造防水，特殊施工法结构防水，排水，注浆
2	主体结构	混凝土结构	模板，钢筋，混凝土，预应力，现浇结构，装配式结构
		砌体结构	砖砌体，混凝土小型空心砌块砌体，石砌体，配筋砌体，填充墙砌体
		钢结构	钢结构焊接，紧固件连接，钢零部件加工，钢构件组装及预拼装，单层钢结构安装，多层及高层钢结构安装，钢管结构安装，预应力钢索和膜结构，压型金属板，防腐涂料涂装，防火涂料涂装
		钢管混凝土结构	构件现场拼装，构件安装，钢管焊接，构件连接，钢管内钢筋骨架，混凝土
		型钢混凝土结构	型钢焊接，紧固件连接，型钢与钢筋连接，型钢构件组装及预拼装，型钢安装，模板，混凝土
		铝合金结构	铝合金焊接，紧固件连接，铝合金零部件加工，铝合金构件组装，铝合金构件预拼装，铝合金框架结构安装，铝合金空间网格结构安装，铝合金面板，铝合金幕墙结构安装，防腐处理
		木结构	木方与原木结构，胶合木结构，轻型木结构，木结构的防护
3	建筑装饰装修	建筑地面	基层铺设，整体面层铺设，板块面层铺设，木、竹面层铺设
		抹灰	一般抹灰，保湿层薄抹灰，装饰抹灰，清水砌体勾缝
		外墙防水	外墙砂浆防水，涂膜防水，透气膜防水
		门窗	木门窗安装，金属门窗安装，塑料门窗安装，特种门安装，门窗玻璃安装
		吊顶	整体面层吊顶，板块面层吊顶，格栅吊顶
		轻质隔墙	板材隔墙，骨架隔墙，活动隔墙，玻璃隔墙
		饰面板	石板安装，陶瓷板安装，木板安装，金属板安装，塑料板安装
		饰面砖	外墙饰面砖粘贴，内墙饰面砖粘贴
		幕墙	玻璃幕墙安装，金属幕墙安装，石材幕墙安装，陶板幕墙安装
		涂饰	水性涂料涂饰，溶剂型涂料涂饰，美术涂饰
		裱糊与软包	裱糊，软包
		细部	橱柜制作与安装，窗帘盒和窗台板制作与安装，门窗套制作与安装，护栏和扶手制作与安装，花饰制作与安装
4	屋面	基层与保护	找坡层和找平层，隔汽层，隔离层，保护层
		保温与隔热	板状材料保温层，纤维材料保温层，喷涂硬泡聚氨酯保温层，现浇泡沫混凝土保温层，种植隔热层，架空隔热层，蓄水隔热层
		防水与密封	卷材防水层，涂膜防水层，复合防水层，接缝密封防水
		瓦面与板面	烧结瓦和混凝土瓦铺装，沥青瓦铺装，金属板铺装，玻璃采光顶铺装
		细部构造	檐口，檐沟和天沟，女儿墙和山墙，雨水口，变形缝，伸出屋面管道，屋面出入口，反梁过水孔，设施基座，屋脊，屋顶窗

(续)

序号	分部工程	子分部工程	分项工程
5	建筑节能	围护系统节能	墙体节能，幕墙节能，门窗节能，屋面节能，地面节能
		供暖空调设备及管网节能	供暖节能，通风与空调设备节能，空调与供暖系统冷热源节能，空调与供暖系统管网节能
		电气动力节能	配电节能，照明节能
		监控系统节能	监测系统节能，控制系统节能
		可再生能源	地源热泵系统节能，太阳能光热系统节能，太阳能光伏节能

注：其他水电安装工程分部分项和室外工程的划分，详见《建筑工程施工质量验收统一标准》（GB 50300—2013）附表 B 和附表 C。

2.2.3 质量目标控制的基石——分项工程的检验批质量检验与验收

建筑产品质量是伴随各道工序产生的，施工工序是施工过程的基本环节，工序质量是构成项目施工质量的基础；上道工序质量不合格不能进入下道工序。一个检验批包含 1 道或多道工序，分项工程检验批是最小的检验与验收的单元（图 2-2）。

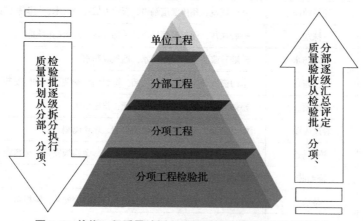

图 2-2 单位工程质量计划和质量验收评定的活动过程示意

《建筑工程施工质量验收统一标准》（GB 50300—2013）第 4.0.7 条规定：施工前，应由施工单位制订分项工程和检验批的划分方案，并由监理单位审核。对于《建筑工程施工质量验收统一标准》（GB 50300—2013）附录 B 及相关专业验收规范未涵盖的分项工程和检验批，可由建设单位组织监理、施工等单位协商确定。

质量计划是一种组织设计。按照施工顺序，施工质量检验是从检验批开始的，按照"分部、分项、检验批划分一览表"的要求执行，该表需要预先精准的策划，从分部、分项逐级拆分到检验批；质量验收过程是按照施工顺序从检验批逐级汇总到单位工程对工程质量进行评定的。

随着建筑工程领域的技术进步和建筑功能要求的提升，会出现一些新的验收项目，并需要有专门的分项工程和检验批与之相对应。对于《建筑工程施工质量验收统一标准》(GB 50300—2013)附录B及相关专业验收规范未涵盖的分项工程、检验批，可由建设单位组织监理、施工等单位在施工前根据工程具体情况协商确定，并据此整理施工技术资料，进行验收。

2.2.4 检验批质量验收的标准与验收记录填报要求

1. 检验批质量验收合格的标准

（1）主控项目的质量经抽样检验均应合格。

（2）一般项目的质量经抽样检验合格。当采用计数抽样时，合格点率应符合有关专业验收规范的规定，且不得存在严重缺陷。对于计数抽样的一般项目，正常检验一次、二次抽样可按《建筑工程施工质量验收统一标准》（GB 50300—2013）附录D判定。

（3）具有完整的施工操作依据、质量验收记录。

检验批是施工过程中条件相同并有一定数量的材料、构配件或安装项目，由于其质量水平基本均匀一致，因此可以作为检验的基本单元，并按批验收。

检验批是工程验收的最小单位，是分项工程、分部工程、单位工程质量验收的基础。检验批验收包括资料检查、主控项目和一般项目检验。

质量控制资料反映了检验批从原材料到最终验收的各施工工序的操作依据、检查情况以及保证质量所必需的管理制度等。对其完整性的检查，实际是对过程控制的确认，是检验批合格的前提。

检验批的合格与否主要取决于对主控项目和一般项目的检验结果。主控项目是对检验批的基本质量起决定性影响的检验项目，须从严要求，因此要求主控项目必须全部符合有关专业验收规范的规定，这意味着主控项目不允许有不符合要求的检验结果。对于一般项目，虽然允许存在一定数量的不合格点，但某些不合格点的指标与合格要求偏差较大或存在严重缺陷时，仍将影响使用功能或观感质量，对这些位置应进行维修处理。

为了使检验批的质量满足安全和功能的基本要求，保证建筑工程质量，各专业验收规范应对各检验批的主控项目、一般项目的合格质量给予明确的规定。

2. 检验批质量验收的程序和组织

检验批应由专业监理工程师组织施工单位项目专业质量检查员、专业工长等进行验收。

检验批验收是建筑工程施工质量验收的最基本层次，是单位工程质量验收的基础，所有检验批均应由专业监理工程师组织验收。验收前，施工单位应完成自检，对存在的问题自行整改处理，然后申请专业监理工程师组织验收。

3. 检验批质量验收记录表的格式和填写要求

《建筑工程施工质量验收统一标准》（GB 50300—2013）提供表2-2作为所有检验批质量验收记录的模板。

表 2-2 检验批质量验收记录

_____ 检验批质量验收记录　　　　　　编号：

单位（子单位） 工程名称		分部（子分部） 工程名称		分项工程 名称	
施工单位		项目负责人		检验批容量	
分包单位		分包单位 项目负责人		检验批部位	
施工依据			验收依据		

		验收项目	设计要求及 规范规定	最小/实际 抽样数量	检查记录	检查结果
主控项目	1					
	2					
	3					
	4					
	5					
	6					
一般项目	1					
	2					
	3					
	4					
	5					

施工单位 检查结果	专业工长： 项目专业质量检查员： 　　　　　　　　　年　月　日
监理单位 验收结论	专业监理工程师： 　　　　　　　　　年　月　日

仔细研究表 2-2，它所填报的内容模块之间存在表 2-3 所示逻辑关系。

表 2-3 检验批质量验收记录表格内容模块的逻辑关系

唯一性的标题和编号："××分项检验批质量验收记录"

编号：N 位编码

①项目部和检验批基本信息		
②专项规范主控项目验收项目和标准	③现场检验与验收记录	④监理单位检查结果
②专项规范一般项目验收项目和标准		
③施工单位检查结果		
④监理单位验收结论		

表2-2可以抽象概括成4大部分：

①代表施工单位填写的项目经理部和检验批唯一性的基本信息。

②代表《建筑工程施工质量验收统一标准》（GB 50300—2013）规定的本检验批主控项目和一般项目验收的项目和标准，出自现行的专项规范。

③代表施工单位填写的现场检验与验收记录和施工单位检查结果。现场检验与验收记录包括最小/实际抽样数量、计数或计量检查记录，设计方案、检验试验报告与专项规范规定的核验结果。

④代表监理单位填写的检查结果和验收结论。

检验批验收时，应进行现场检查并填写"××分项工程检验批质量现场检查原始记录"（表4-6），并在单位工程竣工验收前存档备查，应保证该记录的可追溯性。"检验批质量验收记录"通用样表中的现场检验与验收记录、检查结果和签字栏的内容，与《建筑工程施工质量验收统一标准》（GB 50300—2013）规定的质量验收的程序与组织对应。

检验批的检验应全面，包含质量控制资料和安全、使用检验项目的内容，必须在隐蔽前及时检验完毕，并取得合格性评定资料。

2.2.5　分项工程质量验收的标准与验收记录填报要求

1. 分项工程质量验收合格的标准

（1）所含检验批的质量均应验收合格。

（2）所含检验批的质量验收记录应完整。

分项工程的验收是以检验批为基础进行的。一般情况下，检验批和分项工程两者具有相同或相近的性质，只是批量的大小不同而已。分项工程质量合格的条件是构成分项工程的各检验批验收资料齐全完整，且各检验批均已验收合格。

2. 分项工程质量验收的程序和组织

分项工程应由专业监理工程师组织施工单位项目专业技术负责人等进行验收。

分项工程由若干个检验批组成，是单位工程质量验收的基础。验收时在专业监理工程师组织下，可由施工单位项目技术负责人对所有检验批的验收记录进行汇总，核查无误后报专业监理工程师审查，确认符合要求后，由施工单位项目专业技术负责人在分项工程质量验收记录中签字，然后由专业监理工程师签字通过验收。

在分项工程验收中，如果对检验批验收结论有怀疑或异议，应进行相应的现场检查核实。

3. 分项工程质量验收记录表的格式和填写要求

分项工程验收由监理工程师组织施工单位项目专业技术负责人等进行验收，分项工程质量验收记录采用表2-4。分项工程是在检验批验收合格的基础上进行的，通常起一个归纳整理的作用，是一个统计表，没有实质性验收内容，只要注意以下三点就可以了：检查检验批是否将整个工程覆盖了，有没有漏掉的部位；检查有混凝土、砂浆强度要求的检验批，到龄期后能否达到规范规定；将检验批的资料统一整理，依次进行登记整理，以方便管理。

表 2-4　分项工程质量验收记录

_____分项工程质量验收记录　　　　　　编号：

单位（子单位）工程名称		分部（子分部）工程名称			
分项工程数量		检验批数量			
施工单位		项目负责人		项目技术负责人	
分包单位		分包单位项目负责人		分包内容	
序号	检验批名称	检验批容量	部位/区段	施工单位检查结果	监理单位验收结论
1					
2					
3					
4					
说明：					
施工单位检查结果				项目专业技术负责人：　　　　年　月　日	
监理单位验收结论				专业监理工程师：　　　　年　月　日	

监理单位的专业监理工程师（或建设单位的专业负责人）应逐项审查表 2-4，同意项填写"合格"或"符合要求"，不同意项暂不填写，待处理后再填写，但应做标记，注明验收和不验收的意见。如同意验收应签字确认，不同意验收应指出存在的问题，明确处理意见和完成时间。

2.2.6　分部工程质量验收的标准与验收记录填报要求

1. 分部工程质量验收合格的标准

（1）所含分项工程的质量均应验收合格。

（2）质量控制资料应完整。

（3）有关安全、节能、环境保护和主要使用功能的抽样检验结果应符合相应规定。

（4）观感质量应符合要求。

分部工程的验收是以所含各分项工程验收为基础进行的。组成分部工程的各分项工程已验收合格且相应的质量控制资料齐全、完整。此外，由于各分项工程的性质不尽相同，因此分部工程不能简单地进行组合验收，尚须进行以下两类检查：

（1）涉及安全、节能、环境保护和主要使用功能的地基与基础、主体结构和设备安装等分部工程应进行有关的见证检验或抽样检验。

（2）以观察、触摸或简单量测的方式进行观感质量验收，并由验收人的主观判断，检查结果并不给出"合格"或"不合格"的结论，而是综合给出"好""一般""差"的质量评价结果。对于"差"的检查点应进行返修处理。

2. 分部工程质量验收的程序和组织

分部工程应由总监理工程师组织施工单位项目负责人和项目技术、质量负责人等进行验收。

勘察单位、设计单位项目负责人和施工单位技术、质量部门负责人应参加地基与基础分部工程的验收。设计单位项目负责人和施工单位技术、质量部门负责人应参加主体结构、节能分部工程的验收。

3. 分部（子分部）工程质量验收记录表的格式和填写要求

由于单位工程体量的增大，复杂程度的增加，专业施工单位的增多，为了分清责任，及时整修等，分部（子分部）工程的验收就显得较为重要。分部（子分部）工程质量验收除了分项工程的核查外，还有质量控制资料核查，安全、功能项目的检测，观感质量的验收等（表2-5）。

表2-5 分部工程质量验收记录

_____分部工程质量验收记录　　　　　编号：

单位（子单位）工程名称		子分部工程数量		分项工程数量	
施工单位		项目负责人		技术（质量）负责人	
分包单位		分包单位负责人		分包内容	
序号	子分部工程名称	分项工程名称	检验批数量	施工单位检查结果	监理单位验收结论
1					
2					
3					
4					
	质量控制资料				
	安全和功能检验结果				
	观感质量检验结果				
综合验收结论					

施工单位项目负责人： 年　月　日	勘察单位项目负责人： 年　月　日	设计单位项目负责人： 年　月　日	监理单位项目负责人： 年　月　日

注：1. 地基与基础分部工程的验收应由施工单位、勘察单位、设计单位项目负责人和总监理工程师参加并签字。
　　2. 主体结构、节能分部工程的验收应由施工单位、设计单位项目负责人和总监理工程师参加并签字。

分部（子分部）工程应由施工单位将自行检查评定合格的表填写好后，由项目经理交监理单位或建设单位。由总监理工程师组织施工项目经理及有关的勘察单位（地基与基础部分）、设计（地基与基础及主体结构等）项目负责人进行验收，并按表格的要求进行记录。

4. 分部（子分部）工程验收表的填写要求

（1）表名及表头部分填写要求：

1）表名：分部（子分部）工程的名称填写要具体，写在分部（子分部）工程的前边，并分别划掉分部或子分部，保留子分部或分部。

2）表头部分的工程名称填写工程全称，与检验批、分项工程、单位工程验收表的工程名称一致。

结构类型填写参考设计文件，层数应分别注明地下和地上的层数。

施工单位填写单位全称，并与检验批、分项工程、单位工程验收表填写的名称一致。

技术部门负责人及质量部门负责人多数情况下填写项目的技术及质量负责人，只有地基与基础、主体结构及主要安装分部（子分部）工程应填写施工单位的技术部门及质量部门负责人。

分包单位的填写，有分包单位时才填，没有时就不填，注意主体结构不能进行分包。分包单位名称要写全称，并与合同或图章上的名称一致。分包单位负责人及分包单位技术负责人处填写本项目的项目负责人及项目技术负责人。

（2）验收内容共有4项：

1）分项工程。按分项工程第一个检验批施工的先后顺序，将"分项工程名称"栏填写上，在"检验批数量"栏内分别填写各分项工程实际的检验批数量，即分项工程验收表上的检验批数量，并将各分项工程评定表按顺序附在表后。

"施工单位检查结果"栏，填写施工单位自行检查评定的结果，填写时要核查各分项工程是否都通过验收，有关龄期试件的合格评定是否达到要求；有全高垂直度或总标高检验的项目应进行检查验收。自检符合要求的可打"√"标注，否则打"×"标注。有"×"的项目不能交给监理单位或建设单位验收，应进行返修达到合格后再提交验收。监理单位或建设单位由总监理工程师或建设单位项目专业技术负责人组织审查，在符合要求后，在"监理单位验收结论"栏内签注"同意验收"。

2）质量控制资料。填写"质量控制资料"栏时，应按表2-7中所列的相关内容来确定所要验收的分部（子分部）工程的质量控制项目，按资料核查的要求逐项进行核查，这样才能基本反映工程质量情况，达到保证结构安全和使用功能的要求。全部项目都通过验收后，即可在"施工单位检查结果"栏内打"√"标注检查合格，并送监理单位或建设单位验收。监理单位总监理工程师组织检查，在符合要求后，在"监理单位验收结论"栏内签注"同意验收"。

有些工程可按子分部工程进行资料验收，有些工程可按分部工程进行验收，由于工程不同，不能强求统一。

3）安全和功能检验结果。这个项目是指竣工抽样检测的项目，能在分部（子分部）工程中检测的，尽量放在分部（子分部）工程中检测。检测内容按表2-8中所涉及的相关内容来确定核查和抽查项目。在核查时要注意，在开工之前确定的项目是否都进行了检测；应逐一检查每个检测报告，核查每个检测项目的检测方法、程序是否符合有关标准规定；检测结果是否达到规范的要求；检测报告的审批程序、签字是否完整，在每个报告上是否标注"审查同意"。每个检测项目都通过审查后，即可在"施工单位检查结果栏"内打"√"标注检查合格。然后，由项目经理送监理单位或建设单位验收，监理单位总监理工程师或建设单位项目专业负责人组织审查，在符合要求后，在"监理单位验收结论"栏内签注"同意验收"。

4）观感质量检验结果。在进行观感质量检验时，不单单是外观质量检验，能启动或运转的项目应启动或试运转，能打开看的项目应打开看，有代表性的房间、部位都应检验到，并由施工单位项目经理组织进行现场检查，经检查合格后，施工单位填写"施工单位检查结果"栏后，由项目经理签字后交监理单位或建设单位验收。监理单位由总监理工程师或建设单位项目专业负责人组织验收，在听取参加检查人员意见的基础上，以总监理工程师或建设单位项目专业负责人为主导共同确定质量评价：好、一般、差，并由施工单位的项目经理和总监理工程师或建设单位项目专业负责人共同确认。如果"观感质量检验结果"为"差"，能修理的尽量修理；如果确实难以修理时，只要是不影响结构安全和使用功能的项目，可采用协商解决的方法进行验收，并在验收表上注明，然后将验收评价结论填写在"监理单位验收结论"栏内。

"观感质量检验结果"栏中的质量评价结果填写"好""一般""差"，可由各方协商确定，也可按以下原则确定：项目检查点中有1处或多于1处"差"时可评价为"差"，有60%及以上的检查点"好"时可评价为"好"，其余情况可评价为"一般"。

（3）验收单位的签字认可。按表列要求，参与工程建设责任单位的有关人员应亲自签名认可，以示负责，以便追究质量责任：

1）施工单位总承包单位必须签认，并由项目经理亲自签认；有分包单位的，分包单位也必须签认其分包的分部（子分部）工程，并由分包项目经理亲自签认。

2）勘察单位可只签认地基与基础分部（子分部）工程，并由项目负责人亲自签认。

3）设计单位可只签认地基与基础、主体结构及重要安装分部（子分部）工程，并由项目负责人亲自签认。

4）监理单位作为验收方，由总监理工程师亲自签认。如果按规定不委托监理单位的工程，可由建设单位项目专业负责人亲自签认。

2.2.7 单位工程质量验收的标准与验收记录填报要求

单位工程质量验收也称为质量竣工验收，是建筑工程投入使用前的最后一次验收，也是最重要的一次验收。

1. 单位工程质量验收合格的标准

（1）所含分部工程的质量均应验收合格。

（2）质量控制资料应完整。

(3) 所含分部工程中有关安全、节能、环境保护和主要使用功能的检验资料应完整。

(4) 主要使用功能的抽查结果应符合相关专业验收规范的规定。

对主要使用功能应进行抽查，这体现了《建筑工程施工质量验收统一标准》（GB 50300—2013）完善手段、过程控制的原则，可减少工程投入使用后的质量投诉和纠纷。因此，在分项、分部工程验收合格的基础上，竣工验收时再作全面检查。抽查项目是在检查资料文件的基础上由参加验收的各方人员商定，并用计量、计数的方法抽样检验，检验结果应符合有关专业验收规范的规定。

(5) 观感质量应符合要求。

工程质量控制资料应齐全完整，当部分资料缺失时，应委托有资质的检测机构按有关标准进行相应的实体检验或抽样试验。

2. 单位工程质量验收的程序和组织

(1) 单位工程中的分包工程完工后，分包单位应对所承包的工程项目进行自检，并应按《建筑工程施工质量验收统一标准》（GB 50300—2013）规定的程序进行验收。验收时，总包单位应派人参加。分包单位应将所分包工程的质量控制资料整理完整后，移交给总包单位。

由于《建设工程承包合同》的双方主体是建设单位和总承包单位，总承包单位应按照承包合同的权利义务对建设单位负责；分包单位对总承包单位负责，亦应对建设单位负责。因此，分包单位对承建的项目进行检验时，总承包单位应参加，检验合格后，分包单位应将工程的有关资料整理完整后移交给总承包单位，建设单位组织单位工程质量验收时，分包单位负责人应参加验收。

(2) 单位工程完工后，施工单位应组织有关人员进行自检，总监理工程师应组织各专业监理工程师对工程质量进行竣工预验收。存在施工质量问题时，应由施工单位及时整改。整改完毕后，由施工单位向建设单位提交工程竣工报告，申请工程竣工验收。

单位工程完成后，施工单位应首先依据验收规范、设计图纸等组织有关人员进行自检，对检查结果进行评定并进行必要的整改。监理单位应根据《建设工程监理规范》（GB/T 50319—2013）的要求对工程进行竣工预验收。符合规定后由施工单位向建设单位提交工程竣工报告和完整的质量控制资料，申请建设单位组织竣工验收。

工程竣工预验收由总监理工程师组织，各专业监理工程师参加，施工单位由项目经理、项目技术负责人等参加，其他各单位人员可不参加。工程竣工预验收除参加人员与竣工验收时不同外，其方法、程序、要求等均应与竣工验收时相同。工程竣工预验收的表格格式可参照工程竣工验收的表格格式。

(3) 建设单位收到工程竣工报告后，应由建设单位项目负责人组织监理、施工、设计、勘察等单位项目负责人进行单位工程竣工验收。

单位工程竣工验收是依据国家有关法律、法规及规范、标准的规定，全面考核建设工作成果，检查工程质量是否符合设计文件和合同约定的各项要求。竣工验收通过后，工程将投入使用，发挥其投资效应，也将与使用者的人身健康或财产安全密切相关。因此，工程建设的参与单位应对竣工验收给予足够的重视。

单位工程质量验收应由建设单位项目负责人组织，由于勘察、设计、施工、监理等单位都是责任主体，因此各单位项目负责人均应参加验收，施工单位项目技术、质量负责人和监理单位的总监理工程师也应参加验收。

在一个单位工程中，对满足生产要求或具备使用条件，施工单位已自行检验，监理单位已预验收的子单位工程，建设单位可组织进行验收。由几个施工单位负责施工的单位工程，当其中的子单位工程已按设计要求完成，并经自行检验的，也可按规定的程序组织正式验收，办理交工手续。在整个单位工程验收时，已验收的子单位工程验收资料应作为单位工程验收的附件。

3. 单位工程质量验收记录表的格式和填写要求

单位工程质量竣工验收记录、单位工程质量控制资料核查记录、单位工程安全和功能检验资料核查及主要功能抽查记录、单位工程观感质量检查记录应分别按表 2-6~ 表 2-9 的规定填写。

表 2-6　单位工程质量竣工验收记录

工程名称		结构类型		层数/建筑面积	
施工单位		技术负责人		开工日期	
项目负责人		项目技术负责人		完工日期	
序号	项目	验收记录		验收结论	
1	分部工程验收	共　　分部，经查符合设计及标准规定　　分部			
2	质量控制资料核查	共　项，经核查符合规定　项			
3	安全和使用功能核查及抽查结果	共核查　项，符合规定　项 共抽查　项，符合规定　项 经返工处理符合规定　项			
4	观感质量验收	共　项，达到"好"和"一般"的　项 经返工处理符合规定　项			
综合验收结论					
参加验收单位	建设单位 （公章） 项目负责人： 　　年　月　日	监理单位 （公章） 总监理工程师： 　　年　月　日	施工单位 （公章） 项目负责人： 　　年　月　日	设计单位 （公章） 项目负责人： 　　年　月　日	勘察单位 （公章） 项目负责人： 　　年　月　日

注：单位工程验收时，验收签字人员应由相应的单位法人代表书面授权。

表 2-6 中的"验收记录"由施工单位填写；"验收结论"由监理单位填写；"综合验收结论"经参加验收各方共同商定，由建设单位填写，应对工程质量是否符合设计文件和相关标准的规定及总体质量水平做出评价。

表 2-7 单位工程质量控制资料核查记录(土建部分)

工程名称				施工单位				
序号	项目	资料名称	份数	施工单位		监理单位	
				核查意见	核查人	核查意见	核查人
1	建筑与结构	图纸会审记录、设计变更通知单、工程洽商记录					
2		工程定位测量、放线记录					
3		原材料出厂合格证书及进场检验、试验报告					
4		施工试验报告及见证检测报告					
5		隐蔽工程验收记录					
6		施工记录					
7		地基、基础、主体结构检验及抽样检测资料					
8		分项、分部工程质量验收记录					
9		工程质量事故调查处理资料					
10		新技术论证、备案及施工记录					
……		……					

结论:

施工单位项目负责人: 总监理工程师:
                   年 月 日   年 月 日

表 2-8 单位工程安全和功能检验资料核查及主要功能抽查记录(土建部分)

工程名称				施工单位			
序号	项目	安全和功能检查项目	份数	核查意见	抽查结果	核查(抽查)人
1	建筑与结构	地基承载力检验报告				
2		桩基础承载力检验报告				
3		混凝土强度试验报告				
4		砂浆强度试验报告				
5		主体结构尺寸、位置抽查记录				
6		建筑物垂直度、标高、全高测量记录				
7		屋面淋水或蓄水试验记录				
8		地下室渗漏水检测记录				
9		有防水要求的地面蓄水试验记录				
10		抽气(风)道检查记录				
11		外窗气密性、水密性、耐风压检测报告				
12		幕墙气密性、水密性、耐风压检测报告				
13		建筑物沉降观测测量记录				
14		节能、保温测试记录				
15		室内环境检测报告				
16		土壤氡气浓度检测报告				
1	建筑节能	外墙节能构造检查记录或热工性能检验报告				
2		设备系统节能性能检查记录				

结论:

施工单位项目负责人: 年 月 日   总监理工程师: 年 月 日

注:抽查项目由验收组协商确定。

表 2-9 单位工程观感质量检查记录（土建部分）

工程名称				施工单位		
序号		项目		抽查质量状况		质量评价
1	建筑与结构	主体结构外观		共检查　点，好　点，一般　点，差　点		
2		室外墙面		共检查　点，好　点，一般　点，差　点		
3		变形缝、雨水管		共检查　点，好　点，一般　点，差　点		
4		屋面		共检查　点，好　点，一般　点，差　点		
5		室内墙面		共检查　点，好　点，一般　点，差　点		
6		室内顶棚		共检查　点，好　点，一般　点，差　点		
7		室内地面		共检查　点，好　点，一般　点，差　点		
8		楼梯、踏步、护栏		共检查　点，好　点，一般　点，差　点		
9		门窗		共检查　点，好　点，一般　点，差　点		
10		雨罩、台阶、坡道、散水		共检查　点，好　点，一般　点，差　点		
11		……		……		
观感质量综合评价						

结论：

施工单位项目负责人：　　　　　年　月　日　　　　　　　总监理工程师：　　　　　年　月　日

注：1. 对质量评价为"差"的项目应进行返修。
　　2. 观感质量检查的原始记录应作为本表附件。

模块三

建筑工程施工质量管理的技术方法

【知识目标】

1. 了解建筑工程质量控制的科学原理。
2. 掌握建筑工程施工质量管理的技术方法。

【能力目标】

1. 能够在建筑工程三阶段质量管理中，正确把握建筑工程施工阶段质量管理的科学原理。
2. 能够重点把握建筑工程施工质量管理的技术方法和有效措施，实现施工阶段质量管理目标。

【素质目标】

建筑工程施工质量检验与验收的结论来源于科学的检验与验收过程，同学们应牢固地掌握建筑工程质量控制的科学原理，并灵活运用建筑工程施工质量管理的技术方法。

3.1 建筑工程质量控制的科学原理和类型

建筑工程质量控制的科学原理来源于广泛的工程实践需求，深入了解建筑工程三阶段质量管理的主要内容，有助于深刻理解质量控制的科学原理、灵活运用技术方法，解决质量管理中所面临的具体问题。

（一）决策阶段的质量管理

此阶段质量管理的主要内容是在广泛搜集资料、调查研究的基础上研究、分析、比较，决定项目的可行性和最佳方案。

（二）施工阶段的质量管理

1. 施工前质量管理的主要内容

（1）对施工队伍的资质进行重新审查，包括对各个分包商资质的审查。如果发现施工单位与投标时的情况不符，必须采取有效措施予以纠正。

（2）对所有的合同和技术文件、报告进行详细审阅，如图纸是否完备、有无错漏空缺、各

个设计文件之间有无矛盾之处、技术标准是否齐全等。除了重点审核合同以外,还应进行以下审核:

1)审核有关单位的技术资质证明文件。

2)审核开工报告,并经现场核实。

3)审核施工方案、施工组织设计和技术措施。

4)审核有关材料、半成品的质量检验报告。

5)审核反映工序质量的统计资料。

6)审核设计变更、图纸修改和技术核定书。

7)审核有关质量问题的处理报告。

8)审核有关工序交接检查,分项、分部工程质量检查报告。

9)审核并签署现场有关技术签证、文件等。

(3)配备进行检测、试验的设备和仪器,审查合同中关于检验的方法、标准、次数和取样的规定。

(4)审阅进度计划和施工方案。

(5)对施工中将要采取的新技术、新材料、新工艺进行审核,核查鉴定书和试验报告。

(6)对材料和工程设备的采购进行检查,检查采购是否符合规定的要求。

(7)协助完善质量保证体系。

(8)对工地各方面负责人和主要的施工机械进行进一步的审核。

(9)做好设计技术交底,明确工程各个部分的质量要求。

(10)准备好质量管理表格。

(11)准备好担保和保险工作。

(12)签发动员预付款支付证书。

(13)全面检查开工条件。

2. 施工过程中质量管理的主要内容

(1)工序质量控制,包括施工操作质量控制和施工技术管理质量控制,具体内容如下:

1)确定工程质量控制的流程。

2)主动控制工序活动条件(主要是指影响工序质量的因素)。

3)及时检查工序质量,提出对后续工作的要求和措施。

4)设置工序的质量控制点。

(2)设置质量控制点。对技术要求高,施工难度大的某个工序或环节,应设置技术和监理的质量控制点,重点控制操作人员、材料、设备、施工工艺等;针对质量通病或容易产生不合格产品的工序,应以质量控制点的形式提前制定有效的措施,重点控制;对于新工艺、新材料、新技术,也要特别引起重视,设置质量控制点。

(3)工程质量的预控。按照施工前编制的质量计划书框架内容,随工程进度,进一步深化关键工序和特殊工序的作业指导书,对即将施工的质量控制点进行全面的事先对照检查。

（4）质量检查，包括操作者的自检，班组内互检，各个工序之间的交接检查；施工员的检查和质检员的巡视检查；监理单位和政府质检部门的检查。具体包括以下内容：

1）装饰材料、半成品、构配件、设备的质量检查，并检查相应的合格证、质量保证书和试验报告。

2）分项工程施工前的预检。

3）施工操作质量检查，隐蔽工程的质量检查。

4）分部分项工程的质检验收。

5）单位工程的质检验收。

6）成品保护质量检查。

（5）成品保护，具体内容如下：

1）合理安排施工顺序，避免破坏已有产品。

2）采取适当的保护措施。

3）加强成品保护的检查工作。

（6）交工技术资料，主要包括以下文件：材料和产品出厂合格证或者检验证明，设备维修证明；施工记录；隐蔽工程验收记录；设计变更，技术核定，技术洽商文件；水、暖、电、通信、设备的安装记录；质检报告；竣工图，竣工验收表等。

（7）质量事故处理。一般质量事故由总监理工程师组织进行事故分析，并责成有关单位提出解决办法。重大质量事故须报告业主、监理单位主管部门和有关单位，由各方共同解决。

（三）竣工维保阶段的质量管理

竣工维保阶段的质量管理包括：按合同的要求进行竣工检验，检查未完成的工作和缺陷，及时解决质量问题；制作竣工图和竣工资料；维修期内负责相应的维修责任。

3.1.1 建筑工程质量控制的科学原理

管理学中的控制是指按既定的计划、标准和方法对工作进行对照检查，发现偏差、分析原因、进行纠正，以确保组织目标实现的过程。

目标控制的基本原理首先表现在控制的过程上，不论是进度控制、质量控制，还是投资控制，其控制的一般过程是投入、转换、反馈、对比和纠正等基本环节型工作，继而是新的一轮循环，并且是在新的水平、新的高度上进行循环。

1. 投入

控制是在事先制订的计划的基础上进行的，计划要有明确的目标。工程开始实施后，要按计划要求将所需的人力、材料、设备、机具、方法等资源和信息进行投入。

2. 转换

投入发生后，计划开始运行，工程得以开展，并不断输出实际的工程状况和实际的投资、进度、质量目标。

3. 反馈

由于外部环境和内部系统的各种因素变化的影响，应适时收集工程实际情况和其他有关的工程信息，将各种投资、进度、质量目标数据和其他有关的工程信息进行整理、分类和综合，提出工程状态报告。控制部门根据工程状态报告将项目实际完成的投资、进度、质量状况与相应的计划目标进行比较，以确定是否偏离了计划。

4. 对比和纠正

如果计划运行正常，那么就按原计划继续运行；反之，如果实际输出的投资、进度、质量状况已经偏离计划目标，或预计将要偏离，就需要采取纠正措施，如改变投入，或修改计划，或采取其他纠正措施，使工程建设及其计划呈现一种新的状态，使工程能在新的计划状态下进行。

一个建设项目目标控制的全过程就是由这样的一个个循环过程组成的，循环控制要持续到项目建成，并贯穿整个建设过程。

3.1.2 建筑工程质量控制的类型

1. 按态势分类

建筑工程质量控制按态势分类可分为以下两类：

（1）主动控制。主动控制是一种事前控制，在预先分析各种风险因素及其导致目标偏离的可能性和程度的基础上，制定和采取有针对性的预防措施，从而减少乃至避免目标偏离。

1）主动控制是一种前馈控制，用以指导拟建工程的实施。

2）主动控制通常是一种开环控制。

3）主动控制是一种面对未来的控制，可以解决传统控制过程中存在的时滞问题，尽最大可能避免出现偏差已经成为现实的被动局面，降低偏差发生的概率及其严重程度，从而使目标得到有效控制。

（2）被动控制。被动控制是一种事中控制和事后控制，是从计划的实际输出中发现偏差，通过对产生偏差原因的分析，研究制定纠偏措施，可以降低目标偏离的严重程度，并将偏差控制在尽可能小的范围内。

1）被动控制是一种反馈控制。

2）被动控制是一种闭环控制（即循环控制）。

3）被动控制是一种面对现实的控制。

对于建筑工程的目标控制来说，主动控制和被动控制两者缺一不可，应将主动控制与被动控制紧密结合起来，并力求加大主动控制在控制过程中的比例。

2. 按照质量控制主体分类

建筑工程质量控制按照质量控制主体分类一般分为五类：建设单位质量控制、施工单位质量控制、设计单位质量控制、勘察单位质量控制、监理单位质量控制。

模块三 建筑工程施工质量管理的技术方法

以监理单位质量控制为例，参考《建设工程监理规范》(GB/T 50319—2013)，有关工程监理质量控制内容摘要如下：

(1) 建筑工程监理：工程监理单位受建设单位委托，根据法律、法规、工程建设标准、勘察设计文件及合同，在施工阶段对建筑工程的质量、进度、造价进行控制，对合同、信息进行管理，对工程建设相关方的关系进行协调，并履行建筑工程安全生产管理法定职责的服务活动。

(2) 监理人员的质量管理职责如下：

1) 总监理工程师职责：确定项目监理机构人员及其岗位职责；组织编制监理规划，审批监理实施细则；组织检查施工单位现场质量、安全生产管理体系的建立及运行情况；组织验收分部工程，组织审查单位工程质量检验资料；审查施工单位的竣工申请，组织工程竣工预验收，组织编写工程质量评估报告，参与工程竣工验收；参与或配合工程质量安全事故的调查和处理。

2) 专业监理工程师职责：参与编制监理规划，负责编制监理实施细则；验收检验批、隐蔽工程、分项工程；处置发现的质量问题和安全事故隐患；参与工程竣工预验收和竣工验收。

3) 监理员职责：进行见证取样；检查和记录工艺过程或施工工序；处置发现的施工作业问题。

(3) 施工全过程工程监理相关的主要质量控制工作内容：

1) 总监理工程师应组织专业监理工程师审查施工单位报审的施工方案，符合要求后予以签认。

2) 专业监理工程师应审查施工单位报送的新材料、新工艺、新技术、新设备的质量认证材料和相关验收标准的适用性，必要时，应要求施工单位组织专题论证，审查合格后报总监理工程师签认。

3) 专业监理工程师应检查、复核施工单位报送的施工控制测量成果及保护措施，签署意见。专业监理工程师应检查施工单位的实验室。

4) 项目监理机构应审查施工单位报送的用于工程的材料、设备、构配件的质量证明文件，并按照有关规定或建筑工程监理合同的约定，对用于工程的材料进行见证取样、平行检验。对已进场经检验不合格的工程材料、设备、构配件，项目监理机构应要求施工单位限期将其撤出施工现场。

5) 专业监理工程师应要求施工单位定期提交影响工程质量的计量设备的检查和检定报告。

6) 监理人员应对施工过程进行巡视，并对关键部位、关键工序的施工过程进行旁站，填写旁站记录。

7) 专业监理工程师应根据施工单位报验的检验批、隐蔽工程、分项工程进行验收，提出验收意见。总监理工程师应组织监理人员对施工单位报验的分部工程进行验收，签署验收意见。对验收不合格的检验批、隐蔽工程、分项工程和分部工程，项目监理机构应拒绝签认，并严禁施工单位进行下一道工序施工。

8) 项目监理机构发现施工存在质量问题的，应及时签发监理通知，要求施工单位整改。

整改完毕后，项目监理机构应根据施工单位报送的监理通知回复单对整改情况进行复查，提出复查意见。

9）项目监理机构发现下列情形之一的，总监理工程师应及时签发工程暂停令，要求施工单位停工整改：

① 施工单位未经批准擅自施工的。

② 施工单位未按审查通过的工程设计文件施工的。

③ 施工单位未按批准的施工组织设计施工或违反工程建设强制性标准的。

④ 施工存在重大质量事故隐患或发生质量事故的。

10）项目监理机构应对施工单位的整改过程、结果进行检查、验收，符合要求的，总监理工程师应及时签发复工令。

11）对需要返工处理或加固补强的质量事故，项目监理机构应要求施工单位报送质量事故调查报告和经设计等相关单位认可的处理方案，并对质量事故的处理过程进行跟踪检查，对处理结果进行验收。项目监理机构应及时向建设单位提交质量事故书面报告，并应将完整的质量事故处理记录整理归档。

12）项目监理机构应审查施工单位提交的单位工程竣工验收报审表及竣工资料，组织工程竣工预验收。存在问题的，应要求施工单位及时整改；合格的，总监理工程师应签发单位工程竣工验收报审表。

13）工程竣工预验收合格后，项目监理机构应编写工程质量评估报告，经总监理工程师和工程监理单位技术负责人审核签字后报建设单位。

14）项目监理机构应参加由建设单位组织的竣工验收，对验收中提出的整改问题，督促施工单位及时整改。工程质量符合要求的，总监理工程师应在工程竣工验收报告中签署意见。

15）项目监理机构应及时、准确、完整地收集、整理、编制、传递监理文件资料。

16）承担工程保修阶段的服务工作时，工程监理单位应定期回访。对建设单位或使用单位提出的工程质量缺陷，工程监理单位应安排监理人员进行检查和记录，要求施工单位予以修复，并监督实施，合格后予以签认。工程监理单位应对工程质量缺陷的原因进行调查，分析并确定责任归属。对非施工单位原因造成的工程质量缺陷，应核实修复工程费用，签发工程款支付证书，并报建设单位。

3.1.3 建筑工程质量控制的重点

建筑工程质量控制的重点，以施工质量控制为例，参照《建筑工程施工质量验收统一标准》（GB 50300—2013），相关要求如下：

（1）建筑工程采用的主要材料、半成品、成品、建筑构配件、器具和设备应进行进场检验。凡涉及安全、节能、环境保护和主要使用功能的重要材料、产品，应按各专业工程施工规范、验收规范和设计文件等规定进行复验，并应经监理工程师检查认可。

（2）各施工工序应按施工技术标准进行质量控制，每道施工工序完成后，经施工单位自检符合规定后,才能进行下道工序施工。各专业工种之间的相关工序应进行交接检验,并应记录。

(3)对于监理单位提出检查要求的重要工序,应经监理工程师检查认可,才能进行下道工序施工。

以上内容阐明了质量控制的重点;同时,在具体的建筑工程施工中,施工方质量控制应采用"三点"(质量控制点、见证点、停止点)、"三检"(自检、互检、交接检)与专项检查等方法加以落实,以加强质量控制。

1."三点"

质量控制人员在分析项目的特点之后,把影响工序施工质量的主要因素、施工活动中的重要部位或薄弱环节,以及一旦发生质量问题危害较大的环节等事先列出来,分析影响质量的原因,并提出相应的措施,以便进行预控的关键点,称为质量控制点。

选择作为质量控制点的对象可以是:

(1)施工过程中的关键工序或环节以及隐蔽工程,例如预应力结构的张拉工序、钢筋混凝土结构中的钢筋架立。

(2)施工中的薄弱环节,或质量不稳定的工序、部位或对象,例如地下防水层施工。

(3)对后续工程施工或后续工序的质量安全有重大影响的工序、部位或对象,例如预应力结构中的预应力钢筋质量(如硫、磷的含量)、模板的支撑与固定等。

(4)采用新技术、新工艺、新材料的部位或环节。

(5)施工上无足够把握的、施工条件困难的或技术难度大的工序或环节,例如复杂曲线的放样等。

建筑工程质量控制中的"见证点"和"停止点"是ISO 9000族质量管理体系对于重要程度不同及监督控制要求不同的质量控制对象的一种区分方式,实际上它们都是质量控制点。

见证点(或称为截留点)监督也称为W点监督,凡是列为见证点的质量控制对象,在规定的关键工序施工前,施工单位应提前通知监理人员在约定的时间内到现场进行见证和对其施工实施监督。如果监理人员未能在约定的时间到现场进行见证和监督,则施工单位有权进行见证点的相应的工序操作和施工。工程实践中的见证取样和重要的试验等应作为见证点来处理。

"停止点"也称为"待检点"或"H点",它是重要性高于见证点的质量控制点,它通常是针对"特殊过程"或"特殊工序"而言的。特殊过程通常是指该施工过程或工序施工的质量不易或不能通过其后的检验和试验而充分得到验证。

凡是列为停止点的质量控制对象,要求必须在规定的关键工序到来之前通知监理方派人对关键工序实施监控。未经认可不能越过该关键工序继续活动。

所有的隐蔽工程验收点(表3-1)都是停止点。另外,某些重要的预应力钢筋混凝土结构或构件的预应力张拉工序;某些重要的钢筋混凝土结构在钢筋架立后,混凝土浇筑之前;重要建筑物或结构物在定位放线后;重要的重型设备基础预埋螺栓的定位等,均可设置停止点。

表 3-1　隐蔽工程验收点（不限于此）

项目	验收点
土方工程	基坑（槽）管沟开挖竣工图中排水盲沟的设置情况；填方土料、冻土块含量及填土压实试验记录
地基与基础工程	基坑（槽）底土质情况；基底标高；对不良基土采取的处理情况；地基夯实施工记录；打桩施工记录及桩位竣工图
砖石工程	基础砌体；沉降缝、伸缩缝和防震缝；砌体中配筋
钢筋混凝土工程	钢筋的品种、规格、形状、尺寸、数量及位置；钢筋接头情况；钢筋除锈情况；预埋件数量及其位置；材料代用情况
屋面工程	保温隔热层、找平层、防水层的施工记录
地下防水工程	卷材防水层及沥青胶结材料防水层的基层；防水层被土、水、砌体等掩盖的部位；管道设置穿过防水层的封固处
地面工程	地面下的基土；各种防护层以及经过防腐处理的结构或连接件
其他	完工后无法进行检查的工程；重要结构部位和有特殊要求的隐蔽工程

2. "三检"

由于施工单位对建设工程施工质量负责，在工序质量控制过程中一般实行"三检"制度，即"自检""互检""交接检"。"三检"制度中的关键工序是指：

（1）对成品的质量、性能、功能、寿命、可靠性及成本等有直接影响的工序。

（2）形成产品重要质量特性的工序。

（3）工艺复杂，质量容易波动，对工人技艺要求高或问题发生较多的工序。

3.2　建筑工程施工质量管理的技术方法

3.2.1　建筑工程施工质量检验与验收的基本方法

无论是施工单位还是监理单位，在建筑工程施工质量检查或验收时所采用的方法主要包括审查有关技术文件、报告或报表，以及进行实际项目的质量检验与验收。

1. 审查有关技术文件、报告或报表

对技术文件、报告、报表的审查，是施工项目经理部管理人员、监理人员等对工程质量进行全面质量检查和控制的重要手段，同时也是各层次验收合格的条件之一。相关审查内容包括审查有关技术资质证明文件，审查有关材料、半成品的质量检验报告等。

2. 进行实际项目的质量检验与验收

进行实际项目的质量检验与验收，如施工单位对某砌筑工程检验批的自检、工序交接检、专职人员检查，以及监理单位对某钢筋工程检验批的隐蔽检查和验收。

（1）实际项目的质量检验与验收方法归纳起来主要有目测法、实测法和试验法三种。

1）目测法，其手段可归纳为"看""摸""敲""照"。

① 看，是指根据质量标准进行外观目测，如施工顺序是否合理、工人操作是否正确等，

均需通过目测检查、评价。进行外观目测的人员需要具有丰富的经验，经过反复实践才能掌握。这种方法虽然简单，但是难度最大，应予以充分重视，加强训练。

② 摸，一般是指手感检查，主要用于装饰工程的某些检查项目，如水刷石、干粘石的黏结牢固程度，油漆的光滑度，地面有无起砂等，均可通过手摸加以鉴别。

③ 敲，是指运用工具进行音感检查。对地面工程、装饰工程中的水磨石、面砖、锦砖和大理石等的贴面，均应进行敲击检查，通过声音的虚实确定有无空鼓；还可根据声音的清脆和沉闷判断是面层空鼓还是底层空鼓。

④ 照，对于难以看到或光线较暗的部位，可采用镜子反射或灯光照射的方法进行检查。

2）实测法，是指通过实测数据与施工规范及质量标准所规定的允许偏差进行对照，以此来判别质量是否合格。实测法的手段可归纳为"靠""吊""量""套"。

① 靠，是指用直尺、塞尺检查墙面、地面、屋面的平整度。对墙面、地面等要求平整的项目可利用这种方法检验。

② 吊，是指采用在托线板上吊线坠的方式检查垂直度。

③ 量，是指用测量工具和计量仪表等检查断面尺寸、轴线、标高、湿度、温度等的偏差。这种方法主要是检查允许偏差项目，如外墙砌砖时上下窗口的偏移量用经纬仪或吊线检查，钢结构焊缝余高用"量规"检查，管道保温厚度用钢针刺入保温层和尺量检查等。

④ 套，是指以方尺套方，辅以塞尺检查，如对阴（阳）角的方正、踢脚板的垂直度、预制构件的方正等项目的检查。对门窗口及门窗框的对角线检查，也是套方的特殊手段。

3）试验法，是指通过试验手段对质量进行判断的检查方法，如对桩或地基进行静载试验，确定其承载力；对钢结构进行稳定性试验，确定是否产生失稳现象；对钢筋对焊接头进行拉力试验，检验焊接的质量等。

（2）建筑工程质量检验的常用工具

建筑工程质量检验的工具较多，不同的分项工程有不同的检查验收内容，也就采用不同的检查方法，所使用的检验工具也不同。建筑工程施工验收系列规范在具体的检验项目中，对检验的项目和所采用的工具均有要求。钢尺、水准仪、经纬仪、坍落度筒等工具不再逐一介绍，但要说明的是，用于检验的各种工具必须是经过标定计量合格的工具，如常见的钢卷尺，有2m、3m、5m等规格，即使规格相同，价格、质量差别也相差较大，应充分重视。

3.2.2 建筑工程施工质量管理七种管理工具

建筑工程施工质量保证体系的运行，应以质量计划为龙头、过程管理为重心，按照 PDCA 循环原理展开。

（1）计划（Plan）：明确目标并制订实现目标的行动方案。

（2）实施（Do）：包含计划行动方案的交底，以及按计划规定的方法与要求展开施工作业技术活动两个环节。

（3）检查（Check）：对计划实施过程进行各种检查。

（4）处理（Action）：对质量检查发现的问题及时进行原因分析，采取必要的措施予以纠正。

建筑工程施工质量管理体系的运行以施工质量控制为核心，按照事前、事中和事后控制相结合的模式依次展开、螺旋上升。

在质量管理发展史上先出现了"QC"（质量控制），产品经过检验合格后再出货是质量管理最基本的要求。QC职能为生产加工过程中的管控提供数据的统计、分析，并将相关信息提供给其他部门。质量控制的主要功能就是通过一系列作业技术和活动将各种质量变异和波动减少到最小程度，它贯穿于质量产生、形成和实现的全过程中。除了控制产品差异，质量控制部门还参与管理决策活动以确定质量水平。

质量控制是指通过监视质量形成的过程，消除质量环上所有的引起不合格或不满意效果的因素，以达到质量要求，获取经济效益，而采用的各种质量作业技术和活动。

建筑工程施工质量管理的七种管理工具分为传统QC七种工具和新QC七种工具（表3-2），其中传统QC七种工具主要应用在具体的实际工作中，新QC七种工具主要应用在中高层管理上。

表3-2 传统QC七种工具和新QC七种工具

传统QC七种工具	作用	新QC七种工具	作用
检查表	对事实的粗略整理与分析	关联图	可以同时分析不止一个问题的原因
层别法	对数据进行适当的归类和整理	系统图	将问题–原因、目的–手段多级展开
柏拉图	从众多问题中找出主要问题	亲和图	对模糊的原始信息加以综合和梳理
因果图	分析产生波动的主要影响因素	矩阵图法	找出成对因素之间的相互关系
散布图	分析原因与结果的相互关系	矢量图法	明确计划和项目之间的结果和关联
直方图	分析过程的分布状态	PDPC法	针对事态进展，预测可以考虑到的结果
控制图	监控过程的异常波动	矩阵数据解析法	将多个变量化为少数综合变量

先进的质量管理方法还有六西格玛、精益管理等，这些内容可以作为拓展学习内容。

3.2.3 建筑工程施工质量检测试验技术

建筑工程质量目标控制与质量事故分析中所采用的检测试验技术，不仅是施工过程中工序质量控制的重要手段，是质量管理体系"产品的实现""测量、分析与改进"过程中"检查""对比"的主要方法，也是质量事故处理原因分析、事故处理结果"验证"的主要方法。

建筑工程施工质量检测试验作为一项比较专业的技术与管理领域，是建筑工程施工质量验收的一部分。那么，一个具体的建筑工程项目到底要做哪些检测试验项目？检测试验项目的取样依据、数量和试验标准又有哪些？怎样保证施工单位正确编制和执行检测试验计划，从而保证顺利竣工？《建筑工程检测试验技术管理规范》（JGJ 190—2010）对以上问题所涉及的检测试验技术均有明确的规定。

模块三 建筑工程施工质量管理的技术方法

建筑施工涉及的检测试验项目众多，一部分是可以在现场实验室由实验员和质检员按照相关的质量检测试验标准进行；另一部分必须委托具有相应资质的第三方检测机构进行，提供检测试验报告和综合评定报告。

建筑工程质量检测机构应取得建设主管部门颁发的相应资质证书，在技术能力和资质规定范围内开展检测工作，并对社会出具工程质量检测数据或检测结论。

1. 建筑工程施工现场检测试验项目

（1）材料、设备进场检测的项目和标准：

1）材料、设备进场检测应包括材料性能复试和设备性能测试。进场材料的检测试样，必须从施工现场随机抽取，严禁在现场外制取。

2）进场材料性能复试与设备性能测试的项目和主要检测参数，应依据国家现行相关标准、设计文件和合同要求确定。常用建筑材料进场复试项目、主要检测参数和取样依据可按《建筑工程检测试验技术管理规范》（JGJ 190—2010）附录 A 的规定确定。

3）对不能在施工现场制取试样或不适于送检的大型构配件及设备等，可由监理单位与施工单位等协商在供货方提供的检测场所进行旁站检测。

（2）施工过程质量检测试验的项目和标准：

1）施工过程质量检测试验项目和主要检测试验参数应依据国家现行相关标准、设计文件、合同要求和施工质量控制的需要确定。

2）施工过程质量检测试验的主要内容应包括以下五类：土方回填、地基与基础、基坑支护、结构工程、装饰装修。

施工过程质量检测试验项目、主要检测试验参数和取样依据可按表 3-3 的规定确定。

表 3-3 施工过程质量检测试验项目、主要检测试验参数和取样依据（摘要）

序号	类别	检测试验项目	主要检测试验参数	取样依据	备注
1	土方回填	土工击实	最大干密度	《土工试验方法标准》（GB/T 50123—2019）	—
			最优含水率		
		压实程度	压实系数*	《建筑地基基础设计规范》（GB 50007—2011）	—
2	地基与基础	换填地基	压实系数*或承载力	《建筑地基处理技术规范》（JGJ 79—2012）、《建筑地基基础工程施工质量验收标准》（GB 50202—2018）	—
		加固地基、复合地基	承载力		—
		桩基础	承载力	《建筑基桩检测技术规范》（JGJ 106—2014）	
			桩身完整性		钢桩除外
3	基坑支护	土钉墙	土钉抗拔力	《建筑基坑支护技术规程》（JGJ 120—2012）	—
		水泥土墙	墙身完整性		
			墙体强度		设计有要求时
		锚杆、锚索	锁定力		

（续）

序号	类别		检测试验项目	主要检测试验参数	取样依据	备注
4	结构工程	钢筋连接	机械连接工艺检验*	抗拉强度	《钢筋机械连接技术规程》（JGJ 107—2016）	—
			机械连接现场检验			—
			钢筋焊接工艺检验*	抗拉强度	《钢筋焊接及验收规程》（JGJ 18—2012）	—
				弯曲		适用于闪光对焊、气压焊接头
			闪光对焊	抗拉强度		
				弯曲		
			气压焊	抗拉强度		适用于水平连接筋
				弯曲		
			电弧焊、电渣压力焊、预埋件钢筋T形接头	抗拉强度		
			网片焊接	抗剪力		热轧带肋钢筋
				抗拉强度		冷轧带肋钢筋
				抗剪力		
		混凝土	混凝土配合比设计	工作性	《普通混凝土配合比设计规程》（JGJ 55—2011）	是指工作度、坍落度和坍落扩展度等
				强度等级		—
			混凝土性能	标准养护试件强度	《混凝土结构工程施工质量验收规范》（GB 50204—2015）、《混凝土外加剂应用技术规范》（GB 50119—2013）、《建筑工程冬期施工规程》（JGJ/T 104—2011）	—
				同条件试件强度*（受冻临界、拆模、张拉、放张和临时负荷等）		同条件养护28d转标准养护28d试件强度和受冻临界强度试件，按冬期施工相关要求增设；其他同条件试件，根据施工需要留置
				同条件养护28d转标准养护28d试件强度		
				抗渗性能	《地下防水工程质量验收规范》（GB 50208—2011）、《混凝土结构工程施工质量验收规范》（GB 50204—2015）	有抗渗要求时
		砌筑砂浆	砂浆配合比设计	强度等级	《砌筑砂浆配合比设计规程》（JGJ/T 98—2010）	—
				稠度		
			砂浆力学性能	标准养护试件强度	《砌体结构工程施工质量验收规范》（GB 50203—2011）	—
				同条件养护试件强度		冬期施工时增设
		钢结构	网架结构焊接球节点、螺栓球节点	承载力	《钢结构工程施工质量验收标准》（GB 50205—2020）	安全等级一级、$L \geq$ 40m且设计有要求时
			焊缝质量	焊缝探伤		—
			后锚固（植筋、锚栓）	抗拔承载力	《混凝土结构后锚固技术规程》（JGJ 145—2013）	

（续）

序号	类别	检测试验项目	主要检测试验参数	取样依据	备注
5	装饰装修	饰面砖粘贴	粘结强度	《建筑工程饰面砖粘结强度检验标准》（JGJ/T 110—2017）	—

注：带有"*"标志的检测试验项目或检测试验参数可由企业实验室试验，其他检测试验项目或检测试验参数的检测应符合相关规定。

3）施工工艺参数检测试验项目应由施工单位根据工艺特点及现场施工条件确定，检测试验任务可由企业实验室承担。

（3）工程实体质量与使用功能检测的项目和标准：

1）工程实体质量与使用功能检测项目应依据国家现行相关标准、设计文件及合同要求确定。工程实体质量与使用功能检测应依据相关标准抽取检测试样或确定检测部位。

2）工程实体质量与使用功能检测的主要内容包括实体质量及使用功能2类。工程实体质量与使用功能检测项目、主要检测参数和取样依据可按表3-4的规定确定。

表3-4 工程实体质量与使用功能检测项目、主要检测参数和取样依据（摘要）

序号	类别	检测项目	主要检测参数	取样依据
1	实体质量	混凝土结构	钢筋保护层厚度	《混凝土结构工程施工质量验收规范》（GB 50204—2015）
			结构实体检验采用同条件养护试件强度	
		围护结构	外窗气密性能（适应于严寒、寒冷、夏热冬冷地区）	《建筑节能工程施工质量验收标准》（GB 50411—2019）
			外墙节能构造	
2	使用功能	室内环境污染物	氡	《民用建筑工程室内环境污染控制标准》（GB 50325—2020）
			甲醛	
			苯	
			氨	
			TVOC	
		系统节能性能	室内温度	《建筑节能工程施工质量验收标准》（GB 50411—2019）
			供热系统室外管网的水力平衡度	
			供热系统的补水率	
			室外管网的热输送效率	
			各风口的风量	
			通风与空调系统的总风量	
			空调机组的水流量	
			空调系统冷（热）水、冷却水总流量	
			平均照度与照明功率密度	

2. 建筑工程施工现场检测试验方法

（1）外观检验。外观检验是指对样品的规格、标记、外形尺寸等方面的直观检查。凡专用、特殊及加工制品的外观检验，应根据施工合同、图纸及翻样资料，会同有关部门进行质量验收并做好记录。

现场外观检验一般采用核对凭证、数量验收、目测法、样板比照法等方法。

（2）理化试验。工程中常用的理化试验包括各种物理力学性能方面的检验，以及化学成分及含量的测定，如抗拉强度、抗压强度、抗弯强度、抗折强度、冲击韧性、硬度、承载力的测定；钢筋中的磷、硫含量等化学成分及其含量的确定；桩或地基的现场静载试验或打试桩，以确定其承载力；对混凝土现场取样，通过实验室的抗压强度试验，确定混凝土达到的强度等级；通过管道压水试验判断其耐压及渗漏情况等。

（3）无损测试或检验。无损测试或检验是指借助专门的仪器、仪表探测结构物或材料、设备的内部组织结构或损伤状态。这类仪器、仪表包括超声波探伤仪、磁粉探伤仪等。

（4）破坏性检验。在一些特殊情况下，无法通过前述方法检查其工程质量时，可以采用破坏性检验方法，如混凝土取芯、桩基础取芯、墙体取芯等。

（5）综合性检验。在一些特殊的工程中，往往需要通过专门设计的一些综合性的检验方法对工程的某个局部或整体进行全面的测试，以检测工程的可靠性、安全性等，如大型桥梁的综合检验、对剧院的声学特性进行检测等。

理化试验、无损测试或检验、破坏性检验、综合性检验在项目经理部一般采用现场试验法、委托试验法、见证取样与试验、平行检验等组织方法实施。

3. 建筑工程施工现场检测试验技术管理要求

（1）建筑工程施工现场检测试验技术管理的目的。建筑工程的单位工程质量是由分部分项施工过程的质量控制保证的，加强建筑工程施工现场检测试验技术管理，目的是规范建筑工程施工现场检测试验技术管理方法，提高建筑工程施工现场检测试验技术管理水平，保证分部分项工程质量。

（2）建筑工程施工现场检测试验技术管理的组织。建筑工程施工现场检测试验的组织管理和实施应由施工单位负责，建筑工程施工现场应配备满足检测试验需要的试验人员、仪器设备、设施及相关标准。当建筑工程实行施工总承包时，可由总承包单位负责整体的组织管理和实施，分包单位按合同确定的施工范围各负其责。施工项目技术负责人应组织检查试验管理制度的执行情况。现场试验员应掌握相关标准，并经过技术培训、考核。

（3）建筑工程施工现场检测试验技术管理应执行以下程序：

1）制订施工检测试验计划。施工检测试验计划应在工程施工前由施工项目技术负责人组织有关人员编制，并应报送监理单位进行审查和监督实施。根据施工检测试验计划，制订相应的见证取样和送检计划（表3-5）。施工检测试验计划应按检测试验项目分别编制，并应包括以下内容：

①检测试验项目名称。

②检测试验参数。

③试验规格。

④代表批量。

⑤施工部位。

⑥计划检测试验时间。

表 3-5 建筑材料见证取样和送检计划

序号	项目	取样数量	代表批量	备注
1	水泥	12kg	200t	袋装
			500t	散装（是指水泥厂专车存放在水泥罐中的水泥）
2	热轧带肋钢筋	500mm2 根 +300mm2 根	60t	—
3	热轧光圆钢筋	500mm2 根 +300mm2 根	60t	—
4	冷轧带肋钢筋	500mm1 根 +300mm2 根	60t	—
5	冷轧扭钢筋	500mm2 根 +300mm1 根	10t	—
6	圆盘条	500mm1 根 +300mm2 根	60t	—
7	机械连接（母材）	500mm1 根 +300mm2 根	500 个	母材是指焊接前的钢材
	机械连接（焊接件）	500mm3 根	500 个焊接件	—
8	焊接	500mm3 根 +300mm3 根	300 个	闪光对焊
	其他焊接	500mm3 根	300 个	如电渣压力焊
9	型钢	500mm1 根 +300mm1 根	60t	加工至 20mm 宽
10	型钢焊接	500mm2 根 +300mm2 根	300~600 个	加工至 20mm 宽
11	铝合金	管状型材 300mm2 根	—	
12	砂	20kg	400m³/600t	
	石	10kg		
13	混凝土配合比	每组送砂 30kg，水泥 20kg，石 40kg	—	做抗渗试验时数量翻倍，有掺合料的应适量取掺合料
14	砂浆配合比	砂 20kg，水泥 3kg	—	有掺合料的应适量取掺合料
15	砂浆抗压	6 块 1 组	250m³ 砌体	
16	混凝土抗压	3 块 1 组	100m³ 混凝土	
	混凝土抗压（大体积混凝土）	3 块 1 组	200m³ 混凝土	连续浇筑 100m³ 以上
	混凝土抗渗	6 块 1 组	每个检验批	每个检验批应留置一组
17	实心砖	15 块	15 万块	烧结普通砖（红砖）
18	加气混凝土砌块	18 块	1 万块	
19	蒸压灰砂砖	10 块	10 万块	
20	烧结多孔砖	15 块	15 万块	
21	轻集料空心砌块	8 块	1 万块	
22	粉煤灰砖	15 块	10 万块	
	瓷砖	30 片	5000m²	
23	防水混凝土卷材	2.0m²	1 万 m²	
	涂料	3.0 kg	5~15t	
24	钢结构用扭剪型高强度螺栓连接副	8 套	3000 套	需提供同批次合格证
25	高强度大六角头螺栓连接副扭矩系数	8 套	3000 套	
26	高强度螺栓连接摩擦面抗滑移系数	3 套	2000 套	安装好，螺栓要送检
27	高强度螺栓最小拉力荷载试验	—	2000 套	

施工检测试验计划的编制应满足有关标准的规定和施工质量控制的需要，并应符合以下规定：

① 材料和设备的检测试验应依据预算量、进场计划及相关标准规定的抽检率确定抽检频次。

② 施工过程质量检测试验应依据施工流水段划分、工程量、施工环境及质量控制的需要确定抽检频次。

③ 工程实体质量与使用功能检测应按照相关标准的要求确定检测频次。

④ 检测试验时间应根据工程施工进度确定。

发生设计变更，施工工艺改变，施工进度调整，材料和设备的规格、型号、数量发生变化等情况之一并影响施工检测试验计划实施时，应及时调整检测试验计划。调整后的检测试验计划应重新进行审查。

2）委托检测。委托检测项目应以工程施工进度或工程实际需要，委托给具有相应检测资质的检测机构，并应与检测机构签订书面检测合同。委托检测注意事项如下：

① 当行政法规、国家现行标准或合同对检测单位的资质有要求时，应遵守其规定；当没有要求时，可由施工单位的企业实验室进行检测，也可委托具备相应资质的检测机构检测。

② 对检测试验结果有争议时，应委托共同认可的具备相应资质的检测机构重新检测。

③ 检测单位的检测试验能力应与其所承接检测试验项目相适应。

3）制取试样与标识。进场材料的检测试样，必须从施工现场随机抽取，严禁在现场外制取。施工过程质量检测试样，除确定工艺参数可制作模拟试样外，必须从现场相应的施工部位制取。工程实体质量与使用功能检测应依据相关标准抽取检测试样或确定检测部位。

试样应有唯一性标识，并应符合下列规定：

① 试样应按照取样时间顺序连续编号，不得空号、重号。

② 试样标识的内容应根据试样的特性确定，宜包括名称、规格（或强度等级）、制取日期等信息。

③ 试样标识应字迹清晰、附着牢固。

④ 试样的存放、搬运应符合相关标准的规定。试样交接时，应对试样的外观、数量等进行检查确认。

4）试样台账。施工现场应按照单位工程分别建立下列试样台账：

①钢筋试样台账。

②钢筋连接接头试样台账。

③混凝土试件台账。

④砂浆试件台账。

⑤需要建立的其他试样台账。

现场试验人员制取试样并做好标识后，应按试样编号顺序登记试样台账。检测试验结果为不合格或不符合要求时，应在试样台账中注明处置情况。试样台账应作为施工资料保存。

5）试样送检。现场试验人员应根据施工需要及有关标准的规定，将标识后的试样及时送至检测单位进行检测试验。现场试验人员应正确填写委托单，有特殊要求时应注明。办理委托检测后,现场试验人员应将检测单位给定的委托编号在试样台账上登记。

6)检测试验报告管理。现场试验人员应及时获取检测试验报告,核查报告内容。当检测试验结果为不合格或不符合要求时,应及时报告施工项目技术负责人、监理单位及有关单位的相关人员。

检测试验报告的编号和检测试验结果应在试样台账上登记。现场试验人员应将登记后的检测试验报告移交有关人员。

对检测试验结果不合格的报告严禁抽撤、替换或修改。

检测试验报告中的送检信息需要修改时,应由现场试验人员提出申请,写明原因,并经施工项目技术负责人批准。涉及见证检测报告送检信息修改时,尚应经见证人员同意并签字。

对检测试验结果不合格的材料、设备和工程实体等,施工单位应依据相关标准的规定处理,监理单位应对质量问题的处理情况进行监督。

4. 工程监理单位对检测试验的监管

工程监理单位受建设单位委托,为建设单位提供高智力的技术服务,它承担现场质量监督、检查与验收的任务。在具体施工过程中,工程监理单位负责委托检测机构资质审核、取样见证或平行检验、审核材料报验表、分部分项质量验收、竣工工程质量预验收等工作。

在进行工程实施质量控制时,通常是由监理机构在施工前明确选定质量控制点;监理人员在选定见证点或停止点时要综合考虑工程的质量要求和工程所处的质量环境,并对施工单位上报的项目质量计划、项目检测试验计划进行审核。

监理单位通过旁站(监理人员在施工现场对工程实体的关键部位或关键工序的施工质量进行的监督检查活动)、巡视(监理人员在施工现场进行的定期或不定期的监督检查活动)、平行检验(项目监理机构在施工单位对工程质量自检的基础上,按照有关规定或建筑工程监理合同的约定独立进行的检测试验活动)、见证取样(项目监理机构对施工单位进行的涉及结构安全的试块、试件及工程材料的现场取样、封样、送检工作的监督活动)等一系列监理行动监督检测试验计划的执行,并审核常规的检测试验报告。

《房屋建筑工程和市政基础设施工程实行见证取样和送检的规定》对见证取样和送检的部分规定如下:

(1)涉及结构安全的试块、试件和材料见证取样和送检的比例不得低于有关技术标准中规定应取样数量的30%。

(2)下列试块、试件和材料必须实施见证取样和送检:

1)用于承重结构的混凝土试块。

2)用于承重墙体的砌筑砂浆试块。

3)用于承重结构的钢筋及连接接头试件。

4)用于承重墙的砖和混凝土小型砌块。

5)用于拌制混凝土和砌筑砂浆的水泥。

6)用于承重结构的混凝土中使用的掺加剂。

7)地下、屋面、厕浴间使用的防水材料。

8）国家规定必须实行见证取样和送检的其他试块、试件和材料。

见证取样、送检和见证检测的程序如图3-1所示。

图3-1　见证取样、送检和见证检测的程序

旁站监理现场（旁站）检测工作流程如图3-2所示。

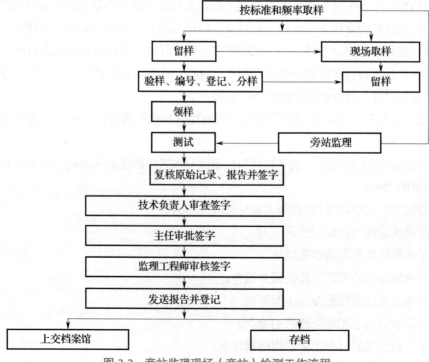

图3-2　旁站监理现场（旁站）检测工作流程

3.2.4 抽样检验技术

《建筑工程施工质量验收统一标准》（GB 50300—2013）对抽样检验的规定如下：

（1）术语解释如下：

1）抽样方案：根据检验项目的特性所确定的抽样数量和方法。

2）计数检验：通过确定抽样样本中不合格的个体数量，对样本总体质量做出判定的检验方法。

3）计量检验：以抽样样本的检测数据计算总体均值、特征值或推定值，并以此判断或评估总体质量的检验方法。

4）错判概率：合格批被判为不合格批的概率，即合格批被拒收的概率，用 α 表示。

5）漏判概率：不合格批被判为合格批的概率，即不合格批被误收的概率，用 β 表示。

（2）检验批的质量检验，可根据检验项目的特点在下列抽样方案中选取：

1）计量、计数的抽样方案。

2）一次、二次或多次抽样方案。

3）对重要的检验项目，当有简易快速的检验方法时，选用全数检验方案。

4）根据生产连续性和生产控制稳定性情况，采用调整型抽样方案。

5）实践证明有效的抽样方案。

对检验批的抽样方案可根据检验项目的特点进行选择。计量、计数检验可分为全数检验和抽样检验两类。对于重要且易于检验的项目，可采用简易快速的非破损检验方法时，宜选用全数检验。

《建筑工程施工质量验收统一标准》（GB 50300—2013）第 3.0.8 条在计量、计数抽样时引入了概率统计学的方法，提高了抽样检验的理论水平，可作为抽样方案之一。鉴于目前各专业验收规范在确定抽样数量时仍普遍采用基于经验的方法，《建筑工程施工质量验收统一标准》（GB 50300—2013）仍允许采用"经实践证明有效的抽样方案"。

（3）检验批抽样样本应随机抽取，满足分布均匀、具有代表性的要求，抽样数量不应低于有关专业验收规范及表 3-6 的规定。

明显不合格的个体可不纳入检验批，但必须进行处理，使其满足有关专业验收规范的规定，对处理的情况应予以记录并重新验收。

表 3-6 检验批最小抽样数量

检验批的容量	最小抽样数量	检验批的容量	最小抽样数量
2~15	2	151~280	13
16~25	3	281~500	20
26~50	5	501~1200	32
91~150	8	1201~3200	50

对抽样数量的规定，国家标准《计数抽样检验程序 第 1 部分：按接收质量限（AQL）检索的逐批检验抽样计划》（GB/T 2828.1—2012）给出了检验批验收时的最小抽样数量，其目的

是要保证验收检验具有一定的抽样量，并符合统计学原理，使抽样更具代表性。最小抽样数量有时不是最佳的抽样数量，因此规定抽样数量尚应符合有关专业验收规范的规定。表 3-6 适用于计数抽样的检验批，对计量 - 计数混合抽样的检验批可参考使用。

（4）计量抽样的错判概率 α 和漏判概率 β 可按下列规定取值：

1）主控项目：对应于合格质量水平的 α 和 β 均不宜超过 5%。

2）一般项目：对应于合格质量水平的 α 不宜超过 5%，β 不宜超过 10%。

（5）一般项目正常检验一次、二次抽样的判定。对于计数抽样的一般项目，正常检验一次抽样可按表 3-7 判定，正常检验二次抽样可按表 3-8 判定。抽样方案应在抽样前确定。

样本容量在表 3-7 或表 3-8 给出的数值之间时，合格判定数和不合格判定数可通过插值并四舍五入取整确定。

表 3-7 一般项目正常检验一次抽样的判定

样本容量	合格判定数	不合格判定数	样本容量	合格判定数	不合格判定数
5	1	2	32	7	8
8	2	3	50	10	11
13	3	4	80	14	15
20	5	6	125	21	22

表 3-8 一般项目正常检验二次抽样的判定

抽样次数	样本容量	合格判定数	不合格判定数	抽样次数	样本容量	合格判定数	不合格判定数
（1）	3	0	2	（1）	20	3	6
（2）	6	1	2	（2）	40	9	10
（1）	5	0	3	（1）	32	5	9
（2）	10	3	4	（2）	64	12	13
（1）	8	1	3	（1）	50	7	11
（2）	16	4	5	（2）	100	18	19
（1）	13	2	5	（1）	80	11	16
（2）	26	6	7	（2）	160	26	27

注：（1）和（2）表示抽样次数，（2）对应的样本容量为二次抽样的累计数量。

为了使检验批的质量满足安全和功能的基本要求，保证建筑工程质量，各专业验收规范应对各检验批的主控项目、一般项目的合格质量给予明确的规定。

《计数抽样检验程序 第 1 部分：按接收质量限（AQL）检索的逐批检验抽样计划》（GB/T 2828.1—2012）给出了计数抽样正常检验一次抽样、正常检验二次抽样结果的判定方法，具体的抽样方案应按有关专业验收规范执行。当有关规范无明确规定时，可采用一次抽样方案，也可由建设、设计、监理、施工等单位根据检验对象的特征协商采用二次抽样方案。

举例说明表 3-7 和表 3-8 的使用方法：

1）对于一般项目正常检验一次抽样，假设样本容量为 20，在 20 个试样中如果有 5 个或 5 个以下试样被判为不合格时，该检验批可判定为合格；当 20 个试样中有 6 个或 6 个以上试样被判为不合格时，则该检验批可判定为不合格。

2）对于一般项目正常检验二次抽样，假设样本容量为 20，当 20 个试样中有 3 个或 3 个以下试样被判为不合格时，该检验批可判定为合格；当有 6 个或 6 个以上试样被判为不合格时，该检验批可判定为不合格；当有 4 个或 5 个试样被判为不合格时，应进行第二次抽样，样本容量也为 20 个，两次抽样的样本容量为 40，当两次不合格试样之和为 9 或小于 9 时，该检验批可判定为合格，当两次不合格试样之和为 10 或大于 10 时，该检验批可判定为不合格。

表 3-7 和表 3-8 给出的样本容量不连续，对合格判定数和不合格判定数有时需要进行取整处理，例如样本容量为 15，按表 3-7 插值得出的合格判定数为 3.571，不合格判定数为 4.571，取整可得合格判定数为 4，不合格判定数为 5。

3.2.5　质量验收统计方法

下面以《混凝土强度检验评定标准》（GB/T 50107—2010）为例，介绍建筑工程施工质量验收统计方法。

1. 统计方法评定

（1）采用统计方法评定时，应按下列规定进行：

1）当连续生产的混凝土，生产条件在较长时间内保持一致，且同一品种、同一强度等级混凝土的强度变异性保持稳定时，应按《混凝土强度检验评定标准》（GB/T 50107—2010）第 5.1.2 条的规定进行评定。

2）其他情况应按《混凝土强度检验评定标准》（GB/T 50107—2010）第 5.1.3 条的规定进行评定。

（2）一个检验批的样本容量应为连续的 3 组试件，其强度应同时符合下列规定：

$$m_{f_{cu}} \geq f_{cu,k} + 0.7\sigma_0 \tag{3-1}$$

$$f_{cu,min} \geq f_{cu,k} - 0.7\sigma_0 \tag{3-2}$$

检验批混凝土立方体抗压强度的标准差应按下式计算：

$$\sigma_0 = \sqrt{\frac{\sum_{i=1}^{n} f_{cu,i}^2 - n m_{f_{cu}}^2}{n-1}} \tag{3-3}$$

当混凝土强度等级不高于 C20 时，其强度的最小值尚应满足下式要求：

$$f_{cu,min} \geq 0.85 f_{cu,k} \tag{3-4}$$

当混凝土强度等级高于 C20 时，其强度的最小值尚应满足下列要求：

$$f_{cu,min} \geq 0.90 f_{cu,k} \tag{3-5}$$

式中　$m_{f_{cu}}$——同一检验批混凝土立方体抗压强度的平均值（N/mm²），精确到 0.1（N/mm²）；

　　　$f_{cu,k}$——混凝土立方体抗压强度标准值（N/mm²），精确到 0.1（N/mm²）；

　　　σ_0——检验批混凝土立方体抗压强度的标准差（N/mm²），精确到 0.01（N/mm²）；当 σ_0 计算值小于 2.5N/mm² 时，应取 2.5N/mm²；

$f_{cu,i}$——前一个检验期内同一品种、同一强度等级的第 i 组混凝土试件的立方体抗压强度代表值（N/mm²），精确到 0.1（N/mm²）；该检验期不应少于 60d，也不得大于 90d；

n——前一检验期内的样本容量，在该期间内样本容量不应少于 45；

$f_{cu,min}$——同一检验批混凝土立方体抗压强度的最小值（N/mm²），精确到 0.1（N/mm²）。

（3）当样本容量不少于 10 组时，其强度应同时满足下列要求：

$$m_{f_{cu}} \geq f_{cu,k} + \lambda_1 \cdot S_{f_{cu}} \tag{3-6}$$

$$f_{cu,min} \geq \lambda_2 \cdot f_{cu,k} \tag{3-7}$$

同一检验批混凝土立方体抗压强度的标准差应按下式计算：

$$S_{f_{cu}} = \sqrt{\frac{\sum_{i=1}^{n} f_{cu,i}^2 - n m_{f_{cu}}^2}{n-1}} \tag{3-8}$$

式中 $S_{f_{cu}}$——同一检验批混凝土立方体抗压强度的标准差（N/mm²），精确到 0.01（N/mm²）；

当 $S_{f_{cu}}$ 计算值小于 2.5N/mm² 时，应取 2.5N/mm²；

λ_1，λ_2——合格评定系数，按表 3-9 取用；

n——本检验期内的样本容量。

表 3-9 混凝土强度的合格评定系数

试件组数	10~14	15~19	≥ 20
λ_1	1.15	1.05	0.95
λ_2	0.90		0.85

2. 非统计方法评定

（1）当用于评定的样本容量小于 10 组时，应采用非统计方法评定混凝土强度。

（2）按非统计方法评定混凝土强度时，其强度应同时符合下列规定：

$$m_{f_{cu}} \geq \lambda_3 \cdot f_{cu,k} \tag{3-9}$$

$$f_{cu,min} \geq \lambda_4 \cdot f_{cu,k} \tag{3-10}$$

式中 λ_3，λ_4——合格评定系数，应按表 3-10 取用。

表 3-10 混凝土强度的非统计方法合格评定系数

混凝土强度等级	<C60	≥ C60
λ_3	1.15	1.10
λ_4	0.95	

3. 混凝土强度的合格性评定

（1）当检验结果满足《混凝土强度检验评定标准》（GB/T 50107—2010）第 5.1.2 条或第 5.1.3 条或第 5.2.2 条的规定时，则该批混凝土强度应评定为合格；当不能满足上述规定时，该批混凝土强度应评定为不合格。

（2）对评定为不合格批的混凝土，可按国家现行的有关标准进行处理。

3.2.6 文件和档案信息化管理技术

1. 信息化建筑工程资料管理系统

为适应《建筑工程施工质量验收统一标准》(GB 50300—2013)及相配套的工程质量验收规范陆续更新的要求,江苏省住房和城乡建设厅启用新版"建筑工程施工质量验收资料"系统,新版"建筑工程施工质量验收资料"系统于 2015 年 4 月 1 日起正式施行,适用范围为新开工的房屋建筑和市政基础设施工程。

2. 江苏省新版"建筑工程施工质量验收资料"系统的特点

(1)"建筑工程施工质量验收资料"系统不是电子表格,是一个软件系统(图 3-3)。

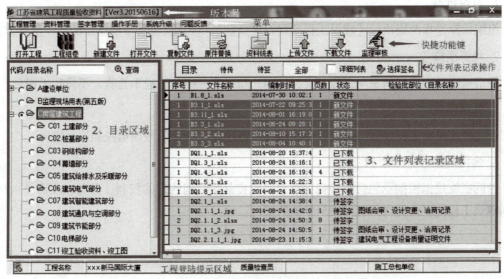

图 3-3 江苏省新版"建筑工程施工质量验收资料"系统界面

(2)具有自动计算功能,如砂浆强度、混凝土强度的评定。

(3)按专业验收规范和《建筑工程施工质量验收统一标准》(GB 50300—2013)规定的一次抽样方案、二次抽样方案自动计算测点的合格标准、合格率、合格点数。

(4)对应的检验批有检验说明,检验说明中说明了下列内容:标准条款号、标准内容、检查数量、检验方法。

(5)对应检验批的原始记录格式,原始记录中记录了现场检查或测量的部位、实测的数据。特别要注意的是,原始记录中记录的不是偏差值,而是实测值,检查部位和实测值应可复查。

(6)在原始记录的"设计要求"一栏应填写设计值,长度单位为"mm",有设计值的应填写设计值,没有设计值则不必填写,更不能填写允许偏差值。如不填设计值,则系统默认按相关规范规定的以"0"为基准计算允许偏差值。设计值填写有误,将影响系统自动计算合格点率。

(7)检验批的施工单位记录中预输入了引导语,在":"号后填写内容,在"( )"中填写内容，不得笼统地填写"符合要求"，没有内容的可填写"/"。

（8）从检验批到分项工程、子分部工程、分部工程、单位工程，系统可自动评定。

（9）禁止单位工程中批量复制资料，不同工程之间复制资料。

（10）应按《房屋建筑和市政基础设施工程档案资料管理规程》（DB 32/4353—2022）的规定建立电子档案，减少纸质资料。

3.3 建筑工程施工质量管理的四类措施

建筑工程施工质量管理的四类措施包括组织措施、经济措施、技术措施和合同措施。

1. 组织措施

组织措施是指严格执行《建设工程质量管理条例》，经常检查各参建单位的责任落实情况。

2. 经济措施

经济措施是指工程质量与工程款支付挂钩，质量不合格的工程不签收、不算作工程量。

3. 技术措施

技术措施是对工程质量的保证，包括施工准备阶段、施工阶段质量控制技术措施。

4. 合同措施

合同措施是指根据承包合同，督促承包商认真落实合同约定的权利、义务以及责任，严格控制建筑工程施工合同有关工程质量条款的履行。

模块四

建筑工程施工质量检验与验收实务

【知识目标】

1. 了解《建筑施工组织设计规范》(GB/T 50502—2009)的规定，掌握质量管理计划的主要内容。

2. 理解建筑工程施工质量检验与验收实务土建部分中地基与基础分部、主体结构分部、装饰装修分部、屋面分部、建筑节能分部的施工质量验收的基本规定。

3. 理解质量不合格与质量事故处理的规定。

4. 掌握单位工程竣工验收与备案的标准、程序与组织。

5. 掌握建筑工程文件和资料管理规范规定的内容和程序。

6. 了解质量评价标准与优质工程申报的标准、程序和组织。

【能力目标】

1. 能结合施工组织设计，编制常规的单位工程、分部工程、分项工程和检验批划分一览表，以及完整的质量管理计划，并报审。

2. 能结合工程进度，对照检验批划分一览表，应用检查工具、设备进行检验批质量验收，并填报对应的质量验收记录，并收集相关质量控制资料。

3. 能结合分项、分部工程施工的进度安排，准备好分项、分部工程质量验收相关资料。

4. 能配合项目经理部检验试验、工程技术、工程管理等部门人员，及时做好材料、半成品以及工程质量的见证取样、检验试验、质量报验和质量验收工作。

5. 能及时发现各种不合格的情况，并积极给予合理的处理参考意见。

6. 能及时把现场实测实量的数据，按照竣工验收的标准，采用工程资料管理软件进行整理、归档。

【素质目标】

结合具体的建筑工程项目，准确对照《建筑工程施工质量验收统一标准》(GB 50300—2013)及配套的各专业验收规范，开展建筑工程施工质量检验与验收的策划、实施活动，逐渐养成对质量终身负责的职业素质。

4.1 项目质量策划与质量管理计划

4.1.1 项目质量策划

项目质量管理是企业贯彻质量标准的终端。进行项目质量策划，编制和实施质量管理计划，是施工企业加强质量管理自控，有序组织施工，提供质量保证的内在需要，是建设工程监理质量控制检查的主要内容。

进行项目质量策划时，须依据工程合同、工程图纸和项目管理规划等文件，由项目经理组织项目生产副经理、主管工程师、工程部主要负责人等人员共同研究编制质量管理计划，并按照项目经理部的主要技术指导性文件组织报批。同时，用质量管理计划体现项目质量策划的内容和成果；用质量管理计划具体指导项目经理部建立质量管理的目标、组织，明确质量管理的程序、方法和措施；对照质量管理计划加强质量信息的收集、反馈和过程质量控制，确保质量目标的实现。

4.1.2 质量管理计划

质量管理计划是指保证实现项目施工质量目标的管理计划，包括质量管理计划的制订、实施、评价所需的组织机构、职责、程序以及采取的措施和资源配置等。质量管理计划简称质量计划，是施工组织设计的一部分，质量管理计划的编制和审批应包含在施工组织设计中，并应符合《建筑施工组织设计规范》（GB/T 50502—2009）的规定。

《建筑施工组织设计规范》（GB/T 50502—2009）第 7.3.1 条规定：质量管理计划可参照《质量管理体系 要求》（GB/T 19001—2016），在施工单位质量管理体系的框架内编制。

施工单位应按照《质量管理体系 要求》（GB/T 19001—2016）建立本单位的质量管理体系文件，也称为质量管理手册。质量管理体系文件是指导施工单位进行质量管理的重要文件，对质量管理体系文件的基本要求可用 8 个字来概括："做你所写，写你所做"。"做你所写"就是把施工单位应该做的、需要做的形成制度、形成文件、形成标准、形成规程，然后照此执行。"写你所做"就是把施工单位所做的用记录的方式写下来，如施工过程中的各种验收记录、试验记录、旁站记录、见证记录等。所以，编制质量管理计划要在质量管理体系的框架内进行。

质量管理计划虽然是施工组织设计的一部分，但在编制时既可独立编制，也可以在施工组织设计中合并编制质量管理计划的内容。

《建筑施工组织设计规范》（GB/T 50502—2009）第 7.3.2 条规定，质量管理计划应包括下列内容：

（1）按照项目具体要求确定项目目标并进行目标分解，质量目标应具有可测量性。

制定的具体的质量目标不应低于工程合同约定的内容。通常，质量目标分为合格、优质、市级优质工程奖、省级优质工程奖、国家级优质工程奖。质量目标一旦确定，应在质量管理计划中将质量目标层层分解到分部工程、分项工程，以保证质量目标的最终实现。

（2）建立项目质量管理的组织机构并明确职责。

应明确质量管理组织机构中各个岗位的职责，与质量有关的各岗位人员应具备与职责要求相适应的知识、能力和经验，而知识、能力、经验的认定往往是通过岗位证书、资格证书来体现的。因此，当法律、法规或技术标准要求持有岗位证书或资格证书上岗时，必须持证上岗。

（3）制定符合项目特点的技术保障和资源保障措施，通过可靠的预防控制措施，保证质量目标的实现。

质量目标制定后，应采取各种有效措施，确保质量目标的实现，这些措施包含但不限于：原材料、构配件、机具的要求和检验，主要的施工工艺、主要的质量标准和检验方法，夏期、冬期和雨期施工的技术措施，各个工序的质量保证措施，成品、半成品的保护措施，工作场所环境及劳动力和资金的保障措施等。

（4）建立质量过程检查制度，并对质量事故的处理做出相应的规定。

在质量管理计划的实施过程中，将各项活动和相关资源作为过程进行管理，建立质量过程检查、验收以及质量责任制等相关制度，对质量检查和验收标准做出规定，当达不到验收标准时，应采取有效的纠正和预防措施，以保障各工序和过程的质量达到质量目标的要求。

体现项目质量策划效果的质量管理计划的关键在于执行和落实，只要按照质量管理体系文件进行管理，就能明确责任、各司其职。

4.2 地基与基础分部工程施工质量检验与验收

任何建筑物都必须有可靠的地基和基础，建筑物的全部重量，包括各种荷载，最终将通过基础传给地基，基础与地基共同承托上部结构的所有荷载。建筑地基与基础分部工程是单位工程十大分部工程之首。

《建筑工程施工质量验收统一标准》（GB 50300—2013）对常规建筑工程地基与基础分部分项划分的罗列汇总，详见表2-1，具体应根据单位工程施工图纸和施工组织设计的安排，列出单位工程分部分项检验批划分一览表，经监理工程师审批后执行。

建筑地基与基础分部工程施工质量验收主要依据施工图纸、施工质量验收规范、地质勘探报告和经过专家论证过的专项设计文件进行。在实际施工中，地基与基础分部工程一般涉及砌体、混凝土、钢结构等分项工程以及桩基础检测等有关内容，验收时尚应符合相应专业的验收规范、施工规范、技术规范和设计规范等的规定。

地基与基础分部工程验收时可能涉及的国家规范如下（但不限于此）：

（1）《建筑地基基础工程施工规范》（GB 51004—2015）。

（2）《建筑地基基础工程施工质量验收标准》（GB 50202—2018）。

（3）《混凝土结构工程施工规范》（GB 50666—2011）。

（4）《混凝土结构工程施工质量验收规范》(GB 50204—2015)。
（5）《地下工程防水技术规范》(GB 50108—2008)。
（6）《地下防水工程质量验收规范》(GB 50208—2011)。
（7）《砌体结构工程施工规范》(GB 50924—2014)。
（8）《砌体结构工程施工质量验收规范》(GB 50203—2011)。
（9）《建筑工程施工质量验收统一标准》(GB 50300—2013)。

4.2节仅以附录的新塘宿舍楼工程为例，介绍较为常见的土方（土方开挖、土方回填）、基础（沉管灌注桩基础）、地下防水等子分部工程；基础结构中的钢筋混凝土基础和主体结构中的钢筋混凝土结构的质量检验与验收有基本相同的质量标准、检验和验收方法，因此一并在4.3节中详细介绍；其他子分部工程的质量检验与验收均可参照执行，举一反三。

4.2.2节所讲内容是形成"分部分项工程施工质量检验与验收"实务能力的关键内容，请同学们予以充分重视。

4.2.1 地基与基础分部工程施工质量验收基本规定

地基与基础分部工程施工准备阶段和验收阶段应准备的资料：
（1）岩土工程勘察报告。
（2）建筑地基、基础、基坑及边坡工程施工所需的设计文件。
（3）拟建工程施工影响范围内的建（构）筑物、地下管线和障碍物等资料。
（4）施工组织设计和专项施工、监测方案。

地基与基础分部工程施工的过程控制：
（1）基坑工程施工前应做好准备工作，分析工程现场的工程水文地质条件、邻近地下管线、周围建（构）筑物及地下障碍物等情况。对邻近的地下管线及建（构）筑物应采取相应的保护措施。
（2）建筑地基、基础、基坑及边坡工程施工过程中，应做好施工记录。
（3）建筑地基、基础、基坑及边坡工程施工的轴线定位点和高程水准基点，经复核后应妥善保护，并定期复测。
（4）地基与基础工程必须进行验槽。

地基与基础工程施工的质量检验与验收：
（1）建筑地基、基础、基坑及边坡工程施工所使用的材料、制品等的质量检验要求，应符合国家现行标准和设计的规定。
（2）主控项目的质量检验结果必须全部符合检验标准，一般项目的验收合格率不得低于80%。
（3）检查数量应按检验批抽样，当《建筑地基基础工程施工质量验收标准》(GB 50202—2018)有具体规定时，应按相应条款执行，无规定时应按检验批抽检。检验批的划分和检验批抽检数量可按照《建筑工程施工质量验收统一标准》(GB 50300—2013)的规定执行。

(4)地基基础标准试件强度评定不满足要求或对试件的代表性有怀疑时,应对实体进行强度检测,当检测结果符合设计要求时,可按合格验收。

地基与基础工程验收时应提交下列资料:

(1)岩土工程勘察报告。

(2)设计文件、图纸会审记录和技术交底资料。

(3)工程测量、定位放线记录。

(4)施工组织设计及专项施工方案。

(5)施工记录及施工单位自查评定报告。

(6)监测资料。

(7)隐蔽工程验收资料。

(8)检测与检验报告。

(9)竣工图。

4.2.2 土方子分部工程施工质量检验与验收

土方子分部工程施工质量检验与验收以土方开挖、土方回填两个分项工程为例进行讲解。

1.《建筑地基基础工程施工质量验收标准》(GB 50202—2018)一般规定

(1)土方工程施工质量检验与验收的一般规定。在土方工程开挖施工前,应完成支护结构、地面排水、地下水控制、基坑及周边环境监测、施工条件验收和应急预案准备等工作的验收,合格后方可进行土方开挖。

在土方工程开挖施工中,应定期测量和校核设计平面位置、边坡坡率和水平标高。平面控制桩和水准控制点应采取可靠措施加以保护,并应定期检查和复测。土方不应堆在基坑影响范围内。

土方开挖的顺序、方法必须与设计工况和施工方案相一致,并应遵循"开槽支撑,先撑后挖,分层开挖,严禁超挖"的原则。

平整后的场地表面坡率应符合设计要求,设计无要求时,沿排水沟方向的坡率不应小于0.2%。

土方工程分项检验批抽样检验数量的规定:平整后的场地表面应逐点检查;土方工程的标高检查点为每100m^2取1点,且不应少于10点;土方工程的平面几何尺寸(长度、宽度等)应全数检查;土方工程的边坡为每20m取1点,且每边不应少于1点;土方工程的表面平整度检查点为每100m^2取1点,且不应少于10点。

(2)土方开挖。施工前应检查支护结构质量、定位放线、排水和地下水控制系统,以及对周边影响范围内地下管线和建(构)筑物保护措施的落实,并应合理安排土方运输车辆的行走路线及弃土场。附近有重要保护设施的基坑,应在土方开挖前对围护体的止水性能通过预降水进行检验。

施工中应检查平面位置、水平标高、边坡坡率、压实度、排水系统、地下水控制系统、预留土墩、分层开挖厚度、支护结构的变形,并随时观测周围环境变化。

施工结束后应检查平面几何尺寸、水平标高、边坡坡率、表面平整度和基底土性等。

临时性挖方工程的边坡坡率允许值应符合表 4-1 的规定或经设计计算确定。

表 4-1　临时性挖方工程的边坡坡率允许值

序号	土的类别		边坡坡率（高：宽）
1	砂土	不包括细砂、粉砂	1：1.25~1：1.50
2	黏性土	坚硬	1：0.75~1：1.00
		硬塑、可塑	1：1.00~1：1.25
		软塑	1：1.50 或更缓
3	碎石土	充填坚硬黏土、硬塑黏土	1：0.50~1：1.00
		充填砂土	1：1.00~1：1.50

注：1. 本表适用于无支护措施的临时性挖方工程的边坡坡率。
　　2. 设计有要求时，应符合设计标准。
　　3. 本表适用于地下水位以上的土层。采用降水或其他加固措施时，可不受本表限制，但应计算复核。
　　4. 一次开挖深度，软土不应超过 4m，硬土不应超过 8m。

土方开挖工程的质量检验标准，详见表 4-2。

表 4-2　土方开挖分项检验批质量检验标准

项目	检查项目	标准内容					检验方法	检查数量	备注
		允许偏差或允许值/mm							
		柱基础基坑基槽	挖方场地平整		管沟	地面基层			
			人工	机械					
主控项目	标高	−50	±30	±50	−50	−50	水准仪检查	平整后的场地表面应逐点检查；土方工程的标高检查点为每 100m² 取 1 点，且不应少于 10 点；土方工程的平面几何尺寸（长度、宽度等）应全数检查；土方工程的边坡为每 20m 取 1 点，且每边不应少于 1 点；土方工程的表面平整度检查点为每 100m² 取 1 点，且不应少于 10 点	—
	长度、宽度（由设计中心线向两边量）	+200 −50	+300 −100	+500 −150	100	设计值	全站仪检查，用钢尺量		
	坡率	设计要求					目测法或用坡度尺检查		
		坡度值		—					
一般项目	基底土性	设计要求					目测法或土样分析		
	表面平整度	±20	±20	±50	±20	±20	用 2m 靠尺检查		

注：本表出自《建筑地基基础工程施工质量验收标准》(GB 50202—2018)。

在此强调说明：本书所列"××分项检验批质量检验说明"表格，其实是一次性综合了《建筑工程施工质量验收统一标准》（GB 50300—2013）和"××专项质量验收标准"，以及其中的"检查方法""检查数量"等内容而形成的一张汇总的质量验收标准的表格，它内嵌于江苏省工程质量验收资料软件平台内，它可方便地让使用者在执行检测与验收前，能清晰地、全面地掌握"××分项检验批质量检验与验收标准"中质量控制的重点（主控项目和一般项目）、检查数量和检查方法等；也可用于指导与质量管理相关的人员，在准备施工前预先知道工程管理的重点和难点。

（3）土方回填。施工前应检查基底的垃圾、树根等杂物的清除情况，测量基底标高、边坡坡率，检查验收基础外墙防水层和保护层等。回填料应符合设计要求，并应确定回填料含水率控制范围、铺土厚度、压实遍数等施工参数。

施工中应检查排水系统，以及每层填筑厚度、辗迹重叠程度、含水率控制、回填土有机质含量、压实系数等。回填施工的压实系数应满足设计要求。当采用分层回填时，应在下层的压实系数经试验合格后再进行上层施工。分层厚度及压实遍数应根据土质、压实系数及压实机具确定；无试验依据时，应符合表 4-3 的规定。

表 4-3 填土施工时的分层厚度及压实遍数

压实方式	分层厚度 /mm	每层压实遍数
平碾压实	250~300	6~8
振动压实机压实	250~350	3~4
柴油打夯机压实	200~250	3~4
人工打夯压实	<200	3~4

施工结束后，应进行标高及压实系数检验。

分项工程检验批在现场质量检验之前，应对照"××分项工程检验批质量检验说明"，结合本工程施工实际情况，选择性地筛选并从设计文件中提取对应的检验项目和质量标准，作为现场各检验批质量控制与质量检验的依据。

2. 土方开挖、土方回填分项工程检验批的质量验收记录填报要求

分项检验批的划分和抽检数量，应根据工程施工组织设计的施工段划分、结构楼层以及相应的分项检验批质量验收规范的规定确定，并据此收集、整理施工技术资料，组织验收。施工验收过程中检验批若有变更，由建设、监理、施工等单位另行商议确定。

以附录中的新塘宿舍楼工程为例，根据施工图纸和施工组织设计安排，以及分项检验批的定义，土方开挖施工过程分为一段施工，形成一个检验批，检验批的名称和编号为"土方开挖分项工程检验批质量验收记录"（01010101）；土方回填施工过程分为两段施工，形成两个检验批，检验批的名称和编号为"土方回填分项工程检验批质量验收记录"（01010201、01010202）。土方回填分项工程检验批质量检验标准见表 4-4，土方开挖、土方回填检验批划分见表 4-5。

表 4-4 土方回填分项工程检验批质量检验标准

项目	检查项目	标准内容					检验方法
		允许偏差或允许值 /mm					
		柱基础基坑基槽	挖方场地平整		管沟	地面基层	
			人工	机械			
主控项目	标高	−50	±30	±50	−50	−50	水准仪检查
	分层压实系数	设计要求					按规定方法
				0.96			—
一般项目	回填土料	设计要求：原位粉质黏土					取样检查或直观鉴别
	分层厚度及含水率	设计要求：30cm/层；最优含水率 2%					水准仪检查及抽样检查；烘干法
	表面平整度	±20	±20	±30	±20	±20	用靠尺或水准仪检查

表 4-5 土方开挖、土方回填检验批划分

分部工程	子分部工程	分项工程	检验批	
			编号	检验批名称
01 地基基础分部工程	0101 土方工程	010101 土方开挖	01010101	土方开挖分项工程检验批质量验收记录
		010102 土方回填	01010201	土方回填分项工程检验批质量验收记录
			01010202	

注：本表出自《建筑地基基础工程施工质量验收标准》(GB 50202—2018)。

本书以附录中的新塘宿舍楼土方开挖工程为例，介绍分项工程检验批质量验收的组织与程序，其他分项检验批的施工质量检验与验收的组织与程序可参照执行，举一反三。

对于每一个土方开挖分项工程检验批的质量验收，可按下列组织与程序进行：

第一段土方开挖完成→施工单位自检→施工单位评定质量→向专业监理工程师申报验收→专业监理工程师抽检验收→给出验收结论→进入下道工序。

施工单位自检应对照表 4-4 的检验项目和标准，自检后评定其质量，形成表 4-6。

表 4-6 土方开挖分项工程检验批质量现场检查原始记录

工程名称	新塘宿舍楼	分部（子分部）工程名称	土方	分项工程名称	土方开挖
施工单位	南通××建筑工程有限公司	项目负责人	×××	检验批容量	1000m²
分包单位	××建筑工程公司	分包单位项目负责人	×××	检验批部位	基槽/承台
选择计数抽样方案	按专业验收规范规定				（打印原始记录空白表格前必须选择抽样方案）

(续)

项目		测量部位											
主控项目检查	标高 / mm	桩基础、基坑、基槽	8	6	5	4	3	7	0	-10	8	5	
		场地平整 人工											
		场地平整 机械	5	3	0	0	10	12	8	-15	7	3	
		管沟											
		地（路）面基础层											
	长度、宽度（由设计中心线向两边量）/ mm	桩基础、基坑、基槽 长设计值											
		桩基础、基坑、基槽 长实际值	0	2	-20	-10	0						
		桩基础、基坑、基槽 宽设计值											
		桩基础、基坑、基槽 宽实际值	-10	10	0	0	5						
		场地平整 人工											
		场地平整 机械	0	8	9	20	10	0	10	0	10	13	
		管沟 长设计值											
		管沟 长实际值											
		管沟 宽设计值											
		管沟 宽实际值											
	边坡坡度		1：0.5										
	基底土性		基底土性为：亚黏土，与地质报告相符合										
项目		测量部位											
一般项目现场测量	表面平整度 / mm	桩基础、基坑、基槽											
		场地平整 人工											
		场地平整 机械	3	4	5	8	-20	8	0	15	8	9	
		管沟											
		地（路）面基础层											
专业工长：	××× 2023年5月10日		质量检查员：	××× 2023年5月10日			监理工程师：			××× 2023年5月10日			

×××建设工程质量监督总站监制

专业监理工程师收到报验单后，依然对照表4-4抽检，抽检合格后给出验收结论，在表4-6中签字确认，并形成表4-7。验收通过，进入下一道工序。

表 4-7 土方开挖分项工程检验批质量验收记录

工程名称	新塘宿舍楼	分部（子分部）工程名称	土方	分项工程名称	土方开挖
施工单位	南通××建筑工程有限公司	项目负责人	×××	检验批容量	1000m²
分包单位	××建筑工程公司	分包单位项目负责人	×××	检验批部位	基槽/承台
施工依据	设计文件	验收依据	设计文件和《建筑地基基础工程施工质量验收标准》（GB 50202—2018）		

	验收项目		设计要求及规范规定	最小/实际抽样数量	检查记录	检查结果
主控项目	标高/mm	柱基础、基坑、基槽	−50	10/10	共抽查20处，合格20处	符合要求
		挖方场地平整 人工	±30	—		
		挖方场地平整 机械	±50	10/10		
		管沟	−50	—		
		地（路）面基层	−50	—		
	长度、宽度（由设计中心线向两边量）/mm	柱基础、基坑、基槽	200；−50	10/10	共抽查20处，合格20处	
		挖方场地平整 人工	300；−100	—		
		挖方场地平整 机械	500；−150	10/10		
		管沟	100	—		
	边坡/mm		设计要求	10/10	1∶0.5	符合要求
一般项目	基底土性		设计要求	10/10	基底土性为：亚黏土，与地质报告相符合	符合要求
	表面平整度/mm	柱基础、基坑、基槽	20	10/10	选择计数抽样方案；按专业验收规范规定 总测点数：20，合格点数：18，合格率：90%	符合要求
		挖方场地平整 人工	20	—		
		挖方场地平整 机械	50	10/10		
		管沟	20	—		
		地（路）面基层	20	—		

施工单位检查结果	经检验：主控项目全部合格，一般项目满足规范规定的要求，评定合格	专业工长： ××× 质量员： ××× 2023年5月10日
监理单位验收结论	同意施工单位检查结论，验收合格	监理工程师： ××× 2023年5月10日
		×××建设工程质量监督总站监制

（1）原始记录和检验批操作流程如下：

1）在原始记录的表头中填写检验批容量、检验批部位，选择计数抽样方案后打印原始记录空白表格。

2）按照主控项目和一般项目的要求，现场进行检查，在原始记录中填写检查部位和质量情况。

3）按照主控项目和一般项目的要求，现场进行测量，在原始记录中填写实测部位和实测数据。

4）原始记录表由质量员现场检查，测量时填写，质量员和专业工长签字后报监理工程师签字确认。

5）经监理工程师确认后的原始记录录入资料系统中的原始记录表中，作为检验批验收的依据之一。

6）资料系统依据录入的原始记录、相关资料，检查结果自动计算，自动评定检验批验收结果。

7）对不建立电子档案的检验批的签字：应打印检验批，由质量员、专业工长、监理工程师在纸质资料上签字确认，并制作3套资料，相关单位保存。

8）建立电子档案的检验批的签字：通过互联网由质量员、专业工长、监理工程师在资料系统中确认后由软件自动生成，需要时可打印检验批验收记录，而不必制作3份资料。

9）签字后的检验批验收记录由施工企业打印1份后附原始记录在现场备查。

10）原始记录是《建筑工程施工质量验收统一标准》（GB 50300—2013）新增加的内容，是保证资料真实性的重要措施，是工程质量验收检查再现性的重要手段，必须做好原始记录。

（2）抽样方案的选择。抽样方案的选择直接影响到检验批的评定，不同的抽样方案，评定的标准不尽相同，对于计数检验，其抽样方案有3种选择：按专业验收规范要求抽样；按《建筑工程施工质量验收统一标准》（GB 50300—2013）第5.0.1条规定的一次抽样判定；按《建筑工程施工质量验收统一标准》（GB 50300—2013）第5.0.1条规定的二次抽样判定。

（3）检验批表格中"检验批容量"的填写：

1）容量是指物体或者空间所能够容纳的单位物体的数量。

2）检验批是指按相同的生产条件或按规定生产方式汇总起来供抽样检验用的，由一定数量样本组成的检验体。

3）检验批容量是指检验批中的工程量，也可理解为检验批中样本的总数。

4）检验批容量的填写在江苏省"建筑工程施工质量验收资料"系统中的检验批说明中大多已做了说明，已有说明的按说明填写，没有说明的按上述内容填写。

例如"砖砌体分项工程检验批质量验收记录"（苏TJ5.2.2.1）中的检验批容量，在《砌体结构工程施工质量验收规范》（GB 50203—2011）中并未规定容量的定义，仅在第3.0.22条规定："砌体结构分项工程中检验批抽检时，各抽检项目的样本最小容量除有特殊要求外，按不应小于5确定"。但总容量如何确定呢？如何填写呢？

在检查时，《砌体结构工程施工质量验收规范》（GB 50203—2011）要求检查不少于5处，"处"指的是什么呢？可以理解为把"一面墙"作为"一处"，所以把一面墙作为这个检验批中的一个容量，在检验批验收时，查一下一共有多少面墙，这个数量就作为这个检验批的容量。如果查下来一共有150面墙，此时在原始记录的"检验批容量"栏中填写"150"，检验批验收记录中不必填写，系统可根据原始记录自动生成。

（4）检验批表格中"最小检验数量"的填写。检验批表格中"最小检验数量"应按抽样方案确定：

1）按专业验收规范的抽样数量确定时，根据专业验收规范规定的检查数量计算而得，将专业验收规范规定的检查（抽查）比例乘以检验批的容量（检验批中样本的总数）即可。

2）当采用计数抽样时，最小抽样数量应根据《建筑工程施工质量验收统一标准》（GB 50300—2013）第3.0.9条的规定确定。例如"砖砌体分项工程检验批质量验收记录"（苏TJ5.2.2.1），还是上个例子，150面墙，根据《砌体结构工程施工质量验收规范》（GB 50203—2011）第3.0.22条规定"砌体结构分项工程中检验批抽检时，各抽检项目的样本最小容量除有特殊要求外，按不应小于5确定"。根据《建筑工程施工质量验收统一标准》（GB 50300—2013）表3.0.9（表4-8），检验批容量为150时的最小抽样数量是8，因此最少应抽查8处。

表4-8 检验批最小抽样数量

检验批的容量	最小抽样数量	检验批的容量	最小抽样数量
2~15	2	151~280	13
16~25	3	281~500	20
26~90	5	501~1200	32
91~150	8	1201~3200	50

（5）实际检验数量的填写。具体检验时，可能与标准规定的最小抽样数量不一致，但应大于等于标准规定的最小抽样数量。此时，按实际抽查（检验）的数量填写。

（6）土方回填分项工程检验批质量验收记录见表4-9。

表4-9 土方回填分项工程检验批质量验收记录

工程名称		新塘宿舍楼		分部（子分部）工程名称	土方工程	分项工程名称	土方回填
施工单位		南通××建筑工程有限公司		项目负责人	×××	检验批容量	1000m²/1层
分包单位		××建筑工程公司		分包单位项目负责人	×××	检验批部位	基槽/承台
施工依据		设计文件		验收依据	设计文件和《建筑地基基础工程施工质量验收标准》（GB 50202—2018）		
验收项目		设计要求及规范规定		最小/实际抽样数量	检查记录		检查结果
主控项目	标高/mm	桩基础、基坑、基槽		−50	10/10	共抽查20处，合格20处	—
		场地平整	人工	±30	—		
			机械	±50	10/10		
		管沟		−50	—		
		地（路）面基础层		−50	—		
	分层压实系数	设计要求：0.95		10组	检查检测报告：环刀法取样报告结果均符合设计要求		—

（续）

验收项目			设计要求及规范规定	最小/实际抽样数量	检查记录	检查结果
一般项目	回填土料		设计要求：素土分层回填	10组	回填土料符合设计要求	—
	分层厚度及含水率		设计要求：分层夯实，每层不超过30cm；粉状黏土含水率不超过12%	10组	分层夯实；抽查土样符合设计要求	—
	表面平整度/mm	桩基础、基坑、基槽	±20	10/10	选择计数抽样方案：按专业验收规范规定，总测点数：20，合格点数：18，合格率：90%	—
		场地平整 人工	±20	—		—
		场地平整 机械	±30	10/10		—
		管沟	±20	—		—
		地（路）面基础层	±20	—		—
施工单位检查结果			经检验：主控项目全部合格，一般项目满足规范规定的要求，评定合格	专业工长： ××× 质量员： ××× 2023年6月5日		
监理单位验收结论			同意施工单位检查结论，验收合格	监理工程师： ××× 2023年6月5日		

3. 土方开挖、土方回填分项工程施工质量验收记录

土方开挖分项工程施工质量验收记录详见表 4-10。

表 4-10 土方开挖分项工程施工质量验收记录

（子）单位工程名称	新塘宿舍楼	（子）分部工程名称	土方工程	检验批数量	2
施工单位	××建筑工程有限公司	项目负责人	×××	项目技术负责人	×××
分包单位	××建筑工程公司	分包单位项目负责人	×××	分包内容	—

序号	检验批名称	检验批容量	部位/区段	施工单位检查结果	监理单位验收结论
1	土方开挖分项工程	1000m²	基槽和承台/整段	合格	合格

施工单位检查结果	①~⑥轴土方开挖施工质量符合《建筑地基基础工程施工质量验收标准》（GB 50202—2018）的要求，该分项工程质量合格	项目专业技术负责人： ××× 2023年5月10日
监理单位验收结论	同意施工单位检查结论，验收合格	专业监理工程师： ××× 2023年5月10日

土方回填分项工程施工质量验收记录详见表4-11。

表4-11 土方回填分项工程施工质量验收记录

（子）单位工程名称		新塘宿舍楼	（子）分部工程名称	土方工程	检验批数量	2
施工单位		××建筑工程有限公司	项目负责人	×××	项目技术负责人	×××
分包单位		××建筑工程公司	分包单位项目负责人	×××	分包内容	—
序号	检验批名称	检验批容量	部位/区段		施工单位检查结果	监理单位验收结论
1	土方回填分项工程	1	基槽和承台/第一段		合格	合格
2	土方回填分项工程	1	基槽和承台/第二段		合格	合格
施工单位检查结果		①~⑥轴土方回填施工质量符合《建筑地基基础工程施工质量验收标准》（GB 50202—2018）的要求，该分项工程质量合格		项目专业技术负责人：	×××	
				2023年6月5日		
监理单位验收结论		同意施工单位检查结论，验收合格		专业监理工程师：	×××	
				2023年6月5日		

4. 土方子分部工程施工质量验收记录

土方子分部工程施工质量验收记录详见表4-12。

表4-12 土方子分部工程施工质量验收记录

（子）单位工程名称		新塘宿舍楼		分项工程数量	2
施工单位		××建筑工程有限公司	项目负责人	×××	技术（质量）负责人	×××
分包单位		××建筑工程公司	分包单位负责人	×××	分包内容	—
序号	分项工程名称		检验批数量	施工单位检查结果	监理单位验收结论
1	土方开挖分项		1	合格	合格
2	土方回填分项		2	合格	合格
质量控制资料			5份；资料齐全		各分项工程质量控制资料齐全
安全和功能检验结果			2份；资料齐全，合格		经验收检验资料齐全，无下沉开裂等现象
观感质量检验结果			0份；合格		
综合验收结论		各分项工程质量经验收，符合设计及规范要求；质量控制资料、安全和功能检验报告齐全，合格；观感质量检验良好，同意施工单位评定结果，验收合格			
施工单位项目负责人：×××			监理单位总监理工程师：×××		
2023年6月6日			2023年6月6日		

4.2.3 桩基础子分部工程施工质量检验与验收

1.《建筑地基基础工程施工质量验收标准》(GB 50202—2018)一般规定

桩基础工程施工前应对放好的轴线和桩位进行复核。群桩桩位的放样允许偏差应为20mm，单排桩桩位的放样允许偏差为10mm。

灌注桩混凝土强度检验的试件应在施工现场随机抽取。来自同一搅拌站的混凝土，每浇筑$50m^3$必须至少留置1组试件；当混凝土浇筑量不足$50m^3$时，每连续浇筑12h必须至少留置1组试件。对单柱单桩，每根桩应至少留置1组试件。

灌注桩的桩径、垂直度及桩位允许偏差应符合表4-13的规定。

表4-13 灌注桩的桩径、垂直度及桩位允许偏差

序号	成孔方法		桩径允许偏差/mm	垂直度允许偏差	桩位允许偏差/mm
1	泥浆护壁钻孔桩	$D<1000mm$	≥0	≤1/100	≤70+0.01H
		$D≥1000mm$			≤100+0.01H
2	套管成孔灌注桩	$D<500mm$	≥0	≤1/100	≤70+0.01H
		$D≥500mm$			≤100+0.01H
3	干成孔灌注桩		≥0	≤1/100	≤70+0.01H
4	人工挖孔桩		≥0	≤1/200	≤50+0.005H

注：1. H为桩基施工面至设计桩顶的距离(mm)。
    2. D为设计桩径(mm)。

工程桩应进行承载力和桩身完整性检验。

设计等级为甲级或地质条件复杂时，应采用静载试验的方法对桩基础承载力进行检验，检验桩数不应少于总桩数的1%，且不应少于3根；当总桩数少于50根时，不应少于2根。

在有经验和对比资料的地区，设计等级为乙级、丙级的桩基础可采用高应变法对桩基础进行竖向抗压承载力检测，检测数量不应少于总桩数的5%，且不应少于10根。

工程桩的桩身完整性的抽检数量不应少于总桩数的20%，且不应少于10根。每根柱子承台下的桩的抽检数量不应少于1根。

2. 混凝土灌注桩分项工程检验批的质量检验

施工中应对桩位、桩长、垂直度、钢筋笼笼顶标高、拔管速度等进行检查。

施工结束后应对混凝土强度、桩身完整性及承载力进行检验。

混凝土灌注桩的质量检验标准应符合表4-14、表4-15以及下述规定：

桩基础验收时应包括下列资料：工程地质勘察报告、桩基础施工图、图纸会审纪要、设计变更单及材料代用通知单等；经审定的施工组织设计、施工方案及执行中的变更情况；桩位测量放线图，包括工程桩位线复核签证单；成桩质量检查报告；单桩承载力检测报告；基孔挖至设计标高的基桩竣工平面图及桩顶标高图。

在实际施工中，由于混凝土灌注桩设有钢筋笼，需要对钢筋笼进行验收，故形成灌注桩钢

筋笼分项工程检验批、灌注桩混凝土分项工程检验批两个检验批；同时，检验批的划分还要考虑分段施工，桩的种类、大小等，所以混凝土灌注桩分项工程在实际施工中可能会形成多个检验批。

混凝土灌注桩的质量检验包括钢筋笼和混凝土桩身两部分，各自形成一个检验批。

表4-14 混凝土灌注桩钢筋笼检验批质量验收标准

项目	条款号	标准内容		检验方法
主控项目	5.6.4	主筋间距允许偏差/mm	±10	用钢尺量
		长度允许偏差/mm	±100	用钢尺量
		钢筋材质检验		抽样送检
一般项目		箍筋间距允许偏差/mm	±20	用钢尺量
		直径允许偏差/mm	±10	用钢尺量

注：1. 检验批容量填写：在同一检验批内混凝土灌注桩钢筋笼的数量。
2. "最小/实际抽样数量"栏中，实际抽样数量按实填写，最小抽样数量填写专业标准或专业验收规范条款中规定的检查数量。
3. 本表出自《建筑地基基础工程施工质量验收标准》（GB 50202—2018）。

表4-15 混凝土灌注桩检验批质量验收标准

项目	检查项目	允许值或允许偏差		检查方法
		单位	数值	
主控项目	承载力		不小于设计值	静载试验
	混凝土强度		不小于设计要求	28d试块强度或钻芯法
	桩身完整性		—	低应变法
	桩长		不小于设计值	施工中量钻杆或套管长度，施工后钻芯法或低应变法
一般项目	桩径		本标准表5.1.4	用钢尺量
	混凝土坍落度	mm	80~100	坍落度仪检查
	垂直度		≤1/100	经纬仪测量
	桩位		本标准表5.1.4	全站仪或用钢尺量
	拔管速度	m/min	1.2~1.5	用钢尺及秒表量
	桩顶标高	mm	+30 −50	水准测量
	钢筋笼笼顶标高	mm	±100	水准测量

注：本表出自《建筑地基基础工程施工质量验收标准》（GB 50202—2018）。

4.2.4 地下防水子分部工程施工质量检验与验收

地下防水工程是指对工业与民用建筑、防护工程等地下工程，进行防水设计、防水施工和防水维护管理等各项技术工作的工程实体。地下防水工程的质量检验与验收，应按《地下防水工程质量验收规范》(GB 50208—2011)和《建筑工程施工质量验收统一标准》(GB 50300—2013)进行。其中,《地下防水工程质量验收规范》(GB 50208—2011)含有设计质量的内容。

地下防水子分部工程所包括的分项工程较多,本节仅介绍地下防水工程中的防水混凝土、卷材防水层和细部构造防水等分项工程,其他防水分项工程的验收参照执行,举一反三。

1.《地下防水工程质量验收规范》(GB 50208—2011)一般规定

(1)地下防水工程的防水等级。地下防水工程的防水等级应以施工图设计为准,同时应符合表 4-16 的规定。

表 4-16 地下防水工程的防水等级标准

防水等级	防水等级标准
一级	不允许渗水,结构表面无湿渍
二级	不允许漏水,结构表面可有少量湿渍 房屋建筑地下工程:总湿渍面积不应大于总防水面积(包括顶板、墙面、地面)的 1/1000;任意 100m² 防水面积上的湿渍不超过 2 处,单个湿渍的最大面积不大于 0.1m² 其他地下工程:总湿渍面积不应大于总防水面积的 2/1000;任意 100m² 防水面积上的湿渍不超过 3 处,单个湿渍的最大面积不大于 0.2m²;其中,隧道工程平均渗水量不大于 0.05L/(m²·d),任意 100m² 防水面积上的渗水量不大于 0.15L/(m²·d)
三级	有少量漏水点,不得有线流和漏泥沙 任意 100m² 防水面积上的漏水或湿渍点数不超过 7 处,单个漏水点的最大漏水量不大于 2.5L/d,单个湿渍的最大面积不大于 0.3m²
四级	有漏水点,不得有线流和漏泥沙 整个工程平均漏水量不大于 2L/(m²·d);任意 100m² 防水面积上的平均漏水量不大于 4L/(m²·d)

地下防水工程的防水设防应以施工图设计为准,同时明挖法或暗挖法地下防水工程的防水设防应按表 4-17 和表 4-18 选用。

表 4-17 明挖法地下防水工程防水设防

工程部位		主体结构						施工缝						后浇带				变形缝、诱导缝					
防水措施		防水混凝土	防水卷材	防水涂料	塑料防水板	膨润土防水材料	防水砂浆	金属板	遇水膨胀止水条或止水胶	外贴式止水带	中埋式止水带	外抹防水砂浆	外涂防水涂料	水泥基渗透结晶型	预埋注浆管	补偿收缩混凝土	外贴式止水带	预埋注浆管	遇水膨胀止水条或止水胶	中埋式止水带	外贴式止水带	可卸式止水带	防水密封材料	外贴防水卷材	外涂防水涂料
防水等级	一级	应选	应选一种至二种						应选二种						应选	应选二种			应选	应选二种				
	二级	应选	应选一种						应选一种至二种						应选	应选一种至两种			应选	应选一种至两种				
	三级	应选	宜选一种						宜选一种至二种						应选	宜选一种至两种			应选	宜选一种至二种				
	四级	宜选	—						宜选一种						应选	宜选一种			应选	宜选一种				

表 4-18 暗挖法地下防水工程防水设防

工程部位	衬砌结构						内衬砌施工缝					内衬砌变形缝、诱导缝			
防水措施	防水混凝土	防水卷材	防水涂料	塑料防水板	膨润土防水材料	防水砂浆	金属板	遇水膨胀止水条或止水胶	外贴式止水带	中埋式止水带	防水密封材料	水泥基渗透结晶型防水涂料	预埋注浆管	中埋式止水带	外贴式止水带	可卸式止水带	防水密封材料

防水等级												
一级	必选	应选一种至两种					应选一种至两种					应选	应选一种至两种			
二级	应选	应选一种					应选一种					应选	应选一种			
三级	宜选	宜选一种					宜选一种					应选	宜选一种			
四级	宜选	宜选一种					宜选一种					应选	宜选一种			

地下防水工程必须由持有资质等级证书的防水专业队伍进行施工,主要施工人员应持有省级及以上建设行政主管部门或其指定单位颁发的执业资格证书或防水专业岗位证书。

地下防水工程施工前,应通过图纸会审掌握结构主体及细部构造的防水要求,施工单位应编制防水工程专项施工方案,经监理单位或建设单位审查批准后执行。

(2)地下防水工程所使用防水材料的品种、规格、性能等必须符合国家现行或行业现行产品标准和设计要求。防水材料必须经具备相应资质的检测单位进行抽样检验,并出具产品性能检测报告。防水材料的进场验收应符合下列规定:

1)对材料的外观、品种、规格、包装、尺寸和数量等进行检查验收,并经监理单位或建设单位代表检查确认,形成相应的验收记录。

2)对材料的质量证明文件进行检查,并经监理单位或建设单位代表检查确认,纳入工程技术档案。

3)材料进场后应按《地下防水工程质量验收规范》(GB 50208—2011)附录 A 和附录 B 的规定抽样检验,检验应执行见证取样送检制度,并出具材料进场检验报告。

4)材料的物理性能检验项目全部指标达到标准规定时,即为合格;若有一项指标不符合标准规定,应在受检产品中重新取样进行该项指标复验,复验结果符合标准规定的,则判定该批材料为合格。

地下防水工程使用的防水材料及其配套材料,应符合《建筑防水涂料中有害物质限量》(JC 1066—2008)的规定,不得对周围环境造成污染。

(3)地下防水工程的施工,应建立各道工序的自检、交接检和专职人员检查的制度,并有完整的检查记录;工程隐蔽前,应由施工单位通知有关单位进行验收,并形成隐蔽工程验收记录;未经监理单位或建设单位代表对上道工序的检查确认,不得进行下道工序的施工。

地下防水工程施工期间,必须保持地下水位稳定在工程底部最低高程 500mm 以下,必要时应采取降水措施。对采用明沟排水的基坑,应保持基坑干燥。

地下防水工程不得在雨天、雪天和五级风及其以上风力时施工。

(4)地下防水工程是一个子分部工程,其分项工程的划分应符合表 4-19 的规定。

表 4-19 地下防水工程的分项工程

子分部工程		分项工程
地下防水工程	主体结构防水	防水混凝土、水泥砂浆防水层、卷材防水层、涂料防水层、塑料防水板防水层、金属板防水层、膨润土防水材料防水层
	细部构造防水	施工缝、变形缝、后浇带、穿墙管、预埋件、预留通道接头、桩头、孔口、坑、池
	特殊施工法结构防水	锚喷支护、地下连续墙、盾构隧道、深井、逆筑结构
	排水	渗（排）水、盲沟排水、隧道排水、坑道排水、塑料排水板排水
	注浆	预注浆、后注浆、结构裂缝注浆

（5）地下防水工程的分项工程检验批和抽样检验数量应符合下列规定：主体结构防水工程和细部构造防水工程应按结构层、结构混凝土强度和抗渗等级、垂直和水平施工缝、变形缝或后浇带等施工段划分检验批。

（6）地下工程应按设计的防水等级标准进行验收。

（7）地下防水工程质量验收的程序和组织，应符合《建筑工程施工质量验收统一标准》（GB 50300—2013）的有关规定。

（8）检验批的合格判定应符合下列规定：

1）主控项目的质量经抽样检验全部合格。

2）一般项目的质量经抽样检验 80% 以上的检测点合格，其余不得有影响使用功能的缺陷；对有允许偏差的检验项目，其最大偏差不得超过规范规定允许偏差的 1.5 倍。

3）施工具有明确的操作依据和完整的质量检查记录。

防水混凝土分项工程检验批的抽样检验数量规定：应按混凝土外露面积每 $100m^2$ 抽查 1 处，每处 $10m^2$，且不得少于 3 处。

4）变形缝、后浇带应全数检查。

2. 防水混凝土分项工程施工质量验收标准

防水混凝土在施工前一个月，应按照施工图设计的防水混凝土专项要求，由项目工程师向实验室提交防水混凝土配合比委托单，并在工地按照取样标准，将试配防水混凝土需要的水泥、砂、石子、外加剂、掺合料等见证取样、送样，并注明混凝土的拌制、运输、浇筑方式，以及防水混凝土主体结构的空间尺寸、气温和湿度等情况。

在防水混凝土施工前，应根据天气和材料含水率，由工程师在现场测量、计算、调整配合比，形成经过主任工程师批准、监理工程师审批的防水混凝土现场配合比。防水混凝土施工的专项方案必须履行编制、审核和审批的技术管理程序，防水混凝土经过工程监理单位的开盘鉴定合格后，才可大面积实施。

施工全过程应加强原材料的计量、计数质量管理工作；加强全过程混凝土和易性（坍落度）试验，混凝土强度和抗渗块的取样、养护等检测试验管理工作，并确保全过程在旁站、见证试验的监理监管环境下进行，以优质的施工工序提供合格的质量保证。

防水混凝土分项工程检验批质量验收标准见表 4-20。

表 4-20 防水混凝土分项工程检验批质量验收标准

项目	条款号	标准内容	检验方法
主控项目	4.1.14	防水混凝土的原材料、配合比及坍落度必须符合设计要求	检查产品合格证、产品性能检测报告、计量措施和材料进场检验报告
	4.1.15	防水混凝土的抗压强度和抗渗性能必须符合设计要求	检查混凝土抗压强度、抗渗性能检验报告
	4.1.16	防水混凝土结构的变形缝、施工缝、后浇带、穿墙管、预埋件等的设置和构造必须符合设计要求	观察检查和检查隐蔽工程验收记录
一般项目	4.1.17	防水混凝土结构表面应坚实、平整,不得有露筋、蜂窝等缺陷;预埋件位置应正确	观察检查
	4.1.18	防水混凝土结构表面的裂缝宽度不应大于 0.2mm,且不得贯通	用刻度放大镜检查
	4.1.19	防水混凝土结构厚度不应小于 250mm,其允许偏差应为 8mm、-5mm;主体结构迎水面钢筋保护层厚度不应小于 50mm,其允许偏差为 ±5mm	尺量检查和检查隐蔽工程验收记录

注:本表出自《地下防水工程质量验收规范》(GB 50208—2011)。

3. 卷材防水层分项工程施工质量验收标准

(1)卷材防水层适用于受侵蚀性介质作用或受振动作用的地下工程;卷材防水层应铺设在主体结构的迎水面。卷材防水层应采用高聚物改性沥青类防水卷材和合成高分子类防水卷材。所选用的基层处理剂、胶粘剂、密封材料等均应与铺贴的卷材相匹配。在进场材料检验的同时,防水卷材接缝的粘结质量检验应按《地下防水工程质量验收规范》(GB 50208—2011)附录 D 执行。铺贴防水卷材前,基面应干净、干燥,并应涂刷基层处理剂;当基面潮湿时,应涂刷湿固化型胶粘剂或潮湿界面隔离剂。基层阴(阳)角应做成圆弧或 45° 坡角,其尺寸应根据卷材品种确定;在转角处、变形缝、施工缝、穿墙管等部位应铺贴卷材加强层,加强层宽度不应小于 500mm。防水卷材的搭接宽度应符合表 4-21 的要求。铺贴双层卷材时,上下两层和相邻两幅卷材的接缝应错开 1/3~1/2 幅宽,且两层卷材不得相互垂直铺贴。

表 4-21 防水卷材的搭接宽度

卷材品种	搭接宽度 /mm
弹性体改性沥青防水卷材	100
改性沥青聚乙烯胎防水卷材	100
自粘聚合物改性沥青防水卷材	80
三元乙丙橡胶防水卷材	100/60(胶粘剂/胶粘带)
聚氯乙烯防水卷材	60/80(单焊缝/双焊缝)
	100(胶粘剂)
聚乙烯丙纶复合防水卷材	100(粘结料)
高分子自粘胶膜防水卷材	70/80(自粘胶/胶粘带)

(2)冷粘法铺贴卷材应符合下列规定:

1)胶粘剂应涂刷均匀,不得露底、堆积。

2）根据胶粘剂的性能，应控制胶粘剂涂刷与卷材铺贴的间隔时间。

3）铺贴时不得用力拉伸卷材，应排除卷材下面的空气，辊压粘贴牢固。

4）铺贴卷材应平整、顺直，搭接尺寸准确，不得扭曲、皱折。

5）卷材接缝部位应采用专用胶粘剂或胶粘带满粘，接缝口应用密封材料封严，其宽度不应小于10mm。

（3）热熔法铺贴卷材应符合下列规定：

1）火焰加热器加热卷材应均匀，不得加热不足或烧穿卷材。

2）卷材表面热熔后应立即滚铺，应排除卷材下面的空气，并粘贴牢固。

3）铺贴卷材应平整、顺直，搭接尺寸准确，不得扭曲、皱折。

4）卷材接缝部位应溢出热熔的改性沥青胶料，并粘贴牢固、封闭严密。

（4）自粘法铺贴卷材应符合下列规定：

1）铺贴卷材时，应将有黏性的一面朝向主体结构。

2）外墙、顶板铺贴时，应排除卷材下面的空气，辊压粘贴牢固。

3）铺贴卷材应平整、顺直，搭接尺寸应准确，不得扭曲、皱折和起泡。

4）立面卷材铺贴完成后，应将卷材端头固定，并应用密封材料封严。

5）低温施工时，宜对卷材和基面采用热风适当加热，然后铺贴卷材。

（5）卷材接缝采用焊接法施工时应符合下列规定：

1）焊接前卷材应铺放平整，搭接尺寸应准确，焊接缝的结合面应清扫干净。

2）焊接时应先焊长边搭接缝，后焊短边搭接缝。

3）控制热风加热温度和时间，焊接处不得漏焊、跳焊或焊接不牢。

4）焊接时不得损害非焊接部位的卷材。

（6）铺贴聚乙烯丙纶复合防水卷材应符合下列规定：

1）应采用配套的聚合物水泥防水粘结材料。

2）卷材与基层粘贴应采用满粘法，粘结面积不应小于90%，粘结料刮涂应均匀，不得露底、堆积、流淌。

3）固化后的粘结料厚度不应小于1.3mm。

4）卷材接缝部位应挤出粘结料，接缝表面处应涂刮1.3mm厚、50mm宽的聚合物水泥粘结料进行封边。

5）聚合物水泥粘结料固化前，不得在其上行走或进行后续作业。

（7）高分子自粘胶膜防水卷材宜采用预铺反粘法施工，并应符合下列规定：

1）卷材宜单层铺设。

2）在潮湿基面铺设时，基面应平整坚固、无明水。

3）卷材长边应采用自粘边搭接，短边应采用胶粘带搭接，卷材端部搭接区应相互错开。

4）立面施工时，在自粘边位置距离卷材边缘10~20mm内，每隔400~600mm应进行机械固定，并应保证固定位置被卷材完全覆盖。

5）浇筑结构混凝土时不得损伤防水层。

(8）卷材防水层完工并经验收合格后应及时做保护层，保护层应符合下列规定：

1）顶板的细石混凝土保护层与防水层之间宜设置隔离层。细石混凝土保护层厚度：机械回填时不宜小于70mm，人工回填时不宜小于50mm。

2）底板的细石混凝土保护层厚度不应小于50mm。

3）侧墙宜采用软质保护材料或铺抹20mm厚1：2.5水泥砂浆。

卷材防水层分项工程检验批的抽样检验数量，应按铺贴面积每100m^2抽查1处，每处10m^2，且不得少于3处。

(9）卷材防水层分项工程检验批的质量检验。卷材防水层分项工程检验批可根据建筑物地下室的部位和分段施工的要求划分。对于形成的每一个卷材防水层分项工程检验批，其质量检验标准和检验方法应符合表4-22的规定。

表4-22 卷材防水层分项工程检验批质量验收标准

项目	条款号	标准内容	检验方法
主控项目	4.3.15	卷材防水层所用卷材及其配套材料必须符合设计要求	检查产品合格证、产品性能检测报告和材料进场检验报告
	4.3.16	卷材防水层在转角处、变形缝、施工缝、穿墙管等部位的做法必须符合设计要求	观察检查和检查隐蔽工程验收记录
一般项目	4.3.17	卷材防水层的搭接缝应粘贴或焊接牢固、密封严密，不得有扭曲、皱折、翘边和起泡等缺陷	观察检查
	4.3.18	采用外防外贴法铺贴卷材防水层时，立面卷材接槎的搭接宽度，高聚物改性沥青类卷材应为150mm，合成高分子类卷材应为100mm，且上层卷材应盖过下层卷材	观察和尺量检查
	4.3.19	侧墙卷材防水层的保护层与防水层应结合紧密，保护层厚度应符合设计要求	
	4.3.20	卷材搭接宽度的允许偏差应为–10mm	

注：1. 检验批容量填写：该检验批内防水卷材总铺贴面积数。
2. "最小/实际抽样数量"栏中，最小抽样数量填写总面积除以100带小数的进一位取整数，并不少于3，实际抽样数量按检查数量填写。
3. 本表出自《地下防水工程质量验收规范》(GB 50208—2011）。

4. 细部构造防水分项工程施工质量验收标准

防水混凝土施工缝分项工程检验批质量验收标准和检验方法详见表4-23。

表4-23 防水混凝土施工缝分项工程检验批质量验收标准

项目	条款号	标准内容	检验方法
主控项目	4.1.14	防水混凝土的原材料、配合比及坍落度必须符合设计要求	检查产品合格证、产品性能检测报告、计量措施和材料进场检验报告
	4.1.15	防水混凝土的抗压强度和抗渗性能必须符合设计要求	检查混凝土抗压强度、抗渗性能检验报告
	4.1.16	防水混凝土结构的变形缝、施工缝、后浇带、穿墙管、预埋件等的设置和构造必须符合设计要求	观察检查和检查隐蔽工程验收记录

(续)

项目	条款号	标准内容	检验方法
一般项目	4.1.17	防水混凝土结构表面应坚实、平整,不得有露筋、蜂窝等缺陷;预埋件位置应正确	观察检查
	4.1.18	防水混凝土结构表面的裂缝宽度不应大于0.2mm,且不得贯通	用刻度放大镜检查
	4.1.19	防水混凝土结构厚度不应小于250mm,其允许偏差为8mm、-5mm;主体结构迎水面钢筋保护层厚度不应小于50mm,其允许偏差为±5mm	尺量检查和检查隐蔽工程验收记录

注:1. 检验批容量填写:该检验批内混凝土外露面积数。
2. "最小/实际抽样数量"栏中,最小抽样数量填写总面积除以100带小数的进一位取整数,并不少于3,实际抽样数量按检查数量填写。
3. 本表出自《地下防水工程质量验收规范》(GB 50208—2011)。

变形缝分项工程检验批质量验收标准和检验方法详见表4-24。

表4-24 变形缝分项工程检验批质量验收标准

项目	条款号	标准内容	检验方法
主控项目	5.2.1	变形缝用止水带、填缝材料和密封材料必须符合设计要求	检查产品合格证、产品性能检测报告和材料进场检验报告
	5.2.2	变形缝防水构造必须符合设计要求	观察检查和检查隐蔽工程验收记录
	5.2.3	中埋式止水带埋设位置应准确,其中间空心圆环与变形缝的中心线应重合	观察检查和检查隐蔽工程验收记录
一般项目	5.2.4	中埋式止水带的接缝应在边墙较高位置上,不得设在结构转角处;接头宜采用热压焊接,接缝应平整、牢固,不得有裂口和脱胶现象	观察检查和检查隐蔽工程验收记录
	5.2.5	中埋式止水带在转弯处应做成圆弧形;顶板、底板内止水带应安装成盆状,并宜采用专用钢筋套或扁钢固定	观察检查和检查隐蔽工程验收记录
	5.2.6	外贴式止水带在变形缝与施工缝相交部位宜采用十字形配件;外贴式止水带在变形缝转角部位宜采用直角形配件。止水带埋设位置应准确,固定应牢靠,并与固定止水带的基层密贴,不得出现空鼓、翘边等现象	观察检查和检查隐蔽工程验收记录
	5.2.7	安设于结构内侧的可卸式止水带所需配件应一次配齐,转角处应做成45°坡角,并增加紧固件的数量	观察检查和检查隐蔽工程验收记录
	5.2.8	嵌填密封材料的缝内两侧基面应平整、洁净、干燥,并应涂刷基层处理剂;嵌填底部应设置背衬材料;密封材料嵌填应严密、连续、饱满,粘结应牢固	观察检查和检查隐蔽工程验收记录
	5.2.9	变形缝处表面粘贴卷材或涂刷涂料前,应在缝上设置隔离层和加强层	观察检查和检查隐蔽工程验收记录

注:1. 检验批容量填写:变形缝的条数。
2. "最小/实际抽样数量"栏中,实际抽样数量填写变形缝的条数,最小抽样数量填写变形缝的条数。
3. 本表出自《地下防水工程质量验收规范》(GB 50208—2011)。

后浇带分项工程检验批的质量验收标准和检验方法详见表4-25。

表 4-25 后浇带分项工程检验批质量验收标准

项目	条款号	标准内容	检验方法
主控项目	5.3.1	后浇带用遇水膨胀止水条或止水胶、预埋注浆管、外贴式止水带必须符合设计要求	检查产品合格证、产品性能检测报告和材料进场检验报告
	5.3.2	补偿收缩混凝土的原材料及配合比必须符合设计要求	检查产品合格证、产品性能检测报告、计量措施和材料进场检验报告
	5.3.3	后浇带防水构造必须符合设计要求	观察检查和检查隐蔽工程验收记录
	5.3.4	采用掺膨胀剂的补偿收缩混凝土，其抗压强度、抗渗性能和限制膨胀率必须符合设计要求	检查混凝土抗压强度、抗渗性能和水中养护 14d 后的限制膨胀率检测报告
一般项目	5.3.5	补偿收缩混凝土浇筑前，后浇带部位和外贴式止水带应采取保护措施	观察检查
	5.3.6	后浇带两侧的接缝表面应先清理干净，再涂刷混凝土界面处理剂或水泥基渗透结晶型防水涂料；后浇混凝土的浇筑时间应符合设计要求	观察检查和检查隐蔽工程验收记录
	5.3.7	遇水膨胀止水条的施工应符合《地下防水工程质量验收规范》（GB 50208—2011）第 5.1.8 条的规定；遇水膨胀止水胶的施工应符合《地下防水工程质量验收规范》（GB 50208—2011）第 5.1.9 条的规定；预埋注浆管的施工应符合《地下防水工程质量验收规范》（GB 50208—2011）第 5.1.10 条的规定；外贴式止水带的施工应符合《地下防水工程质量验收规范》（GB 50208—2011）第 5.2.6 条的规定	观察检查和检查隐蔽工程验收记录
	5.3.8	后浇带混凝土应一次浇筑，不得留施工缝；混凝土浇筑后应及时养护，养护时间不得少于 28d	观察检查和检查隐蔽工程验收记录

注：1. 检验批容量填写：后浇带的条数。
2. "最小/实际抽样数量"栏中，实际抽样数量填写后浇带的条数，最小抽样数量填写后浇带的条数。
3. 本表出自《地下防水工程质量验收规范》（GB 50208—2011）。

5. 地下防水子分部工程施工质量验收

（1）地下防水子分部工程施工质量验收合格应符合下列规定：

1）子分部所含分项工程的质量均应验收合格。

2）质量控制资料应完整。

3）地下工程渗（漏）水检测应符合设计的防水等级标准要求。

4）观感质量检查应符合要求。

（2）地下防水工程竣工和记录资料应符合表 4-26 的规定。

表 4-26 地下防水工程竣工和记录资料

序号	项目	竣工和记录资料
1	防水设计	施工图、设计交底记录、图纸会审记录、设计变更通知单和材料代用核定单
2	资质、资格证明	施工单位资质及施工人员上岗证复印证件
3	施工方案	施工方法、技术措施、质量保证措施

（续）

序号	项目	竣工和记录资料
4	技术交底	施工操作要求及安全等注意事项
5	材料质量证明	产品合格证、产品性能检测报告、材料进场检验报告
6	混凝土、砂浆质量证明	试配配合比及施工配合比，混凝土抗压强度、抗渗性能检验报告，砂浆粘结强度、抗渗性能检验报告
7	中间检查记录	施工质量验收记录、隐蔽工程验收记录、施工检查记录
8	检验记录	渗（漏）水检测记录、观感质量检查记录
9	施工日志	逐日施工情况
10	其他资料	事故处理报告、技术总结

（3）地下防水工程应对下列部位做好隐蔽工程验收记录：

1）防水层的基层。

2）防水混凝土结构和防水层被掩盖的部位。

3）施工缝、变形缝、后浇带等防水构造做法。

4）管道穿过防水层的封固部位。

5）渗（排）水层、盲沟和坑槽。

6）结构裂缝注浆处理部位。

7）衬砌前围岩渗（漏）水处理部位。

8）基坑的超挖和回填。

（4）地下防水工程的观感质量检查应符合下列规定：

1）防水混凝土应密实，表面应平整，不得有露筋、蜂窝等缺陷；裂缝宽度不得大于0.2mm，并不得贯通。

2）水泥砂浆防水层应密实、平整、粘结牢固，不得有空鼓、裂纹、起砂、麻面等缺陷。

3）卷材防水层接缝应粘贴牢固、封闭严密，防水层不得有损伤、空鼓、折皱等缺陷。

4）涂料防水层应与基层粘结牢固，不得有脱皮、流淌、鼓泡、露胎、折皱等缺陷。

5）塑料防水板防水层应铺设牢固、平整，搭接焊缝严密，不得有下垂、绷紧破损现象。

6）金属板防水层焊缝不得有裂纹、未熔合、夹渣、焊瘤、咬边、烧穿、弧坑、针状气孔等缺陷。

7）施工缝、变形缝、后浇带、穿墙管、预埋件、预留通道接头、桩头、孔口、坑、池等的防水构造应符合设计要求。

8）锚喷支护、地下连续墙、盾构隧道、沉井、逆筑结构等防水构造应符合设计要求。

9）排水系统不淤积、不堵塞，确保排水畅通。

10）结构裂缝的注浆效果应符合设计要求。

（5）地下工程出现渗（漏）水时，应及时进行治理，符合设计的防水等级标准要求后方可验收。

地下防水工程验收后，应填写子分部工程质量验收记录，随同工程验收资料分别由建设单位和施工单位存档。

4.2.5　地基与基础分部工程施工质量验收

地基与基础分部工程包括地基、基础、基坑支护、地下水控制、土方、边坡、地下防水等子分部工程。这些子分部工程及其分项工程的质量验收标准应符合本节及4.3节的相应规定。

质量验收的程序与组织应按《建筑工程施工质量验收统一标准》（GB 50300—2013）的规定执行。

分项工程、分部（子分部）工程质量的验收，均应在施工单位自检合格的基础上进行。施工单位确认自检合格后提出工程验收申请，工程验收时应提供下列技术文件和记录：

（1）原材料的质量合格证和质量鉴定文件。
（2）半成品如预制桩、钢桩、钢筋笼等的产品合格证书。
（3）施工记录及隐蔽工程验收文件。
（4）检测试验及见证取样文件。
（5）其他必须提供的文件或记录。

地基与基础分部工程所含分项工程合格标准的主控项目应全部合格，一般项目的合格数应不低于80%，并应符合专业施工质量验收规范的标准。发现问题应立即处理直至符合要求。试件强度评定不合格或对试件的代表性有怀疑时，应采用钻芯取样方法进行判定，注意混凝土结构工程中结构验收的有关规定。

地基与基础分部工程施工质量验收前应按表4-27的项目进行检验。

表4-27　地基与基础分部工程检验项目和检验方法

检验项目	检验方法	备注
基槽检验	触探或野外鉴别	隐蔽验收
土的干密度及含水率	环刀取样等	每50~100m² 一个测点
复合地基竖向增强体及周边土密度	触探、贯入，以及水泥土试块试压	—
复合地基承载力	载荷板检验	—
预制打（压）入桩偏差	现场实测	隐蔽验收
灌注桩原材料力学性能、混凝土强度	实验室（力学）试验	原材料含水泥、钢材等，钢筋笼应隐蔽验收
人工挖孔桩桩端持力层	现场静压或取立方体芯样试压	可查3D（桩直径）和5m深范围内不良地质
工程桩桩身质量检验	钻孔抽芯或声波透射法	不少于总桩数的10%
工程桩竖向承载力	静载荷试验或大应变检测	详见各分项规定
地下连续墙墙身质量	钻孔抽芯或声波透射法	不少于20%槽段数
抗浮锚杆抗拔力	现场拉力试验	不少于3%，且不得少于6根

地基与基础检测项目见表4-28。

表4-28 地基与基础检测项目

检测项目	检测内容	备注
大面积填方（海）等地基处理工程	地面沉降	长期
	土体变形、孔隙水压力	施工中
降水	地下水位变化及对周围环境的影响（变形）	施工期间
锚杆	锁定的预应力	不少于10%，且不少于6根
基坑开挖	设计要求监测内容（包括支护、坑底、周围环境变化等）	动态设计信息化施工
爆破开挖	对周围环境的影响	—
土石方工程完成后的边坡	水平和竖向位移	变形稳定为止，不少于3年
打（压）入桩	垂直度、贯入度（压力）	施工中
挤土桩	土体隆起和位移，邻桩位移及孔隙水压力	施工中
下列建筑物： 1. 地基设计等级为甲级 2. 复合地基或软弱地基上的乙级地基 3. 加层、扩建 4. 受邻近深基坑开挖影响或受地下水等环境影响的 5. 需要积累经验或进行设计反分析的	变形观测	施工期间及使用期间

基坑监测项目按表4-29选择。

表4-29 基坑监测项目

地基基础设计等级	监测项目											
	支护结构水平位移	监控范围内建（构）筑物沉降与地下管线变形	土方分层开挖标高	地下水位	锚杆拉力	支撑轴力或变形	立柱变形	桩墙内力	基坑底隆起	土体侧向变形	孔隙水压力	土压力
甲级	√	√	√	√	√	√	√	√	√	△	△	△
乙级	√	√	△	△	△	△	△	△	△	△		

注：√为必测项目；△为宜测项目。

4.3 主体结构分部工程施工质量检验与验收

主体结构分部工程可以划分为砌体结构、混凝土结构、钢结构、木结构、网架和索膜结构等子分部工程和若干个分项工程。在实际工程中，主体结构并不一定是上述某一种结构，经常会遇到几种结构形式的组合，多种结构形式并存，例如混凝土框架与钢结构屋盖的组合，砌体墙和混凝土梁板的组合等。在这种情况下，主体结构分部工程就包括两个或更多个子分部工程；而每个子分部工程，不管工程量的大小如何，都必须以子分部工程的形式，按相应专业验收规范的要求进行子分部工程的验收，汇总后再参加主体结构分部工程的验收。

关于主体结构分部工程的子分部工程、分项工程的划分应参照表2-1的规定执行。

本节内容主要依据《建筑工程施工质量验收统一标准》（GB 50300—2013）、《砌体结构工程施工质量验收规范》（GB 50203—2011）、《混凝土结构工程施工质量验收规范》（GB 50204—2015）等专业规范、标准，以具体的子分部工程为目标而编写。

主体结构分部工程的质量验收，应根据上述标准、涉及的各专业验收规范和设计图纸的要求，从检验批开始进行验收，按照分项工程检验批验收→分项工程验收→子分部工程验收→分部工程验收的顺序进行。

4.3.1 结构工程找平放线、技术核定与验收

在此介绍某工程采用的结构墨线工艺标准，同学们应认真学习结构工程找平放线、技术核定与验收的专业知识，形成结构工程找平放线优质工序质量控制的专业能力。

1. 结构墨线优质工序——质量控制主要内容

（1）弹墨线的作用。弹墨线是工程建设中最基本的工序，它的作用主要是将施工图纸中各个工序的施工内容清晰、准确地显示在施工现场中正确位置处，以便作为有关专业施工时的依据。所以，在每弹完一组墨线之后，还要进行复核的工作，确保所弹出来的墨线不会出错。同样，所用的弹墨线工具，也要在使用之前反复进行校核，直到准确度满足要求后才可使用。

（2）弹墨线工具。弹墨线所用的工具相当多，比如经纬仪或者全站仪、水准仪、墨斗、线坠、细尼龙线、钢尺、水平尺、水平管、不同类型的笔等。

（3）施工前准备工作如下：

1）熟悉施工图纸。弹墨线除了需要借助先进仪器外，更重要的是要熟悉施工图纸，例如建筑图、结构图、大样图等，检查是否互相配合；如果发现有不配合的地方，施工单位就要通知监理工程师联系设计单位修正，直到得到监理工程师的批准之后才可以开工。

2）工地坐标确定。测量工程师利用全站仪，根据标准测量站的坐标数据来计算工地的坐标。

①假设在工程场地外面有3个标准测量站：位置1、位置2和位置3。测量工程师要将测试目标摆放在位置1上，将全站仪摆放在位置2，然后利用位置2复核标准测量站位置1和位置3；如复核结果准确，接着就可以在工地上标出新的临时坐标A点，如图4-1所示。

②测量工程师把全站仪搬到A点，然后再反过来核

图4-1 已知标准测量站和临时坐标A点位置

对标准测量站位置 2 和位置 3，以此来证实坐标 A 的准确性；然后就可以标出新的临时坐标 B 点，再将全站仪搬到坐标 B 点，用刚才已经复核过的位置 2、位置 3 和临时坐标 A 点来复核 B 点的准确性。

③接下来利用 B 点标出十字通线主轴线的第 1 点 X_1、第 2 点 X_2 和轴心 C 点；然后把全站仪搬到 C 点的位置，以 C 点作为轴心，复核 X_1 和 X_2，位置准确后标出第 3 点 Y_1；标好位置后，标出 Y_2。再将 X_1 和 X_2、Y_1 和 Y_2 连起来，就标出了工地的十字通线。如图 4-2 所示。

图 4-2　十字通线

④水平线要根据已知水准点测量出来。测量工程师要先复核两个水准点 BM1 和 BM2，利用水准仪由 BM1 向 BM2 复核，然后再由 BM2 向 BM1 复核。测量工程师一般会利用较近的水准点，也就是依据 BM2 在工地附近标出两个新的水准点 SBM1 和 SBM2，注意同样要进行双向复核。测量出来的 3 个点的数据都准确了，才可以利用其中的 1 个点作为基准。最后，测量工程师就可以把水准仪摆放在工地上，对准 SBM1 取得水准点，然后就可以把 ±0.000 水准线标在围街板上。为了保证测量出来的水平线准确，要向 SBM1 再进行一次复核，数据准确了就说明引测合格。上述引测步骤如图 4-3~图 4-5 所示。

（4）基础结构墨线施工程序如下：

1）在进行挖土工程之前，测量工程师要用全站仪在地面上按照有关的坐标先标出十字通线，以此定出独立基础位置，同时标出挖土工程的范围。

2）要在挖土范围的边角位置打上木桩或者铁棍，除了要用水准仪在这些木桩或铁棍上标出水平线之外，还要标出有关的编号、尺寸和地面水平位，然后用石灰标清楚，经过工程师复核之后才可以开始挖土工程。

3）当挖土工程施工到基础底水平位置时，要在桩头上标出基础底水平位置和桩顶面的水平位置，接着就可以根据这些指引进行打桩作业。之后，测量工程师就可以利用水准仪在这些露出的桩头上标出水平参照线。

图 4-3　周边已知水准点位置

图 4-4　布设新的水准点

图 4-5　新建项目的 ±0.000 水准线测设

4)测量工程师可以根据这些参照线标出基础柱底面的水平墨线,接下来就可以根据这些水平墨线,挖好并压实底面,然后在这些压实了的底面上打木桩或者铁棍,以此来标出垫层的水平高度。特别要注意的是,这些木桩或铁棍之间的距离约为2m,而垫层的混凝土厚度一般为75mm。同时,要在基础柱周边标出至少150mm宽的位置,作为模板工人将来施工之用,接着再浇筑垫层的混凝土。

5)完成基础柱垫层混凝土施工后,就要用全站仪重新在混凝土面上标出十字通线,然后根据图纸的要求,利用这些十字通线标出基础柱的位置,供模板工人施工用。当施工完基础柱模板后,就要在模板上弹出基础柱面的水平墨线和墙身墨线,供绑扎钢筋时使用。

6)等到绑扎完基础柱钢筋后,就可以按照这些模板上的墨线和图纸,用细尼龙线在钢筋面上标出参照点;接着就可以弹出基础柱或者墙身位置了,经过复核之后,才可以扎墙身的垂直钢筋。

7)绑扎好基础柱或者墙身的钢筋后,就可以在墙身钢筋上标出水平参照线和基础柱面的水平线;同时,还要根据这些水平线的指示,在基础柱模板上每隔2m的地方打上水平钉,这样混凝土工人就可以根据这些指引准确地进行施工。

8)基础柱和基础柱之间的基础梁弹墨线的方法与步骤与弹基础柱墨线是一样的。

9)基础柱的混凝土完成后,就要利用全站仪在混凝土面上标出十字通线,然后再弹出基础柱头、墙身、电梯的墨线,并标出机电安装位置,写上组合体的编号、尺寸,供绑扎钢筋和模板施工时使用。

10)根据这些墨线进行基础柱至地面的墙身模板施工,然后在这些模板上面弹出水平线,就可以进行混凝土浇筑了。

11)在墙身混凝土模板拆除后,测量工程师就要标出地面垫层混凝土和地面混凝土的水平线,接着就可以进行由基础柱至地面的施工,之后再进行地面垫层的混凝土施工,然后就可以绑扎地面钢筋,再浇筑地面混凝土。

基础做好后,开始上部结构墨线的施工。

(5)上部结构墨线施工程序如下:

1)首先测量工程师要用全站仪在做好的混凝土地面上,标出十字通线。

2)根据十字通线,用一次过的测量方法标出柱头、墙身、梁、楼梯、电梯、窗、门等位置,以及机电设备等的留孔位置,要清楚地写出构件的编号和尺寸,供绑扎钢筋、模板施工和机电施工时使用。另外,还要弹出墙边的对照墨线,以便复核之用。

3)在做好单边模板后,测量工程师要利用水平管或水准仪将预留的水平线带到楼内,要在单边模板上弹出十字通线,以及门、窗等孔洞的高度,供模板施工、绑扎钢筋和有关的机电施工时使用。

4)绑扎完墙头或墙身钢筋后,再在垂直钢筋上标出第一层楼面、楼板底和梁底的水平线。

5)当第一层楼面模板工程完成之后,就可以标出第一层的楼板墨线。首先用线坠把地面的十字通线引上来,并标出有关的模板墨线,然后利用模板墨线复核模板位置。

6）再绑扎楼面钢筋，并在墙身钢筋处标出水平参照线。然后一次性浇筑从地面至第一层高度的柱混凝土，以及墙身和第一层的楼面混凝土。

7）对于第二层，首先要利用线坠，把第一层楼面的十字通线的4个点引上来，然后利用这4个点弹出第二层的十字通线。第二层~第五层的十字通线都是由第一层楼面引上来的，而第六层~第十层则改由第五层引上来。每施工完五层，还要利用线坠对下面的五层进行复核。如果利用激光铅垂仪施工，全部楼层的十字通线都可以从第一层引上来。

8）为了使每层楼测量出来的十字通线完全准确，无论采用哪种引测方法，在施工完十字通线以后，都要利用测量尺进行矩形对角线复核。弹完线后要不断进行复核，在每层楼没有浇筑混凝土之前，要对所有标出的墨线进行全面复核。主控轴线楼层传递示意图如图4-6所示。

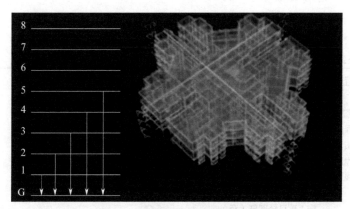

图4-6　主控轴线楼层传递示意

（6）弹墨线的技巧：

1）通过放墨，墨线就可以清除多余的墨汁，这样弹在地上就会比较细和清晰。

2）若地面潮湿，应干燥后再弹线。如果无法自然干燥，则要撒水泥粉，水泥粉把水分吸干后再弹。如果还是无法干燥，就要拉细尼龙线，把尼龙线的头尾用钉子固定好；如果有积水，就要用两颗钉子将尼龙线的头尾连在一起钉在墙上。

3）墨线一般会保持很久，重要的墨线要定期检查，如果发现模糊了，应补弹。

4）弹楼梯墨线时要一次性将级数分好，这样就可以避免累积误差。

5）弹墙身模板的梯级墨线时，要在墨线的头尾取一级楼梯的踢位和水平踏位。

6）取好了楼梯级位之后，再弹两条级位斜线，然后就可以利用这两条斜线弹出楼梯底线，接着再将此处的楼梯侧板与墙身模板上的梯级墨线对齐，以检查弹线质量。最后再用水平管或者水平尺引出楼梯的水平线，弹线全部完成后就可以安装模板和在模板上绑扎钢筋了。按此方法弹出另一边墙身模板的梯级墨线。

（7）弹墨线注意事项：

1）弹线的时候，工人一定要备齐个人的安全装备，在超过2m高的地方施工时一定要配有安全工作台。

2）水准仪、全站仪等测量工具，一定要定期进行检定（校准），合格后才能使用。

3）如果基坑、基槽或桩、柱的端口要明挖，测量工程师一定要钉上斜坡架，给开挖工人施工时使用。

4）浇筑桩、柱混凝土时，测量工程师要通过拉细尼龙线的方式来检查混凝土面的水平度，以方便混凝土工人将混凝土面抹平整。而弹出的参照墨线的尺寸一定要统一，并且要是整数。

5）每次引测完墨线后，例如十字通线、墙位、柱位等，一定要再次复核，而且要和监理工程师一起验收，之后才可以进行模板安装和绑扎钢筋的作业。

2. 工程定位测量、放线质量报验与验收

工程定位测量、放线质量报验表详见表4-30。

表4-30 工程定位测量、放线质量报验表

工程质量报验表

工程名称：×××河西公共服务中心（西地块）　　　　　　　　　　编号：×××

致：×××工程项目管理有限公司（项目监理机构）

我方已完成2#楼二层测量放线工作，经自检合格，请予以验收。
附件：□隐蔽工程质量检验资料
　　　□检验批质量检验资料
　　　□分项工程质量检验资料
　　　☑测量放线资料

　　　　　　施工项目经理部（章）：
　　　　　　项目经理或项目技术负责人（签字）：×××
　　　　　　2023年3月5日

项目监理机构签收人姓名及时间		施工项目经理部签收人姓名及时间	

监理单位验收及平行检验情况：

　　收到施工单位自检资料和验收记录表共___1___页，该项报验内容系第___1___次报验。

　　　　检查人（签字）：×××　　2023年3月5日

监理单位验收意见：
　　☑验收合格，可进行后续施工。
　　□验收不合格，不得进入下道工序施工，应于__1__月___日整改合格后重新报验。

　　　　　　项目监理机构（章）：
　　　　　　专业监理工程师（签字）：×××
　　　　　　2023年3月5日

注：本报验表分为隐蔽工程质量报验、检验批质量报验、分项工程质量报验、测量放线及其他报验。

第五版表　　　　　　　　　　　　　　　　　　　　　　江苏省住房和城乡建设厅监制

工程定位测量、放线质量验收记录详见表4-31。

表 4-31 工程定位测量、放线质量验收记录

建设单位	×××有限公司	设计单位	×××建筑设计有限公司
工程名称	×××河西公共服务中心（西地块）	图纸依据	总平面布置图及规划基准点
引进水准点位置	×××大街	水准高程 7.577m	单位工程 ±0.000	×××高程 8.350m

工程位置平面图：

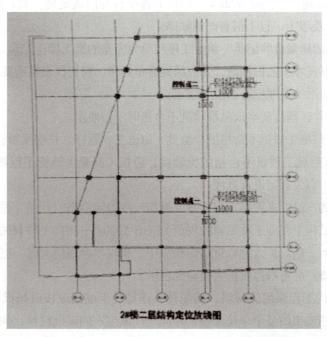

施工单位	放线人： 复核人： 技术负责人： 2023年3月5日	监理工程师： 2023年3月5日	监理单位	建设单位项目负责人： 2023年3月5日	建设单位

第五版表　　　　　　　　　　　　　　　　　　　　　江苏省住房和城乡建设厅监制

4.3.2　混凝土结构子分部工程施工质量检验与验收

一、混凝土结构子分部工程施工质量检验与验收基本规定

（1）混凝土结构子分部工程可划分为模板、钢筋、预应力、混凝土、现浇结构和装配式结构等分项工程。各分项工程可根据与生产和施工方式相一致且便于控制施工质量的原则，按进场批次、工作班、楼层、结构缝或施工段划分为若干检验批。

（2）混凝土结构子分部工程的质量验收，应在钢筋、预应力、混凝土、现浇结构和装配式结构等相关分项工程验收合格的基础上，进行质量控制资料检查、观感质量验收及《混凝土结

构工程施工质量验收规范》（GB 50204—2015）规定的结构实体检验。

（3）分项工程的质量验收应在所含检验批验收合格的基础上，进行质量验收记录检查。

（4）检验批的质量验收应包括实物检查和资料检查，并应符合下列规定：

1）主控项目的质量经抽样检验应合格。

2）一般项目的质量经抽样检验应合格；一般项目当采用计数抽样检验时，除《混凝土结构工程施工质量验收规范》（GB 50204—2015）各章有专门规定外，其合格点率应达到80%（钢筋验收为90%）及以上，且不得有严重缺陷。

3）应具有完整的质量检验记录，重要工序应具有完整的施工操作记录。

（5）检验批抽样样本应随机抽取，并应满足分布均匀、具有代表性的要求。

（6）不合格检验批的处理应符合下列规定：

1）材料、构配件、器具及半成品检验批不合格时不得使用。

2）混凝土浇筑前施工质量不合格的检验批，应返工、返修，并应重新验收。

3）混凝土浇筑后施工质量不合格的检验批，应按《混凝土结构工程施工质量验收规范》（GB 50204—2015）有关规定进行处理。

（7）获得认证的产品或来源稳定且连续3批均一次检验合格的产品，进场验收时检验批的容量可按《混凝土结构工程施工质量验收规范》（GB 50204—2015）的有关规定扩大一倍，且检验批容量仅可扩大一倍。扩大检验批后的检验中，出现不合格情况时，应按扩大前的检验批容量重新验收，且该产品不得再次扩大检验批容量。

（8）混凝土结构工程采用的材料、构配件、器具及半成品应按进场批次进行检验。属于同一工程项目且同期施工的多个单位工程，对同一厂家生产的同批材料、构配件、器具及半成品，可统一划分检验批进行验收。

（9）检验批、分项工程、混凝土结构子分部工程的质量验收可参照《混凝土结构工程施工质量验收规范》（GB 50204—2015）附录A记录。

二、模板分项工程质量检验与验收

1. 模板分项工程质量验收的一般规定

（1）模板工程应编制施工方案。爬升式模板工程、工具式模板工程及高大模板支架工程的施工方案，应按有关规定进行技术论证。

（2）模板及支架应根据安装、使用和拆除工况进行设计，并应满足承载力、刚度和整体稳固性要求。

（3）模板及支架拆除应符合《混凝土结构工程施工规范》（GB 50666—2011）的规定和施工方案的要求。

2. 模板安装分项工程检验批质量验收标准

模板安装分项工程检验批的质量检验标准和检验方法详见表4-32，"检查数量"中的"按国家现行相关标准的规定确定"，应符合《建筑工程施工质量验收统一标准》（GB 50300—2013）第3.0.9条要求。

表 4-32 模板安装分项工程检验批的质量检验标准和检验方法

项目	条款号	标准内容	检验方法	检查数量
主控项目	4.2.1	模板及支架用材料的技术指标应符合国家现行有关标准的规定。进场时应抽样检验模板和支架材料的外观、规格和尺寸	检查质量证明文件，观察，尺量	按国家现行相关标准的规定确定
	4.2.2	现浇混凝土结构模板及支架的安装质量，应符合国家现行有关标准的规定和施工方案的要求	按国家现行有关标准的规定执行	按国家现行相关标准的规定确定
	4.2.3	后浇带处的模板及支架应独立设置	观察	全数检查
	4.2.4	支架竖杆或竖向模板安装在土层上时，应符合下列规定： 1. 土层应坚实、平整，其承载力或密实度应符合施工方案的要求 2. 应有防水、排水措施；对冻胀性土，应有预防冻融措施 3. 支架竖杆下应有底座或垫板	观察；检查土层密实度检测报告、土层承载力验算或现场检测报告	全数检查
一般项目	4.2.5	模板安装质量应符合下列规定： 1. 模板的接缝应严密 2. 模板内不应有杂物、积水或冰雪等 3. 模板与混凝土的接触面应平整、清洁 4. 用作模板的地坪、胎膜等应平整、清洁，不应有影响构件质量的下沉、裂缝、起砂或起鼓 5. 对清水混凝土及装饰混凝土构件，应使用能达到设计效果的模板	观察	全数检查
	4.2.6	脱模剂的品种和涂刷方法应符合施工方案的要求。脱模剂不得影响结构性能及装饰施工；不得沾污钢筋、预应力筋、预埋件和混凝土接槎处；不得对环境造成污染	检查质量证明文件；观察	全数检查
	4.2.7	模板的起拱应符合《混凝土结构工程施工规范》（GB 50666—2011）的规定，并应符合设计及施工方案的要求	水准仪测量或尺量	在同一检验批内，对梁，跨度大于18m时应全数检查，跨度不大于18m时应抽查构件数量的10%，且不应少于3件；对板，应按有代表性的自然间抽查10%，且不应少于3间；对大空间结构，板可按纵、横轴线划分检查面，抽查10%，且不应少于3面
	4.2.8	现浇混凝土结构多层连续支模应符合施工方案的规定。上下层模板支架的竖杆宜对准。竖杆下垫板的设置应符合施工方案的要求	观察	全数检查
	4.2.9	固定在模板上的预埋件和预留孔洞不得遗漏，且应安装牢固。有抗渗要求的混凝土结构中的预埋件，应按设计及施工方案的要求采取防渗措施。预埋件和预留孔洞的位置应满足设计和施工方案的要求。当设计无具体要求时，其位置偏差应符合《混凝土结构工程施工质量验收规范》（GB 50204—2015）表4.2.9的规定	观察、尺量。检查中心线位置时，沿纵、横两个方向量测，并取其中偏差的较大值	在同一检验批内，对梁、柱和独立基础，应抽查构件数量的10%，且不应少于3件；对墙和板，应按有代表性的自然间抽查10%，且不应少于3间；对大空间结构墙可按相邻轴线间高度5m左右划分检查面，板可按纵、横轴线划分检查面，抽查10%，且均不应少于3面

（续）

项目	条款号	标准内容	检验方法	检查数量
一般项目	4.2.10	现浇结构模板安装的尺寸偏差及检验方法应符合《混凝土结构工程施工质量验收规范》（GB 50204—2015）表4.2.10的规定		在同一检验批内，对梁、柱和独立基础，应抽查构件数量的10%，且不应少于3件；对墙和板，应按有代表性的自然间抽查10%，且不应少于3间；对大空间结构，墙可按相邻轴线间高度5m左右划分检查面，板可按纵、横轴线划分检查面，抽查10%，且均不应少于3面

注：1. 检验批容量填写：在同一检验批内，对梁、柱和独立基础，应填写构件数量；对墙和板，应填写自然间数量；对大空间结构，墙可按相邻轴线间高度5m左右划分检查面，板可按纵、横轴线划分检查面，填写划分后的面数。

2. "最小/实际抽样数量"栏中，实际抽样数量按实际检查数量按实填写，最小抽样数量填写前款中容量的10%且不少于3个。

3. 本表出自《混凝土结构工程施工质量验收规范》（GB 50204—2015）。

3. 模板拆除分项工程检验批质量验收标准

模板拆除分项工程检验批的质量检验标准和检验方法详见表4-33。

表4-33 模板拆除分项工程检验批的质量检验标准和检验方法

项目	标准内容	检验方法	检查数量
主控项目	底模及其支架拆除时的混凝土强度应符合设计要求；当设计无具体要求时，混凝土强度应符合规范的规定	检查同条件养护试件强度试验报告	全数检查
	对后张法预应力混凝土结构构件，侧模宜在预应力张拉前拆除；底模支架的拆除应按施工技术方案执行，当无具体要求时，不应在结构构件建立预应力前拆除	观察	全数检查
	后浇带模板的拆除和支顶应按施工技术方案执行	观察	全数检查
一般项目	侧模拆除时的混凝土强度应能保证其表面及棱角不受损伤	观察	全数检查
	模板拆除时，不应对楼层形成冲击荷载。拆除的模板和支架宜分散堆放并及时清运	观察	全数检查

注：1. 检验批容量填写：基础、柱、墙、梁、板等构件数量。

2. "最小/实际抽样数量"栏中，最小抽样数量填写专业标准或专业验收规范条款中规定的最小检查构件数量；实际抽样数量填写实际抽样构件数量。

由于模板工程属于措施项目，不构成工程实体质量，因此模板工程质量管理一般规定只参与检验与验收，以确保混凝土结构质量与安全，但不纳入子分部质量评定。

三、钢筋分项工程质量检验与验收

1. 钢筋分项工程质量验收的一般规定

（1）浇筑混凝土之前，应进行钢筋隐蔽工程验收。隐蔽工程验收应包括下列主要内容：

1）纵向受力钢筋的牌号、规格、数量、位置。

2）钢筋的连接方式、接头位置、接头质量、接头面积百分率、搭接长度、锚固方式及锚固长度。

3）箍筋、横向钢筋的牌号、规格、数量、间距、位置，箍筋弯钩的弯折角度及平直段长度。

4）预埋件的规格、数量和位置。

（2）钢筋、成型钢筋进场检验，当满足下列条件之一时，其检验批容量可扩大一倍：

1）获得认证的钢筋、成型钢筋。

2）同一厂家、同一牌号、同一规格的钢筋，连续3批均一次检验合格。

3）同一厂家、同一类型、同一钢筋来源的成型钢筋，连续3批均一次检验合格。

2. 钢筋原材料检验批质量验收标准

钢筋原材料检验批的质量检验标准和检验方法详见表4-34。

表4-34 钢筋原材料检验批的质量检验标准和检验方法

项目	条款号	标准内容	检验方法	检查数量
主控项目	5.2.1	钢筋进场时，应按国家现行相关标准的规定抽取试件进行屈服强度、抗拉强度、伸长率、弯曲性能和重量偏差检验，检验结果应符合相应标准的规定	检查质量证明文件和抽样检验报告	按进场的批次和产品的抽样检验方案确定
	5.2.2	成型钢筋进场时，应抽取试件进行屈服强度、抗拉强度、伸长率和重量偏差检验，检验结果应符合国家现行相关标准的规定 对由热轧钢筋制成的成型钢筋，当有施工单位或监理单位的代表驻厂监督生产过程，并提供原材钢筋力学性能第三方检验报告时，可仅进行重量偏差检验	检查质量证明文件和抽样检验报告	同一厂家、同一类型、同一钢筋来源的成型钢筋，不超过30t为一批，每批中每种钢筋牌号、规格均应至少抽取1个钢筋试件，总数不应少于3个
	5.2.3	对按一级、二级、三级抗震等级设计的框架和斜撑构件（含梯段）中的纵向受力普通钢筋应采用HRB335E、HRB400E、HRB500E、HRBF335E、HRBF400E或HRBF500E钢筋，其强度和最大力下总伸长率的实测值应符合下列规定： 1. 抗拉强度实测值与屈服强度实测值的比值不应小于1.25 2. 屈服强度实测值与屈服强度标准值的比值不应大于1.30 3. 最大力下总伸长率不应小于9%	检查抽样检验报告	按进场的批次和产品的抽样检验方案确定
一般项目	5.2.4	钢筋应平直、无损伤，表面不得有裂纹、油污、颗粒状或片状老锈	观察	全数检查
	5.2.5	成型钢筋的外观质量和尺寸偏差应符合国家现行相关标准的规定	观察，尺量	同一厂家、同一类型的成型钢筋，不超过30t为一批，每批随机抽取3个成型钢筋试件
	5.2.6	钢筋机械连接套筒、钢筋锚固板以及预埋件等的外观质量应符合国家现行相关标准的规定	检查产品质量证明文件；观察，尺量	按国家现行相关标准的规定确定

注：1. 检验批容量填写：钢筋重量，钢筋机械连接套筒、钢筋锚固板、预埋件的数量。
2. "最小/实际抽样数量"栏中，最小抽样数量填写《建筑工程施工质量验收统一标准》（GB 50300—2013）或专业验收规范条款中规定的检查数量；实际抽样数量填写实际检查数量。
3. 本表出自《混凝土结构工程施工质量验收规范》（GB 50204—2015）。

3. 钢筋加工检验批质量验收标准

钢筋加工检验批的质量检验标准和检验方法详见表4-35。

表4-35 钢筋加工检验批的质量检验标准和检验方法

项目	条款号	标准内容	检验方法
主控项目	5.3.1	钢筋弯折的弯弧内直径应符合下列规定： 1. 光圆钢筋，不应小于钢筋直径的2.5倍 2. 335MPa级、400MPa级带肋钢筋，不应小于钢筋直径的4倍 3. 500MPa级带肋钢筋，当直径为28mm以下时不应小于钢筋直径的6倍，当直径为28mm及以上时不应小于钢筋直径的7倍 4. 箍筋弯折处尚不应小于纵向受力钢筋的直径	尺量
	5.3.2	纵向受力钢筋的弯折后平直段长度应符合设计要求。光圆钢筋末端做180°弯钩时，弯钩的平直段长度不应小于钢筋直径的3倍	
	5.3.3	箍筋、拉筋的末端应按设计要求做弯钩，并应符合下列规定： 1. 对一般结构构件，箍筋弯钩的弯折角度不应小于90°，弯折后平直段长度不应小于箍筋直径的5倍；对有抗震设防要求或设计有专门要求的结构构件，箍筋弯钩的弯折角度不应小于135°，弯折后平直段长度不应小于箍筋直径的10倍 2. 圆形箍筋的搭接长度不应小于其受拉锚固长度，且两末端弯钩的弯折角度不应小于135°，弯折后平直段长度对一般结构构件不应小于箍筋直径的5倍，对有抗震设防要求的结构构件不应小于箍筋直径的10倍 3. 梁、柱复合箍筋中的单肢箍筋两端弯钩的弯折角度均不应小于135°，弯折后平直段长度应符合本条第1款对箍筋的有关规定	
	5.3.4	盘卷钢筋调直后应进行力学性能和重量偏差检验，其强度应符合国家现行有关标准的规定，其断后伸长率、重量偏差应符合《混凝土结构工程施工质量验收规范》（GB 50204—2015）表5.3.4的规定。力学性能和重量偏差检验应符合下列规定： 1. 应对3个试件先进行重量偏差检验，再取其中2个试件进行力学性能检验 2. 重量偏差应按下式计算： $$\Delta = \frac{W_d - W_0}{W_0} \times 100$$ 式中 Δ——重量偏差（％）； W_d——3个调直钢筋试件的实际重量之和（kg）； W_0——钢筋理论重量（kg），取每米理论重量（kg/m）与3个调直钢筋试件长度之和（m）的乘积。 3. 检验重量偏差时，试件切口应平滑并与长度方向垂直，其长度不应小于500mm；长度和重量的量测精度分别不应低于1mm和1g 采用无延伸功能的机械设备调直的钢筋，可不进行本条规定的检验	检查抽样检验报告
一般项目	5.3.5	钢筋加工的形状、尺寸应符合设计要求，其偏差应符合《混凝土结构工程施工质量验收规范》（GB 50204—2015）表5.3.5的规定	尺量

注：1. 检验批容量填写：在同一工作台班中同一类型钢筋的数量。
2. "最小/实际抽样数量"栏中，实际抽样数量填写实际检查数量，最小抽样数量填写：一个规格不少于3个。
3. 本表出自《混凝土结构工程施工质量验收规范》（GB 50204—2015）。

4. 钢筋连接检验批质量验收标准

钢筋连接检验批的质量检验标准和检验方法详见表4-36。

表 4-36 钢筋连接检验批的质量检验标准和检验方法

项目	条款号	标准内容	检验方法	检查数量
主控项目	5.4.1	钢筋的连接方式应符合设计要求	观察	全数检查
	5.4.2	钢筋采用机械连接或焊接连接时,钢筋机械连接接头、焊接接头的力学性能、弯曲性能应符合国家现行相关标准的规定。接头试件应从工程实体中截取	检查质量证明文件和抽样检验报告	按《钢筋机械连接技术规程》(JGJ 107—2016)和《钢筋焊接及验收规程》(JGJ 18—2012)的规定确定
	5.4.3	螺纹接头应检验拧紧扭矩值,挤压接头应量测压痕直径,检验结果应符合《钢筋机械连接技术规程》(JGJ 107—2016)的相关规定	采用专用扭力扳手或专用量规检查	按《钢筋机械连接技术规程》(JGJ 107—2016)的规定确定
	5.4.4	钢筋接头的位置应符合设计和施工方案要求。有抗震设防要求的结构中,梁端、柱端箍筋加密区范围内不应进行钢筋搭接。接头末端至钢筋弯起点的距离不应小于钢筋直径的 10 倍	观察,尺量	全数检查
	5.4.5	钢筋机械连接接头、焊接接头的外观质量应符合《钢筋机械连接技术规程》(JGJ 107—2016)和《钢筋焊接及验收规程》(JGJ 18—2012)的规定	观察,尺量	按《钢筋机械连接技术规程》(JGJ 107—2016)和《钢筋焊接及验收规程》(JGJ 18—2012)的规定确定
一般项目	5.4.6	当纵向受力钢筋采用机械连接接头或焊接接头时,同一连接区段内纵向受力钢筋的接头面积百分率应符合设计要求;当设计无具体要求时,应符合下列规定: 1. 受拉接头,不宜大于 50%;受压接头,可不受限制 2. 直接承受动力荷载的结构构件中,不宜采用焊接;当采用机械连接时,不应超过 50% 接头连接区段是指长度为 35d 且不小于 500mm 的区段,d 为相互连接两根钢筋的直径较小值 同一连接区段内纵向受力钢筋的接头面积百分率为接头中点位于该连接区段内的纵向受力钢筋截面面积与全部纵向受力钢筋截面面积的比值	观察,尺量	在同一检验批内,对梁、柱和独立基础,应抽查构件数量的 10%,且不应少于 3 件;对墙和板,应按有代表性的自然间抽查 10%,且不应少于 3 间;对大空间结构,墙可按相邻轴线间高度 5m 左右划分检查面,板可按纵横轴线划分检查面,抽查 10%,且均不应少于 3 面
	5.4.7	当纵向受力钢筋采用绑扎搭接接头时,接头的设置应符合下列规定: 1. 接头的横向净间距不应小于钢筋直径,且不应小于 25mm 2. 同一连接区段内,纵向受拉钢筋的接头面积百分率应符合设计要求;当设计无具体要求时,应符合下列规定: (1) 梁类、板类及墙类构件,不宜超过 25%;基础筏板,不宜超过 50% (2) 柱类构件,不宜超过 50% (3) 当工程中确有必要增大接头面积百分率时,对梁类构件,不应大于 50% 接头连接区段是指长度为 1.3 倍搭接长度的区段。搭接长度取相互连接两根钢筋中较小直径计算 同一连接区段内纵向受力钢筋的接头面积百分率为接头中点位于该连接区段长度内的纵向受力钢筋截面面积与全部纵向受力钢筋截面面积的比值	观察,尺量	在同一检验批内,对梁、柱和独立基础,应抽查构件数量的 10%,且不应少于 3 件;对墙和板,应按有代表性的自然间抽查 10%,且不应少于 3 间;对大空间结构,墙可按相邻轴线间高度 5m 左右划分检查面,板可按纵横轴线划分检查面,抽查 10%,且均不应少于 3 面

（续）

项目	条款号	标准内容	检验方法	检查数量
一般项目	5.4.8	梁、柱类构件的纵向受力钢筋搭接长度范围内箍筋的设置应符合设计要求；当设计无具体要求时，应符合下列规定： 1. 箍筋直径不应小于搭接钢筋较大直径的1/4 2. 受拉搭接区段的箍筋间距不应大于搭接钢筋较小直径的5倍，且不应大于100mm 3. 受压搭接区段的箍筋间距不应大于搭接钢筋较小直径的10倍，且不应大于200mm 4. 当柱中纵向受力钢筋直径大于25mm时，应在搭接接头两个端面外100mm范围内各设置2个箍筋，其间距宜为50mm	观察，尺量	在同一检验批内，应抽查构件数量的10%，且不应少于3件

注：1. 检验批容量填写：接头的数量。
2. "最小/实际抽样数量"栏中，实际抽样数量填写接头实际检查的数量，最小抽样数量填写《混凝土结构工程施工质量验收规范》（GB 50204—2015）条款中规定的检查数量。
3. 本表出自《混凝土结构工程施工质量验收规范》（GB 50204—2015）。

5. 钢筋安装检验批质量验收标准

钢筋安装检验批的质量检验标准和检验方法详见表4-37。

表4-37 钢筋安装检验批的质量检验标准和检验方法

项目	条款号	标准内容	检验方法	检查数量
主控项目	5.5.1	钢筋安装时，受力钢筋的品种、级别、规格和数量必须符合设计要求	观察，钢尺检查	全数检查
主控项目	5.5.2	受力钢筋的安装位置、锚固方式应符合设计要求	观察，尺量	全数检查
一般项目	5.5.3	钢筋安装偏差及检验方法应符合《混凝土结构工程施工质量验收规范》（GB 50204—2015）。表5.5.3的规定。梁板类构件上部受力钢筋保护层厚度的合格点率应达到90%及以上，且不得有超过表中数值1.5倍的尺寸偏差	—	在同一检验批内，对梁、柱和独立基础，应抽查构件数量的10%，且不应少于3件；对墙和板，应按有代表性的自然间抽查10%，且不应少于3间；对大空间结构，墙可按相邻轴线间高度5m左右划分检查面，板可按纵横轴线划分检查面，抽查10%，且均不应少于3面

注：1. 检验批容量填写：在同一检验批内，对梁、柱和独立基础，应填写构件数量；对墙和板，应填写自然间数量；对大空间结构，墙可按相邻轴线间高度5m左右划分检查面，板可按纵横轴线划分检查面，填写划分后的面数。
2. "最小/实际抽样数量"栏中，实际抽样数量按实际检查数量填写，最小抽样数量填写前款中容量的10%且不少于3个。
3. 本表出自《混凝土结构工程施工质量验收规范》（GB 50204—2015）。

四、混凝土分项工程质量检验与验收

1. 混凝土分项工程质量验收的一般规定

（1）混凝土强度应按《混凝土强度检验评定标准》（GB/T 50107—2010）的规定分批检验

评定。划入同一检验批的混凝土，其施工持续时间不宜超过 3 个月。

检验评定混凝土强度时，应采用 28d 或设计规定龄期的标准养护试件。

试件成型方法及标准养护条件应符合《混凝土物理力学性能试验方法标准》（GB/T 50081—2019）的规定。采用蒸汽养护的构件，其试件应先随构件同条件养护，然后再置入标准养护条件下继续养护至 28d 或设计规定龄期。

（2）当采用非标准尺寸试件时，应将其抗压强度乘以尺寸折算系数，折算成边长为 150mm 的标准尺寸试件抗压强度。尺寸折算系数应按《混凝土强度检验评定标准》（GB/T 50107—2010）采用。

（3）当混凝土试件强度评定不合格时，应委托具有资质的检测机构按国家现行有关标准的规定对结构构件中的混凝土强度进行推定，并应按《混凝土结构工程施工质量验收规范》（GB 50204—2015）第 10.2.2 条的规定进行处理。

（4）混凝土有耐久性指标要求时，应按《混凝土耐久性检验评定标准》（JGJ/T 193—2009）的规定检验评定。

（5）大批量、连续生产的同一配合比混凝土，混凝土生产单位应提供基本性能试验报告。

（6）预拌混凝土的原材料质量、制备等应符合《预拌混凝土》（GB/T 14902—2012）的规定。

（7）水泥、外加剂进场检验，当满足下列情况之一时，其检验批容量可扩大一倍：

1）获得认证的产品。

2）同一厂家、同一品种、同一规格的产品，连续 3 次进场检验均一次检验合格。

2. 混凝土原材料检验批质量验收标准

混凝土原材料检验批的质量检验标准和检验方法详见表 4-38。

表 4-38 混凝土原材料检验批的质量检验标准和检验方法

项目	条款号	标准内容	检验方法	检查数量
主控项目	7.2.1	水泥进场时，应对其品种、代号、强度等级、包装或散装仓号、出厂日期等进行检查，并应对水泥的强度、安定性和凝结时间进行检验，检验结果应符合《通用硅酸盐水泥》（GB 175—2023）的相关规定	检查质量证明文件和抽样检验报告	按同一厂家、同一品种、同一代号、同一强度等级、同一批号且连续进场的水泥，袋装不超过 200t 为一批，散装不超过 500t 为一批，每批抽样数量不应少于一次
主控项目	7.2.2	混凝土外加剂进场时，应对其品种、性能、出厂日期等进行检查，并应对外加剂的相关性能指标进行检验，检验结果应符合《混凝土外加剂》（GB 8076—2008）和《混凝土外加剂应用技术规范》（GB 50119—2013）的规定	检查质量证明文件和抽样检验报告	按同一厂家、同一品种、同一性能、同一批号且连续进场的混凝土外加剂，不超过 50t 为一批，每批抽样数量不应少于一次
一般项目	7.2.3	混凝土用矿物掺合料进场时，应对其品种、性能、出厂日期等进行检查，并应对矿物掺合料的相关性能指标进行检验，检验结果应符合国家现行有关标准的规定	检查质量证明文件和抽样检验报告	按同一厂家、同一品种、同一技术指标、同一批号且连续进场的矿物掺合料，粉煤灰、石灰石粉、磷渣粉、钢铁渣粉不超过 200t 为一批，粒化高炉矿渣粉和复合矿物掺合料不超过 500t 为一批，沸石粉不超过 120t 为一批，硅灰不超过 30t 为一批，每批抽样数量不应少于一次

(续)

项目	条款号	标准内容	检验方法	检查数量
一般项目	7.2.4	混凝土原材料中的粗骨料、细骨料质量应符合《普通混凝土用砂、石质量及检验方法标准》（JGJ 52—2006）的规定，使用经过净化处理的海砂应符合《海砂混凝土应用技术规范》（JGJ 206—2010）的规定，再生混凝土骨料应符合《混凝土用再生粗骨料》（GB/T 25177—2010）和《混凝土和砂浆用再生细骨料》（GB/T 25176—2010）的规定	检查抽样检验报告	按《普通混凝土用砂、石质量及检验方法标准》（JGJ 52—2006）的规定确定
	7.2.5	混凝土拌制及养护用水应符合《混凝土用水标准》（JGJ 63—2006）的规定。采用饮用水作为混凝土用水时，可不检验；采用中水、搅拌站清洗水、施工现场循环水等其他水源时，应对其成分进行检验	检查水质检验报告	同一水源检查不应少于一次

注：1. 检验批容量填写：主要材料的数量。
2. "最小/实际抽样数量"栏中，最小抽样数量填写本表中规定的检查数量。
3. 本表出自《混凝土结构工程施工质量验收规范》（GB 50204—2015）。

3. 混凝土拌合物（配合比）检验批质量验收标准

混凝土拌合物（配合比）检验批的质量检验标准和检验方法详见表 4-39。

表 4-39 混凝土拌合物（配合比）检验批的质量检验标准和检验方法

项目	条款号	标准内容	检验方法	检查数量
主控项目	7.3.1	预拌混凝土进场时，其质量应符合《预拌混凝土》（GB/T 14902—2012）的规定	检查质量证明文件	全数检查
	7.3.2	混凝土拌合物不应离析	观察	全数检查
	7.3.3	混凝土中氯离子含量和碱总含量应符合《混凝土结构设计规范》（GB 50010—2010）的规定和设计要求	检查原材料试验报告和氯离子、碱的总含量计算书	同一配合比的混凝土检查不应少于一次
	7.3.4	首次使用的混凝土配合比应进行开盘鉴定，其原材料、强度、凝结时间、稠度等应满足设计配合比的要求	检查开盘鉴定资料和强度试验报告	同一配合比的混凝土检查不应少于一次
一般项目	7.3.5	混凝土拌合物稠度应满足施工方案的要求	检查稠度抽样检验记录	对同一配合比混凝土，取样应符合下列规定： 1. 每拌制 100 盘且不超过 100m³ 时，取样不得少于一次 2. 每工作班拌制不足 100 盘时，取样不得少于一次 3. 每次连续浇筑超过 1000m³ 时，每 200m³ 取样不得少于一次 4. 每一楼层取样不得少于一次

（续）

项目	条款号	标准内容	检验方法	检查数量
一般项目	7.3.6	混凝土有耐久性指标要求时，应在施工现场随机抽取试件进行耐久性检验，其检验结果应符合国家现行有关标准的规定和设计要求	检查试件耐久性试验报告	同一配合比的混凝土，取样不应少于一次，留置试件数量应符合《普通混凝土长期性能和耐久性能试验方法标准》（GB/T 50082—2009）和《混凝土耐久性检验评定标准》（JGJ/T 193—2009）的规定
	7.3.7	混凝土有抗冻要求时，应在施工现场进行混凝土含气量检验，其检验结果应符合国家现行有关标准的规定和设计要求	检查混凝土含气量检验报告	同一配合比的混凝土，取样不应少于一次，取样数量应符合《普通混凝土拌合物性能试验方法标准》（GB/T 50080—2016）的规定

注：1. 检验批容量填写：主要材料的数量。
　　2. 本表出自《混凝土结构工程施工质量验收规范》（GB 50204—2015）。

4. 混凝土施工检验批质量验收标准

混凝土施工检验批的质量检验标准和检验方法详见表 4-40。

表 4-40　混凝土施工检验批的质量检验标准和检验方法

项目	条款号	标准内容	检验方法	检查数量
主控项目	7.4.1	混凝土的强度等级必须符合设计要求。用于检验混凝土强度的试件应在浇筑地点随机抽取	检查施工记录及混凝土强度试验报告	对同一配合比混凝土，取样与试件留置应符合下列规定： 1. 每拌制 100 盘且不超过 100m³ 时，取样不得少于一次 2. 每工作班拌制不足 100 盘时，取样不得少于一次 3. 连续浇筑超过 1000m³ 时，每 200m³ 取样不得少于一次 4. 每一楼层取样不得少于一次 5. 每次取样应至少留置一组试件
一般项目	7.4.2	后浇带的留设位置应符合设计要求，后浇带和施工缝的留设及处理方法应符合施工方案要求	观察	全数检查
	7.4.3	混凝土浇筑完毕后应及时进行养护，养护时间以及养护方法应符合施工方案要求	观察，检查混凝土养护记录	全数检查

注：1. 检验批容量填写：混凝土用量。
　　2. 住宅工程应依据《住宅工程质量通病控制标准》（DGJ 32/J 16—2014）对质量通病防治的内容进行检查，非住宅工程可不对本条进行验收。
　　3. 本表出自《混凝土结构工程施工质量验收规范》（GB 50204—2015）。

五、现浇结构分项工程质量检验与验收

1. 现浇结构分项工程质量验收的一般规定

（1）现浇结构质量验收应符合下列规定：

1）现浇结构质量验收应在拆模后、混凝土表面未作修整和装饰前进行，并应进行记录。

2）已经隐蔽的不可直接观察和量测的内容，可检查隐蔽工程验收记录。

3）修整或返工的结构构件或部位应有实施前后的文字及图像记录。

（2）现浇结构的外观质量缺陷应由监理单位、施工单位等各方根据其对结构性能和使用功能影响的严重程度按表 4-41 确定。

表 4-41　现浇结构外观质量缺陷

名称	现象	严重缺陷	一般缺陷
露筋	构件内钢筋未被混凝土包裹而外露	纵向受力钢筋有露筋	其他钢筋有少量露筋
蜂窝	混凝土表面缺少水泥砂浆而形成石子外露	构件主要受力部位有蜂窝	其他部位有少量蜂窝
孔洞	混凝土中孔穴深度和长度均超过保护层厚度	构件主要受力部位有孔洞	其他部位有少量孔洞
夹渣	混凝土中夹有杂物且深度超过保护层厚度	构件主要受力部位有夹渣	其他部位有少量夹渣
疏松	混凝土中局部不密实	构件主要受力部位有疏松	其他部位有少量疏松
裂缝	裂缝从混凝土表面延伸至混凝土内部	构件主要受力部位有影响结构性能或使用功能的裂缝	其他部位有少量不影响结构性能或使用功能的裂缝
连接部位缺陷	构件连接处混凝土有缺陷或连接钢筋、连接件松动	连接部位有影响结构传力性能的缺陷	连接部位有基本不影响结构传力性能的缺陷
外形缺陷	缺棱掉角、棱角不直、翘曲不平、飞边凸肋等	清水混凝土构件有影响使用功能或装饰效果的外形缺陷	其他混凝土构件有不影响使用功能的外形缺陷
外表缺陷	构件表面麻面、掉皮、起砂、沾污等	具有重要装饰效果的清水混凝土构件有外表缺陷	其他混凝土构件有不影响使用功能的外表缺陷

2. 外观质量检验批质量验收标准

外观质量检验批的质量检验标准和检验方法详见表 4-42。

表 4-42　外观质量检验批的质量检验标准和检验方法

项目	条款号	标准内容	检验方法	检查数量
主控项目	8.2.1	现浇结构的外观质量不应有严重缺陷 　　对已经出现的严重缺陷，应由施工单位提出技术处理方案，并经监理单位认可后进行处理；对裂缝、连接部位出现的严重缺陷及其他影响结构安全的严重缺陷，技术处理方案尚应经设计单位认可。对经处理的部位应重新验收	观察，检查处理记录	全数检查
一般项目	8.2.2	现浇结构的外观质量不宜有一般缺陷 　　对已经出现的一般缺陷，应由施工单位按技术处理方案进行处理，对经处理的部位应重新验收	观察，检查处理记录	全数检查

注：1. 检验批容量填写：结构构件数量。
　　2."最小 / 实际抽样数量"栏中，最小抽样数量填写构件的数量；实际抽样数量填写实际检查的数量。
　　3. 本表出自《混凝土结构工程施工质量验收规范》(GB 50204—2015)。

3. 位置和尺寸偏差检验批质量验收标准

位置和尺寸偏差检验批的质量检验标准和检验方法详见表 4-43。

表 4-43 位置和尺寸偏差检验批的质量检验标准和检验方法

项目	条款号	标准内容	检验方法	检查数量
主控项目	8.3.1	现浇结构不应有影响结构性能或使用功能的尺寸偏差 对超过尺寸允许偏差且影响结构性能和安装、使用功能的部位,应由施工单位提出技术处理方案,经监理单位、设计单位认可后进行处理。对经处理的部位应重新验收	量测,检查处理记录	全数检查
一般项目	8.3.2	现浇结构的位置、尺寸偏差及检验方法应符合《混凝土结构工程施工质量验收规范》(GB 50204—2015)表 8.3.2 的规定	—	按楼层、结构缝或施工段划分检验批。在同一检验批内,对梁、柱和独立基础,应抽查构件数量的 10%,且不应少于 3 件;对墙和板,应按有代表性的自然间抽查 10%,且不应少于 3 间;对大空间结构,墙可按相邻轴线间高度 5m 左右划分检查面,板可按纵、横轴线划分检查面,抽查 10%,且均不应少于 3 面;对电梯井,应全数检查

注:1. 检验批容量填写:结构构件数量。检查轴线、中心线位置时,沿纵、横两个方向测量,并取其中偏差的较大值。

2. "最小/实际抽样数量"栏中,最小抽样数量按《混凝土结构工程施工质量验收规范》(GB 50204—2015)条款中规定的检查数量填写;实际抽样数量填写实际检查的数量。

3. 住宅工程应依据《住宅工程质量通病控制标准》(DGJ32/J 16—2014)对质量通病防治的内容进行检查,非住宅工程可不对本条进行验收。

4. 本表出自《混凝土结构工程施工质量验收规范》(GB 50204—2015)。

4. 混凝土设备基础位置和尺寸偏差检验批质量验收标准

混凝土设备基础位置和尺寸偏差检验批的质量检验标准和检验方法详见表 4-44。

表 4-44 混凝土设备基础位置和尺寸偏差检验批的质量检验标准和检验方法

项目	条款号	标准内容	检验方法	检查数量
主控项目	8.3.1	混凝土设备基础不应有影响结构性能和设备安装的尺寸偏差。对超过尺寸允许偏差且影响结构性能和安装、使用功能的部位,应由施工单位提出技术处理方案,经监理单位、设计单位认可后进行处理。对经处理的部位应重新验收	量测,检查处理记录	全数检查
一般项目	8.3.3	现浇设备基础的位置和尺寸应符合设计和设备安装的要求。其位置和尺寸偏差及检验方法应符合《混凝土结构工程施工质量验收规范》(GB 50204—2015)表 8.3.3 的规定	—	全数检查

注:1. 检验批容量填写:设备基础的数量。检查轴线、中心线位置时,沿纵、横两个方向测量,并取其中偏差的较大值。

2. "最小/实际抽样数量"栏中,最少抽样数量填写设备基础的数量;实际抽样数量填写实际检查的数量。

3. 本表出自《混凝土结构工程施工质量验收规范》(GB 50204—2015)。

六、混凝土结构子分部工程质量验收

混凝土结构尽管体形庞大,构造复杂,在建筑工程施工工程量中占有很大的比例,但在整个施工质量验收体系中只是一个子分部工程,它与砌体结构、钢结构、木结构等并列,从属于主体结构分部工程。

《混凝土结构工程施工质量验收规范》(GB 50204—2015)规定,混凝土结构子分部工程的质量验收,应在钢筋、预应力、混凝土、现浇结构或装配式结构等相关分项工程验收合格的基础上,进行质量控制资料检查、观感质量验收及《混凝土结构工程施工质量验收规范》(GB 50204—2015)第10.1节规定的结构实体检验。下面分别介绍4个验收条件的合格要求。

1. 混凝土子分部工程所含分项工程的验收

根据《建筑工程施工质量验收统一标准》(GB 50300—2013)建立起来的施工质量检验体系分为4个层次:检验批、分项工程、分部工程(子分部工程)、单位工程(子单位工程)。其中,只有检验批的验收才是面对实际建筑工程施工质量的直接检查行为,其余几个层次的检验都是归纳汇总性的检验,即主要是通过对下一层次检验资料的汇总、检查、复核实现的。

混凝土子分部工程中的具体某一检验批和分项工程的验收在这里不再介绍,可参阅前面有关内容。这里的"分项工程的验收"指的是混凝土子分部工程所含分项工程合格之后对该子分部工程所含的所有分项工程的汇总验收。

对于混凝土结构子分部工程而言,也是通过对有关分项工程检验结果的汇总、检查、复核进行验收的。混凝土结构子分部工程的分项工程共有6个:模板、钢筋、预应力、混凝土,属于施工工艺类型;现浇结构、装配式结构,属于结构综合类型。但是,对于具体的混凝土结构工程,并不是每个分项工程都会包括在内的,不一定6个分项工程都要检查,只要检查与实际工程有关的分项工程就可以了。例如,对普通的钢筋混凝土结构,预应力分项工程就不一定检验;对现浇混凝土结构,装配式结构分项工程就不一定检验。

更多的实际工程是混合型的。例如,结构主体的框架是现浇非预应力结构,而一部分楼盖则是现浇后张法(无粘结)预应力结构,另一部分楼盖及屋盖则可能是装配式结构(或叠合结构)。这时,该工程包括的分项工程就较多,有钢筋、预应力、混凝土、现浇结构、装配式结构等分项工程。

不管哪一个分项工程,其验收都是对分项工程检验批的汇总和有关资料的核查。具体某一分项工程检验批的质量验收内容可参见前面有关内容。若包括的分项工程检验批全部合格,且资料完整,该分项工程就合格。混凝土结构子分部工程所包含的分项工程都通过验收而合格,只是子分部工程通过验收的前提,而并非通过验收的全部条件。

需要强调的是,由于模板工程属于混凝土结构构件成型的工具,在拆模后不再存在于结构构件中,且结构实体外观质量、尺寸偏差等项目的检验已经综合反映了模板工程的质量,因此模板分项工程可不参加混凝土结构子分部工程质量的验收。

2. 结构实体检验

(1)结构实体检验的一般规定:

1)对涉及混凝土结构安全的重要部位应进行结构实体检验。结构实体检验应在监理工程师(建设单位项目专业技术负责人)见证下,由施工项目技术负责人组织实施。承担结构试验的实验室应具有相应的资质。

2）结构实体检验的内容应包括混凝土强度、钢筋保护层厚度以及工程合同约定的项目，必要时可检验其他项目。

3）对混凝土强度的检验，应以在混凝土浇筑地点制备并与结构实体同条件养护的试件强度为依据。混凝土强度检验用同条件养护试件的留置、养护和强度代表值应符合《混凝土结构工程施工质量验收规范》（GB 50204—2015）的规定。

对混凝土强度的检验，也可根据合同的约定，采用非破损或局部破损的检测方法，按国家现行有关标准的规定进行。

4）当同条件养护试件强度的检验结果符合《混凝土强度检验评定标准》（GB/T 50107—2010）的有关规定时，混凝土强度应判为合格。

5）对钢筋保护层厚度的检验，抽样数量、检验方法、允许偏差和合格条件应符合《混凝土结构工程施工质量验收规范》（GB 50204—2015）的规定。

6）当未能取得同条件养护试件强度、同条件养护试件强度被判为不合格或钢筋保护层厚度不满足要求时，应委托具有相应资质等级的检测机构按国家有关标准的规定进行检测。

根据《建筑工程施工质量验收统一标准》（GB 50300—2013）的规定，在子分部工程验收前应进行结构实体检验。检验的范围仅限于涉及安全的柱、墙、梁等结构构件的重要部位。结构实体检验采用由各方参与的见证抽样形式，以保证检验结果的公正性。

对结构实体进行检验，并不是在子分部工程验收前的重新检验，而是在相应分项工程验收合格、过程控制使质量得到保证的基础上，对重要项目进行的复核性检查，其目的是为了强化混凝土结构的施工质量验收，真实地反映混凝土强度及受力钢筋位置等质量指标，确保结构安全。

为了使实体检验不过多地增加施工单位和监理（建设）单位的负担，规范严格控制了检测的数量。一般情况下可以在监理（建设）单位及施工单位各方在场的情况下见证取样，由施工单位实施。

承担试验任务的实验室可为企业实验室，但应有相应的资质，以保证检测结果的准确性。当未留置同条件养护试件或强度不合格、钢筋保护层不合格时，应委托具有相应资质的检测机构检测。

考虑到目前的检测手段，并为了控制检验工作量，结构实体检验仅对重要结构构件的混凝土强度、钢筋保护层厚度两个项目进行。这两项内容都是对结构的承载力和结构性能有重大影响的项目。当然，如果合同有约定时，则可增加其他检测项目。同时，检测的方法、数量、系数、合格条件、经费等也一并由合同约定。应注意的是，其质量要求不得低于规范的规定。

（2）结构实体混凝土强度的检验。混凝土结构中的混凝土强度，除按标准养护试块的强度检查验收外，在子分部工程验收前，又增加了作为实体检验的结构混凝土强度检验。因为标准养护下的混凝土与实际结构中的混凝土，除组成成分相同以外，成型工艺、养护条件（温度、湿度、承载龄期等）都有很大差别，因此两者之间可能存在较大差异。因此，增加这一层次的检验对控制工程质量是必要的。

结构实体混凝土同条件养护试件强度检验按《混凝土结构工程施工质量验收规范》(GB 50204—2015)附录C的规定执行。

(3)钢筋保护层厚度检验。钢筋的混凝土保护层厚度对其粘结锚固性能及结构的耐久性和承载能力都有重大影响。特别是受力钢筋的移位,往往因减小内力臂而严重削弱构件的承载能力。在我国,施工时将构件上部的负弯矩受力钢筋踩下而引起的质量事故屡屡发生,轻则表现为板边或板角裂缝,重则发生悬臂构件的倾覆、折断事故。因此,对上述结构中的钢筋保护层厚度进行实体检验是保证结构安全所必需的。

结构实体钢筋保护层厚度检验按《混凝土结构工程施工质量验收规范》(GB 50204—2015)附录E的规定执行。

(4)结构实体钢筋保护层厚度验收合格应符合下列规定:

1)当全部保护层厚度检验的合格点率为90%及以上时,钢筋保护层厚度的检验结果应判为合格。

2)当全部钢筋保护层厚度检验的合格点率小于90%但不小于80%,可再抽取相同数量的构件进行检验;当按两次抽样总和计算的合格点率为90%及以上时,钢筋保护层厚度的检验结果仍应判为合格。

3)每次抽样检验结果中不合格点的最大偏差均不应大于《混凝土结构工程施工质量验收规范》(GB 50204—2015)附录E.0.4条规定允许偏差的1.5倍。

3. 质量控制资料的核查

混凝土结构子分部工程施工质量验收时,应提供下列文件和记录,并进行核查:

(1)设计变更文件。

(2)原材料质量证明文件和抽样检验报告。

(3)预拌混凝土的质量证明文件。

(4)混凝土、灌浆料试件的性能检验报告。

(5)钢筋接头的试验报告。

(6)预制构件的质量证明文件和安装验收记录。

(7)预应力筋用锚具、连接器的质量证明文件和抽样检验报告。

(8)预应力筋安装、张拉的检验记录。

(9)钢筋套筒灌浆连接及预应力孔道灌浆记录。

(10)隐蔽工程验收记录。

(11)混凝土工程施工记录。

(12)混凝土试件的试验报告。

(13)分项工程验收记录。

(14)结构实体检验记录。

(15)工程重大质量问题的处理方案和验收记录。

(16)其他必要的文件和记录。

4. 观感质量验收

观感质量检验的方法是由参加验收的各方人员（施工、设计、监理等单位）巡视已经完工的混凝土结构工程，用肉眼观察，用手触摸并辅以少量的量测（有分歧意见或难以判断的局部区域、项目），通过协商、讨论进行验收。

由于已经通过检验批及分项工程两个层次的检查验收，一般到子分部工程验收前，明显的质量缺陷已基本消除。即使有少量的在前几次检验中遗漏的一般缺陷，也多属常规性的质量通病，可以用施工技术方案中既定的方法加以判断和处理。除非是有特殊的严重缺陷，必须进行非正常验收的情况，一般均可通过验收。

通过各方的协商讨论，观感质量检查结果一般情况下能通过验收。即使质量确实很差，通常也不直接给出"不合格"的结论，而是暂不验收，责令施工单位采取有效的针对性措施，及时进行修补、整改，然后再次检查验收。观感质量检查只涉及混凝土结构的外观质量及较明显的尺寸偏差，而且是在大多数结构或表面已被掩盖的情况下进行的检查，可供检查的表面很有限。因此，观感质量验收只是一种复核性的抽查，主要依靠人为的主观的定性判断来实现验收。

混凝土结构子分部工程通过上述 4 个方面的验收，则该子分部工程通过验收。

4.3.3 砌体结构子分部工程施工质量检验与验收

一、砌体结构子分部工程质量检验与验收基本规定

1.《砌体结构工程施工质量验收规范》（GB 50203—2011）的一般规定

砌体结构工程所用的材料应有产品合格证书、产品性能型式检验报告，质量应符合国家现行有关标准的要求。块体、水泥、钢筋、外加剂尚应有材料主要性能的进场复验报告，并应符合设计要求。严禁使用国家明令淘汰的材料。

砌体结构工程施工前，应编制砌体结构工程施工方案。

砌体结构的标高、轴线，应引自基准控制点。

砌筑基础前，应校核放线尺寸，允许偏差应符合表 4-45 的规定。

表 4-45 放线尺寸的允许偏差

长度 L、宽度 B/m	允许偏差 /mm	长度 L、宽度 B/m	允许偏差 /mm
L（或 B）≤ 30	±5	60<L（或 B）≤ 90	±15
30<L（或 B）≤ 60	±10	L（或 B）>90	±20

伸缩缝、沉降缝、防震缝中的模板应拆除干净，不得夹有砂浆、块体及碎渣等杂物。

砌筑顺序应符合下列规定：

（1）基底标高不同时，应从低处砌起，并应由高处向低处搭砌。当设计无要求时，搭接长度 L 不应小于基础底的高差 H，搭接长度范围内下层基础应扩大砌筑（图 4-7）。

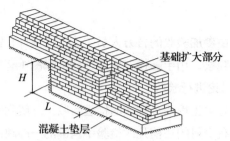

图 4-7　基底标高不同时的搭砌示意（条形基础）

（2）砌体的转角处和交接处应同时砌筑，当不能同时砌筑时，应按规定留槎、接槎。

砌筑墙体应设置皮数杆。

在墙上留置临时施工洞口时，其侧边离交接处墙面不应小于 500mm，洞口净宽不应超过 1m。抗震设防烈度为 9 度地区建筑物的临时施工洞口位置，应会同设计单位确定。临时施工洞口应做好补砌。

不得在下列墙体或部位设置脚手眼：

（1）120mm 厚墙、清水墙、料石墙、独立柱和附墙柱。

（2）过梁上与过梁呈 60°角的三角形范围及过梁净跨度 1/2 的高度范围内。

（3）宽度小于 1m 的窗间墙。

（4）门窗洞口两侧石砌体 300mm，其他砌体 200mm 范围内；转角处石砌体 600mm，其他砌体 450mm 范围内。

（5）梁或梁垫下及其左右 500mm 范围内。

（6）设计不允许设置脚手眼的部位。

（7）轻质墙体。

（8）夹心复合墙外叶墙。

脚手眼补砌时，应清除脚手眼内掉落的砂浆、灰尘；脚手眼处砖及填塞用砖应湿润，并应填实砂浆。

设计要求的洞口、沟槽、管道应于砌筑时正确留出或预埋，未经设计同意，不得打凿墙体和在墙体上开凿水平沟槽。宽度超过 300mm 的洞口上部，应设置钢筋混凝土过梁。不应在截面长边小于 500mm 的承重墙体、独立柱内埋设管线。

尚未施工楼面或屋面的墙或柱，其抗风允许自由高度不得超过表 4-46 的规定。如超过表中限值时，必须采用临时支撑等有效措施。

表 4-46　墙和柱抗风允许自由高度　　　　　　　　　　　　　　　（单位：m）

墙（柱）厚/mm	砌体密度 >1600kg/m³			砌体密度 1300~1600kg/m³		
	风载/（kN/m²）			风载/（kN/m²）		
	0.3（约7级风）	0.4（约8级风）	0.5（约9级风）	0.3（约7级风）	0.4（约8级风）	0.5（约9级风）
190	—	—	—	1.4	1.1	0.7
240	2.8	2.1	1.4	2.2	1.7	1.1

(续)

墙（柱）厚/mm	砌体密度 >1600kg/m³			砌体密度 1300~1600kg/m³		
	风载/（kN/m²）			风载/（kN/m²）		
	0.3（约7级风）	0.4（约8级风）	0.5（约9级风）	0.3（约7级风）	0.4（约8级风）	0.5（约9级风）
370	5.2	3.9	2.6	4.2	3.2	2.1
490	8.6	6.5	4.3	7.0	5.2	3.5
620	14.0	10.5	7.0	11.4	8.6	5.7

注：1. 本表适用于施工处相对标高 H 在 10m 范围的情况。如 10m<H≤15m，15m<H≤20m 时，表中的允许自由高度应分别乘以 0.9、0.8 的系数；如 H>20m 时，应通过抗倾覆验算确定其允许自由高度。
2. 当所砌筑的墙有横墙或其他结构与其连接，而且间距小于表中相应墙、柱的允许自由高度的 2 倍时，砌筑高度可不受本表的限制。
3. 当砌体密度小于 1300kg/m³ 时，墙和柱的允许自由高度应另行验算确定。

砌筑完基础或每一楼层后，应校核砌体的轴线和标高。在允许偏差范围内，轴线偏差可在基础顶面或楼面上校正，标高偏差宜通过调整上部砌体灰缝厚度校正。

搁置预制梁、板的砌体顶面应平整、标高一致。

砌体施工质量控制等级分为三级，并应按表 4-47 划分。

表 4-47 砌体施工质量控制等级

项目	施工质量控制等级		
	A	B	C
现场质量管理	监督检查制度健全，并严格执行；施工方有在岗专业技术管理人员，人员齐全，并持证上岗	监督检查制度基本健全，并能执行；施工方有在岗专业技术管理人员，人员齐全，并持证上岗	有监督检查制度；施工方有在岗专业技术管理人员
砂浆、混凝土强度	试块按规定制作，强度满足验收规定，离散性小	试块按规定制作，强度满足验收规定，离散性较小	试块按规定制作，强度满足验收规定，离散性大
砂浆拌和	机械拌和，配合比计量控制严格	机械拌和，配合比计量控制一般	机械或人工拌和，配合比计量控制较差
砌筑工人	中级工以上；其中高级工不少于 30%	高、中级工不少于 70%	初级工以上

注：1. 砂浆、混凝土强度离散性大小根据强度标准差确定。
2. 配筋砌体不得为 C 级施工。

砌体结构中钢筋（包括夹芯复合墙内外叶墙间的拉结件或钢筋）的防腐，应符合设计规定。

雨天不宜在露天砌筑墙体，对下雨当日砌筑的墙体应进行遮盖。继续施工时，应复核墙体的垂直度，如果垂直度超过允许偏差，应拆除重新砌筑。

砌体施工时，楼面和屋面堆载不得超过楼板的允许荷载值。当施工层进料口处施工荷载较大时，楼板下宜采取临时支撑措施。

正常施工条件下，砖砌体、小砌块砌体每日砌筑高度宜控制在 1.5m 或一步脚手架高度内；

石砌体不宜超过1.2m。

砌体结构工程检验批的划分应同时符合下列规定：

（1）所用材料类型及同类型材料的强度等级相同。

（2）不超过250m³砌体。

（3）主体结构砌体为一个楼层（基础砌体可按一个楼层计）；填充墙砌体量少时可多个楼层合并。

砌体结构工程检验批验收时，其主控项目应全部符合《砌体结构工程施工质量验收规范》（GB 50203—2011）的规定；一般项目应有80%及以上的抽检处符合《砌体结构工程施工质量验收规范》（GB 50203—2011）的规定；有允许偏差的项目，最大超差值为允许偏差值的1.5倍。

砌体结构分项工程中检验批抽检时，各抽检项目的样本最小容量除有特殊要求外，按不应小于5确定。

在墙体砌筑过程中，当砌筑砂浆初凝后，块体被撞动或需移动时，应将砂浆清除后再铺砂浆砌筑。

分项工程检验批质量验收可按4.2.2节的记录表填写。

2. 砌筑砂浆分项工程质量验收的一般规定

水泥使用应符合下列规定：

（1）水泥进场时应对其品种、等级、包装或散装仓号、出厂日期等进行检查，并应对其强度、安定性进行复验，其质量必须符合《通用硅酸盐水泥》（GB 175—2023）的有关规定。

（2）当在使用中对水泥质量有怀疑或水泥出厂超过3个月（快硬硅酸盐水泥超过1个月）时，应复查试验，并按复验结果使用。

（3）不同品种的水泥，不得混合使用。

抽检数量：按同一生产厂家、同品种、同等级、同批号连续进场的水泥，袋装水泥不超过200t为一批，散装水泥不超过500t为一批，每批抽样不少于一次。

检验方法：检查产品合格证、出厂检验报告和进场复验报告。

砂浆用砂宜采用过筛中砂，并应满足下列要求：

（1）不应混有草根、树叶、树枝、塑料、煤块、炉渣等杂物。

（2）砂中泥含量、泥块含量、石粉含量、云母含量、轻物质含量、有机物含量、硫化物含量、硫酸盐含量及氯盐含量（配筋砌体砌筑用砂）等应符合《普通混凝土用砂、石质量及检验方法标准》（JGJ 52—2006）的有关规定。

（3）人工砂、山砂及特细砂，应经试配能满足砌筑砂浆技术条件要求。

水泥混合砂浆的粉煤灰、建筑生石灰、建筑生石灰粉及石灰膏应符合下列规定：

（1）粉煤灰、建筑生石灰、建筑生石灰粉的品质指标应符合现行行业标准的有关规定。

（2）建筑生石灰、建筑生石灰粉熟化为石灰膏，其熟化时间分别不得少于7d和2d；沉淀池中储存的石灰膏，应防止干燥、冻结和污染，严禁采用脱水硬化的石灰膏；建筑生石灰粉、消石灰粉不得替代石灰膏配制水泥石灰砂浆。

（3）石灰膏的用量，应按稠度120mm±5mm计量，现场施工中石灰膏不同稠度的换算系数，可按表4-48确定。

表4-48　石灰膏不同稠度的换算系数

稠度/mm	120	110	100	90	80	70	60	50	40	30
换算系数	1.00	0.99	0.97	0.95	0.93	0.92	0.90	0.88	0.87	0.86

拌制砂浆用水的水质，应符合《混凝土用水标准》（JGJ 63—2006）的有关规定。

砌筑砂浆应进行配合比设计。当砌筑砂浆的组成材料有变更时，其配合比应重新确定。砌筑砂浆的稠度宜按表4-49的规定采用。

表4-49　砌筑砂浆的稠度

砌体种类	砂浆稠度/mm
烧结普通砖砌体 蒸压粉煤灰砖砌体	70~90
混凝土实心砖、混凝土多孔砖砌体 普通混凝土小型空心砌块砌体 蒸压灰砂砖砌体	50~70
烧结多孔砖、空心砖砌体 轻集料小型空心砌块砌体 蒸压加气混凝土砌块砌体	60~80
石砌体	30~50

注：1. 采用薄灰砌筑法砌筑蒸压加气混凝土砌块砌体时，加气混凝土粘结砂浆的加水量按照其产品说明书控制。
　　2. 当砌筑其他块体时，其砌筑砂浆的稠度可根据块体吸水特性及气候条件确定。

施工中不应采用强度等级小于M5的水泥砂浆替代同强度等级的水泥混合砂浆，如需替代，应将水泥砂浆提高一个强度等级。

在砂浆中掺入的砌筑砂浆增塑剂、早强剂、缓凝剂、防冻剂、防水剂等砂浆外加剂，其品种和用量应经有资质的检测单位检验和试配确定。所用外加剂的技术性能应符合《砌筑砂浆增塑剂》（JG/T 164—2004）、《混凝土外加剂》（GB 8076—2008）、《砂浆、混凝土防水剂》（JC/T 474—2008）的质量要求。

配制砌筑砂浆时，各组分材料应采用质量计量，水泥及各种外加剂配料的允许偏差为±2%；砂、粉煤灰、石灰膏等配料的允许偏差为±5%。

砌筑砂浆应采用机械搅拌，搅拌时间自投料完起算应符合下列规定：

（1）水泥砂浆和水泥混合砂浆不得少于120s。

（2）水泥粉煤灰砂浆和掺用外加剂的砂浆不得少于180s。

（3）掺增塑剂的砂浆，其搅拌方式、搅拌时间应符合《砌筑砂浆增塑剂》（JG/T 164—2004）的有关规定。

（4）干混砂浆及加气混凝土砌块专用砂浆宜按掺用外加剂的砂浆确定搅拌时间或按产品说

明书采用。

现场拌制的砂浆应随拌随用，拌制的砂浆应在 3h 内使用完毕；当施工期间最高气温超过 30℃时，应在 2h 内使用完毕。预拌砂浆及蒸压加气混凝土砌块专用砂浆的使用时间应按照厂方提供的说明书确定。

砌体结构工程使用的湿拌砂浆，除直接使用外必须储存在不吸水的专用容器内，并根据气候条件采取遮阳、保温、防雨雪等措施，砂浆在储存过程中严禁随意加水。

砌筑砂浆试块进行强度验收时，其强度合格标准应符合下列规定：

（1）同一验收批砂浆试块强度平均值应大于或等于设计强度等级值的 1.10 倍。

（2）同一验收批砂浆试块抗压强度的最小一组平均值应大于或等于设计强度等级值的 85%。

（3）砌筑砂浆的验收批，同一类型、同一强度等级的砂浆试块不应少于 3 组；同一验收批砂浆只有 1 组或 2 组试块时，每组试块抗压强度平均值应大于或等于设计强度等级值的 1.10 倍；对于建筑结构的安全等级为一级或设计使用年限为 50 年及以上的房屋，同一验收批砂浆试块的数量不得少于 3 组。

（4）砂浆强度应以标准养护 28d 龄期的试块抗压强度为准。

（5）制作砂浆试块的砂浆稠度应与配合比设计一致。

抽检数量：每一检验批且不超过 $250m^3$ 砌体的各类、各强度等级的普通砌筑砂浆，每台搅拌机应至少抽检一次。验收批的预拌砂浆、蒸压加气混凝土砌块专用砂浆，抽检可为 3 组。

检验方法：在砂浆搅拌机出料口或在湿拌砂浆的储存容器出料口随机取样制作砂浆试块（现场拌制的砂浆，同盘砂浆只做 1 组试块），试块标准养护 28d 后做强度试验。预拌砂浆中的湿拌砂浆稠度应在进场时取样检验。

当施工中或验收时出现下列情况，可采用现场检验方法对砂浆或砌体强度进行实体检测，并判定其强度：

（1）砂浆试块缺乏代表性或试块数量不足。

（2）对砂浆试块的试验结果有怀疑或有争议。

（3）砂浆试块的试验结果不能满足设计要求。

（4）发生工程事故，需要进一步分析事故原因。

二、砖砌体分项工程质量检验与验收

1. 砖砌体分项工程质量验收的一般规定

本规定适用于烧结普通砖、烧结多孔砖、混凝土多孔砖、混凝土实心砖、蒸压灰砂砖、蒸压粉煤灰砖等砌体工程。

用于清水墙、柱表面的砖，应边角整齐、色泽均匀。

砌体砌筑时，混凝土多孔砖、混凝土实心砖、蒸压灰砂砖、蒸压粉煤灰砖等块体的产品龄期不应小于 28d。

有冻胀环境和条件的地区，地面以下或防潮层以下的砌体，不应采用多孔砖。

不同品种的砖不得在同一楼层混砌。

砌筑烧结普通砖、烧结多孔砖、蒸压灰砂砖、蒸压粉煤灰砖砌体时，砖应提前1~2d适度湿润，严禁采用干砖或处于吸水饱和状态的砖砌筑，块体湿润程度宜符合下列规定：

（1）烧结类块体的相对含水率为60%~70%。

（2）混凝土多孔砖及混凝土实心砖不需浇水湿润，但在气候干燥炎热的情况下，宜在砌筑前对其喷水湿润。其他非烧结类块体的相对含水率为40%~50%。

采用铺浆法砌筑砌体时，铺浆长度不得超过750mm；当施工期间气温超过30℃时，铺浆长度不得超过500mm。

240mm厚承重墙的每层墙的最上一皮砖，砖砌体的阶台水平面上及挑出层的外皮砖，应整砖丁砌。

弧拱式及平拱式过梁的灰缝应砌成楔形缝，拱底灰缝宽度不宜小于5mm，拱顶灰缝宽度不应大于15mm，拱体的纵向及横向灰缝应填实砂浆；平拱式过梁拱脚下面应伸入墙内不小于20mm；砖砌平拱过梁底应有1%的起拱。

砖过梁底部的模板及其支架拆除时，灰缝砂浆强度不应低于设计强度的75%。

多孔砖的孔洞应垂直于受压面砌筑。半盲孔多孔砖的封底面应朝上砌筑。

竖向灰缝不应出现瞎缝、透明缝和假缝。

砖砌体施工临时间断处补砌时，必须将接槎处表面清理干净、洒水湿润，并填实砂浆，应保持灰缝平直。

夹芯复合墙的砌筑应符合下列规定：

（1）墙体砌筑时，应采取措施防止空腔内掉落砂浆和杂物。

（2）拉结件设置应符合设计要求，拉结件在叶墙上的搁置长度不应小于叶墙厚度的2/3，并不应小于60mm。

（3）保温材料品种及性能应符合设计要求。保温材料的浇注压力不应对砌体强度、变形及外观质量产生不良影响。

《住宅工程质量通病控制标准》（DGJ32/J 16—2014）对砖砌体分项检验批的材料质量有更加严格的规定：

（1）砌筑砂浆应采用中、粗砂，严禁使用山砂、石（屑）粉和海砂。

（2）砌筑砂浆宜优先使用预拌砂浆，预拌砂浆的性能应满足设计和现行标准相关规定。加气混凝土、混凝土小型空心砌块等砌筑砂浆宜使用专用砂浆。

（3）蒸压灰砂砖、粉煤灰砖、加气混凝土砌块的出釜停放期不应小于28d，不宜小于45d；混凝土小型空心砌块的龄期不应小于28d。

（4）石膏砌块在满足《石膏砌块》（JC/T 698—2010）要求的同时，还应满足以下要求：含水率不大于8%，软化系数不小于0.6，潮湿环境不小于0.90，断裂荷载不小于5.0kN。

2. 砖砌体分项检验批质量验收标准

砖砌体分项检验批的质量检验标准和检验方法详见表4-50。

表 4-50 砖砌体分项检验批的质量检验标准和检验方法

项目	条款号	标准内容		检验方法	检查数量
主控项目	5.2.1	砖强度等级	符合设计要求	检查砖和砂浆试块试验报告	每一生产厂家,烧结普通砖、混凝土实心砖每15万块,烧结多孔砖、混凝土多孔砖、蒸压灰砂砖及蒸压粉煤灰砖每10万块各为一个验收批,不足上述数量时按1批计,抽检数量为1组。砂浆试块的抽检数量执行《砌体结构工程施工质量验收规范》(GB 50203—2011)第4.0.12条的规定
		砂浆强度等级	符合设计要求		
	5.2.2	砂浆饱满度	≥80%(墙)	用百格网检查砖底面与砂浆的粘结痕迹面积,每处检测3块砖,取其平均值	每检验批抽查不应少于5处
			≥90%(柱)		
	5.2.3	斜槎留置	砖砌体的转角处和交接处应同时砌筑,严禁无可靠措施的内外墙分砌施工。在抗震设防烈度为8度及8度以上地区,对不能同时砌筑而又必须留置的临时间断处应砌成斜槎,普通砖砌体斜槎水平投影长度不应小于高度的2/3,多孔砖砌体的斜槎长高比不应小于1/2。斜槎高度不得超过一步脚手架的高度		观察检查	每检验批抽查不应少于5处
		转角处、交接处			
	5.2.4	直槎拉结钢筋及接槎处理	非抗震设防及抗震设防烈度为6度、7度地区的临时间断处,当不能留斜槎时,除转角处外,可留直槎,但直槎必须做成凸槎,且应加设拉结钢筋,拉结钢筋应符合下列规定: 1. 每120mm墙厚放置1φ6拉结钢筋(120mm厚墙应放置2φ6拉结钢筋) 2. 间距沿墙高不应超过500mm,且竖向间距偏差不应超过100mm 3. 埋入长度从留槎处算起每边均不应小于500mm,对抗震设防烈度6度、7度的地区,不应小于1000mm 4. 末端应有90°弯钩		观察和尺量检查	每检验批抽查不应少于5处
一般项目	5.3.1	组砌方法	砖砌体组砌方法应正确,内外搭砌,上、下错缝。清水墙、窗间墙无通缝;混水墙中不得有长度大于300mm的通缝,长度200~300mm的通缝每间不超过3处,且不得位于同一面墙上。砖柱不得采用包心砌法		观察检查。砌体组砌方法抽检每处应为3~5m	每检验批抽查不应少于5处
	5.3.2	水平灰缝厚度	砖砌体的灰缝应横平竖直、厚薄均匀,水平灰缝厚度及竖向灰缝宽度宜为10mm,但不应小于8mm,也不应大于12mm		水平灰缝厚度用尺量10皮砖砌体高度折算;竖向灰缝宽度用尺量2m砌体长度折算	每检验批抽查不应少于5处
		竖向灰缝宽度			
	5.3.3	砖砌体尺寸、位置的允许偏差及检验应符合《砌体结构工程施工质量验收规范》(GB 50203—2011)表5.3.3的规定		—	—

注:1. 检验批容量填写:不填写。
  2. "最小/实际抽样数量"栏中,最小抽样数量填写5。
  3. 本表出自《砌体结构工程施工质量验收规范》(GB 50203—2011)。

三、混凝土小型空心砌块砌体分项工程质量检验与验收

1. 混凝土小型空心砌块砌体分项工程质量验收的一般规定

本规定适用于普通混凝土小型空心砌块和轻集料混凝土小型空心砌块（以下简称小砌块）等砌体工程。

施工前，应按房屋设计图编绘小砌块平、立面排块图，施工中应按排块图施工。

施工采用的小砌块的产品龄期不应小于28d。

砌筑小砌块时，应清除表面污物，剔除外观质量不合格的小砌块。

砌筑小砌块砌体，宜选用专用小砌块砌筑砂浆。

底层室内地面以下或防潮层以下的砌体，应采用强度等级不低于C20（或Cb20）的混凝土灌实小砌块的孔洞。

砌筑普通混凝土小型空心砌块砌体，不需对小砌块浇水湿润，如遇天气干燥炎热，宜在砌筑前对其喷水湿润；对小砌块，应提前浇水湿润，块体的相对含水率宜为40%~50%。雨天及小砌块表面有浮水时，不得施工。

承重墙体使用的小砌块应完整、无破损、无裂缝。

小砌块墙体应孔对孔、肋对肋错缝搭砌。单排孔小砌块的搭接长度应为块体长度的1/2；多排孔小砌块的搭接长度可适当调整，但不宜小于小砌块长度的1/3，且不应小于90mm。墙体的个别部位不能满足上述要求时，应在灰缝中设置拉结钢筋或钢筋网片，但竖向通缝仍不得超过两皮小砌块。

小砌块应将生产时的底面朝上反砌于墙上。

小砌块墙体宜逐块坐（铺）浆砌筑。

在散热器、厨房和卫生间等设备的卡具安装处砌筑的小砌块，宜在施工前用强度等级不低于C20（或Cb20）的混凝土将其孔洞灌实。

每步架墙（柱）砌筑完后，应随即刮平墙体灰缝。

芯柱处小砌块墙体砌筑应符合下列规定：

（1）每一楼层芯柱处第一皮砌块应采用开口小砌块。

（2）砌筑时应随砌随清除小砌块孔内的毛边，并将灰缝中挤出的砂浆刮净。

芯柱混凝土宜选用专用小砌块灌孔混凝土，浇筑芯柱混凝土应符合下列规定：

（1）每次连续浇筑的高度宜为半个楼层，但不应大于1.8m。

（2）浇筑芯柱混凝土时，砌筑砂浆强度应大于1MPa。

（3）清除孔内掉落的砂浆等杂物，并用水冲淋孔壁。

（4）浇筑芯柱混凝土前，应先注入适量的与芯柱混凝土成分相同的去石砂浆。

（5）每浇筑400~500mm高度捣实一次，或边浇筑边捣实。

小砌块复合夹芯墙的砌筑应符合规范的规定。

2. 混凝土小型空心砌块砌体分项检验批质量验收标准

混凝土小型空心砌块砌体分项检验批的质量检验标准和检验方法详见表4-51。

表 4-51 混凝土小型空心砌块砌体分项检验批的质量检验标准和检验方法

项目	条款号	标准内容		检验方法	检查数量
主控项目	6.2.1	小砌块强度等级	符合设计要求	检查小砌块、砂浆试块、混凝土试块试验报告	每一生产厂家,每1万块小砌块为一个验收批,不足1万块按一批计,抽检数量为1组;用于多层以上建筑的基础和底层的小砌块抽检数量不应少于2组。砂浆试块的抽检数量执行《砌体结构工程施工质量验收规范》(GB 50203—2011)第4.0.12条的有关规定
		砂浆强度等级	符合设计要求		
		混凝土强度等级	符合设计要求		
	6.2.2	水平灰缝饱和度	≥90%	用专用百格网检测小砌块与砂浆的粘结痕迹,每处检测3块小砌块,取其平均值	每检验批抽查不应少于5处
		竖向灰缝饱和度	≥90%		
	6.2.3	转角处、交接处	墙体转角处和纵横交接处应同时砌筑。临时间断处应砌成斜槎,斜槎水平投影长度不应小于斜槎高度。施工洞口可预留直槎,但在洞口砌筑和补砌时,应在直槎上下搭砌的小砌块孔洞内用强度等级不低于C20(或Cb20)的混凝土灌实	观察检查	每检验批抽查不应少于5处
		斜槎留置			
		施工洞口砌法			
	6.2.4	芯柱贯通楼盖	小砌块砌体的芯柱在楼盖处应贯通,不得削弱芯柱截面尺寸;芯柱混凝土不得漏灌	观察检查	每检验批抽查不应少于5处
		芯柱混凝土灌实			
一般项目	6.3.1	水平灰缝厚度	砌体的水平灰缝厚度和竖向灰缝厚度宜为10mm,但不应小于8mm,也不应大于12mm	水平灰缝厚度用尺量5皮小砌块的高度折算;竖向灰缝宽度用尺量2m砌体长度折算。	每检验批抽查不应少于5处
		竖向灰缝宽度			
	6.3.2	—	小砌块砌体尺寸、位置的允许偏差应按《砌体结构工程施工质量验收规范》(GB 50203—2011)第5.3.3条的规定执行	—	—

注:1. "最小/实际抽样数量"栏中,最小抽样数量填写5。
　　2. 本表出自《砌体结构工程施工质量验收规范》(GB 50203—2011)。

四、填充墙砌体分项工程质量检验与验收

1. 填充墙砌体分项工程质量验收的一般规定

本规定适用于烧结空心砖、蒸压加气混凝土砌块、小砌块等填充墙砌体工程。

砌筑填充墙时,小砌块和蒸压加气混凝土砌块的产品龄期不应小于28d,蒸压加气混凝土砌块的含水率宜小于30%。

烧结空心砖、蒸压加气混凝土砌块、小砌块等在运输、装卸过程中,严禁抛掷和倾倒;进场后应按品种、规格堆放整齐,堆置高度不宜超过2m。蒸压加气混凝土砌块在运输及堆放中

应防止雨淋。

吸水率较小的小砌块及采用薄灰砌筑法施工的蒸压加气混凝土砌块，砌筑前不应对其浇（喷）水湿润；在气候干燥炎热的情况下，对吸水率较小的小砌块宜在砌筑前喷水湿润。

采用普通砌筑砂浆砌筑填充墙时，烧结空心砖、吸水率较大的小砌块应提前1~2d浇（喷）水湿润。蒸压加气混凝土砌块采用蒸压加气混凝土砌块砌筑砂浆或普通砌筑砂浆砌筑时，应在砌筑当天对砌块砌筑面喷水湿润。块体湿润程度宜符合下列规定：

（1）烧结空心砖的相对含水率为60%~70%。

（2）吸水率较大的小砌块、蒸压加气混凝土砌块的相对含水率为40%~50%。

在厨房、卫生间、浴室等处采用小砌块、蒸压加气混凝土砌块砌筑墙体时，墙底部宜现浇混凝土坎台，其高度宜为150mm。

填充墙拉结筋处的下皮小砌块宜采用半盲孔小砌块或用混凝土灌实孔洞的小砌块；薄灰砌筑法施工的蒸压加气混凝土砌块砌体，拉结筋应放置在砌块上表面设置的沟槽内。

蒸压加气混凝土砌块、小砌块不应与其他块体混砌，不同强度等级的同类块体也不得混砌。

窗台处和因安装门窗需要，在门窗洞口处两侧填充墙的上、中、下部可采用其他块体局部嵌砌；对与框架柱、梁不脱开的填充墙，填塞填充墙顶部与梁之间的缝隙可采用其他块体。

填充墙砌体砌筑，应待承重主体结构检验批验收合格后进行。填充墙与承重主体结构间的空（缝）隙部位施工，应在填充墙砌筑14d后进行。

《住宅工程质量通病控制标准》（DGJ32/J 16—2014）对填充墙砌体分项工程的质量验收有更加严格的规定：

（1）填充墙砌至接近梁底、板底时，应留有一定的空隙，填充墙砌筑完并间隔14d以后，优先采用水平塞方法将其塞紧嵌实。

（2）框架柱间填充墙拉结筋应满足砖模数要求，不应折弯压入砖缝。

（3）填充墙与框架柱或剪力墙边交接处的竖向灰缝两侧，砌筑时应用抽缝条勒出15~20mm深的槽口，在加贴网片前浇水湿润，再用1:2.5水泥砂浆嵌实。

（4）通长现浇钢筋混凝土板带应一次浇筑完成。

（5）砌体结构砌筑完成后宜60d后再抹灰，并不应少于30d。

（6）每天砌筑高度宜控制在1.5m或一步脚手架高度内，并应采取严格的防风、防雨措施。

（7）严禁在墙体上交叉埋设管线和开凿水平槽；竖向槽须在砂浆强度达到设计要求后，用机械开凿，且在粉刷前加贴抗裂网片等抗裂材料。

（8）宽度大于300mm的预留洞口应设钢筋混凝土过梁，并且伸入每边墙体的长度应不小于250mm。

（9）应严格控制砌筑时块体材料的含水率。

（10）施工洞、脚手眼等洞口补砌时，应将接槎处表面清理干净、浇水湿润，并填实砂浆。外墙等防水墙面的洞口应采用防水微膨砂浆分次堵砌，迎水面表面采用1:3防水砂浆粉刷。孔洞填塞应由专人负责，并及时进行隐蔽验收，并做好隐蔽工程验收记录。

2. 填充墙砌体分项检验批质量验收标准

填充墙砌体分项检验批的质量检验标准和检验方法详见表 4-52。

表 4-52　填充墙砌体分项检验批的质量检验标准和检验方法

项目	条款号	标准内容	检验方法	检查数量
主控项目	9.2.1	烧结空心砖、小砌块和砌筑砂浆的强度等级应符合设计要求	检查砖、砌块和砂浆试块试验报告	烧结空心砖每 10 万块为一个验收批，小砌块每 1 万块为一个验收批，不足上述数量时按一批计，抽检数量为一组。砂浆试块的抽检数量执行《砌体结构工程施工质量验收规范》(GB 50203—2011) 第 4.0.12 条的规定
	9.2.2	填充墙砌体应与主体结构可靠连接，其连接构造应符合设计要求，未经设计同意，不得随意改变连接构造方法。每一填充墙与柱的拉结筋的位置超过一皮块体高度的数量不得多于一处	观察检查	每检验批抽查不应少于 5 处
	9.2.3	填充墙与承重墙、柱、梁的连接钢筋，当采用化学植筋的连接方式时，应进行实体检测。锚固钢筋拉拔试验的轴向受拉非破坏承载力检验值应为 6.0kN。抽检钢筋在检验值作用下应基材无裂缝，钢筋无滑移、无宏观裂损现象；持荷 2min 期间荷载值降低不大于 5%。检验批验收可按《砌体结构工程施工质量验收规范》(GB 50203—2011) 表 B.0.1 通过正常检验一次、二次抽样判定。填充墙砌体植筋锚固力检测记录可按《砌体结构工程施工质量验收规范》(GB 50203—2011) 表 C.0.1 填写	原位试验检查	检查数量按下表确定 | 检验批的容量 | 最小抽样数量 | 检验批的容量 | 最小抽样数量 | | --- | --- | --- | --- | | ≤ 90 | 5 | 281~500 | 20 | | 91~150 | 8 | 501~1200 | 32 | | 151~280 | 13 | 1201~3200 | 50 |
一般项目	9.3.1	填充墙砌体尺寸、位置的允许偏差及检验方法应符合《砌体结构工程施工质量验收规范》(GB 50203—2011) 表 9.3.1 的规定	—	—
	9.3.2	填充墙砌体的砂浆饱满度及检验方法应符合《砌体结构工程施工质量验收规范》(GB 50203—2011) 表 9.3.2 的规定	—	—
	9.3.3	填充墙留置的拉结钢筋或网片的位置应与块体皮数相符合。拉结钢筋或网片应置于灰缝中，埋置长度应符合设计要求，竖向位置偏差不应超过一皮高度	观察和尺量检查	每检验批抽查不应少于 5 处
	9.3.4	砌筑填充墙时应错缝搭砌，蒸压加气混凝土砌块的搭砌长度不应小于砌块长度的 1/3；小砌块的搭砌长度不应小于 90mm；竖向通缝不应大于 2 皮	观察检查	每检验批抽查不应少于 5 处
	9.3.5	填充墙的水平灰缝厚度和竖向灰缝宽度应正确。烧结空心砖、小砌块砌体的灰缝应为 8~12mm。蒸压加气混凝土砌块砌体当采用水泥砂浆、水泥混合砂浆或蒸压加气混凝土砌块砌筑砂浆时，水平灰缝厚度及竖向灰缝宽度不应超过 15mm；当蒸压加气混凝土砌块砌体采用蒸压加气混凝土砌块粘结砂浆时，水平灰缝厚度和竖向灰缝宽度宜为 3~4mm	水平灰缝厚度用尺量 5 皮小砌块的高度折算；竖向灰缝宽度用尺量 2m 砌体长度折算	每检验批抽查不应少于 5 处

注：1. 检验批容量填写：不填写。
　　2. "最小/实际抽样数量"栏中，最小抽样数量填写 5。
　　3. 本表出自《砌体结构工程施工质量验收规范》(GB 50203—2011)。

五、砌体结构子分部工程质量验收

砌体结构子分部工程的质量验收，应建立在其所包括的各分项工程合格的基础之上。在工程实践中，诸多的砌体结构子分部工程仅含有一个分项工程，例如多层砖混住宅的主体结构，全部采用烧结普通砖；多层框架结构，采用加气混凝土空心砌块作主体的填充墙，都只有一个分项工程。关于砌体结构分项工程检验批和砌体结构分项工程的验收方法此处略。

《砌体结构工程施工质量验收规范》（GB 50203—2011）规定，砌体结构子分部工程质量验收应执行以下标准：

（1）砌体工程验收前，应提供下列文件和记录：

1）设计变更文件。

2）施工执行的技术标准。

3）原材料出厂合格证书、产品性能检测报告和进场复验报告。

4）混凝土及砂浆配合比通知单。

5）混凝土及砂浆试件抗压强度试验报告单。

6）砌体工程施工记录。

7）隐蔽工程验收记录。

8）分项工程检验批的主控项目、一般项目验收记录。

9）填充墙砌体植筋锚固力检测记录。

10）重大技术问题的处理方案和验收记录。

11）其他必要的文件和记录。

（2）砌体子分部工程验收时，应对砌体工程的观感质量给出总体评价。

（3）当砌体工程质量不符合要求时，应按《建筑工程施工质量验收统一标准》（GB 50300—2013）的有关规定执行。

（4）有裂缝的砌体应按下列情况进行验收：

1）对不影响结构安全性的砌体裂缝，应予以验收，对明显影响使用功能和观感质量的裂缝，应进行处理。

2）对有可能影响结构安全性的砌体裂缝，应由有资质的检测单位检测鉴定，需返修或加固处理的，待返修或加固处理满足使用要求后进行二次验收。

六、砌体结构子分部工程冬期施工的规定

《砌体结构工程施工质量验收规范》（GB 50203—2011）对砌体结构子分部工程冬期施工的规定如下：

当室外日平均气温连续 5d 稳定低于 5℃时，砌体工程应采取冬期施工措施。

（1）气温根据当地气象资料确定。

（2）冬期施工期限以外，当日最低气温低于 0℃时，也应按本部分的规定执行。

冬期施工的砌体工程质量验收除应符合本部分要求外，尚应符合《建筑工程冬期施工规程》（JGJ/T 104—2011）的有关规定。

砌体工程冬期施工应有完整的冬期施工方案。

冬期施工所用材料应符合下列规定：

（1）石灰膏、电石膏等应防止受冻，如遭冻结，应经融化后使用。

（2）拌制砂浆用砂，不得含有冰块和大于10mm的冻结块。

（3）砌体用块体不得遭水浸冻。

冬期施工砂浆试块的留置，除按常温规定要求留置外，尚应增加1组与砌体同条件养护的试块，用于检验转入常温28d的强度。如有特殊需要，可另外增加相应龄期的同条件养护的试块。

地基土有冻胀性时，应在未冻的地基上砌筑，并应防止在施工期间和回填土前地基受冻。

冬期施工中砖、小砌块浇（喷）水湿润应符合下列规定：

（1）烧结普通砖、烧结多孔砖、蒸压灰砂砖、蒸压粉煤灰砖、烧结空心砖、吸水率较大的小砌块在气温高于0℃条件下砌筑时，应浇水湿润；在气温低于或等于0℃条件下砌筑时，可不浇水，但必须增大砂浆稠度。

（2）普通混凝土小型空心砌块、混凝土多孔砖、混凝土实心砖及采用薄灰砌筑法的蒸压加气混凝土砌块施工时，不应对其浇（喷）水湿润。

（3）抗震设防烈度为9度的建筑物，当烧结普通砖、烧结多孔砖、蒸压粉煤灰砖、烧结空心砖无法浇水湿润时，如无特殊措施，不得砌筑。

拌和砂浆时水的温度不得超过80℃，砂的温度不得超过40℃。

采用砂浆掺外加剂法、暖棚法施工时，砂浆使用温度不应低于5℃。

采用暖棚法施工，块体在砌筑时的温度不应低于5℃，距离所砌的结构底面0.5m处的棚内温度也不应低于5℃。

在暖棚内的砌体养护时间，应根据暖棚内温度，按表4-53确定。

表4-53　在暖棚内的砌体养护时间

暖棚的温度/℃	5	10	15	20
养护时间/d	≥6	≥5	≥4	≥3

采用外加剂法配制的砌筑砂浆，当设计无要求，且最低气温等于或低于-15℃时，砂浆强度等级应较常温施工提高一级。

配筋砌体不得采用掺氯盐的砂浆施工。

4.3.4　主体结构分部工程施工质量验收

常见的房屋建筑工程主体结构多数是由混凝土结构框架和砌体结构填充墙组成的，基于此分析，本节着重介绍混凝土结构子分部和砌体结构子分部工程的施工质量检验与验收。其中，混凝土结构子分部工程以现浇普通钢筋混凝土结构为主；砌体结构子分部工程中，外墙以砖砌体、混凝土小型空心砌块砌体为主，内墙以混凝土小型空心砌块砌体、填充墙砌体为主。其他子分部工程的施工质量检验与验收可参照执行，举一反三。

为了便于主体结构分部工程施工质量验收的学习，结合工程的特点，根据《建筑工程施工质量验收统一标准》（GB 50300—2013）和《砌体结构工程施工质量验收规范》（GB 50203—2011）、《混凝土结构工程施工质量验收规范》（GB 50204—2015），把主体结构分部工程划分为若干个子分部工程，进而划分为分项工程和分项工程检验批。

主体结构分部分项划分应以工程施工图纸、施工组织设计安排，参照《建筑工程施工质量验收统一标准》（GB 50300—2013）附录B进行，并经工程监理单位审批后执行。

主体结构分部工程施工质量的验收，应在施工单位自检合格的基础上，提出验收申请；然后由总监理工程师或建设单位项目负责人组织勘察单位、设计单位及施工单位的项目负责人、技术质量负责人，共同按设计要求和有关规范的规定进行验收。

主体结构分部工程各子分部工程完成并通过验收后，即可以按表2-6同子分部工程一样进行验收。所不同的是，验收的范围不是一个子分部工程，而是整个主体结构；而且汇总核查的不是分项工程，而是子分部工程；还包括分包单位参与建设的工程范围。

4.4 装饰装修分部工程施工质量检验与验收

建筑装饰装修是指为保护建筑物的主体结构、完善建筑物的使用功能和美化建筑物，采用装饰装修材料或饰物，对建筑物的内外表面及空间进行各种处理的过程。建筑装饰装修的含义包括了"建筑装饰""建筑装修""建筑装潢"。

《建筑装饰装修工程质量验收标准》（GB 50210—2018）适用于新建、扩建、改建和既有建筑的装饰装修工程的质量验收，不适应于古建筑和保护性建筑。

《建筑工程施工质量验收统一标准》（GB 50300—2013）将建筑装饰装修工程列为一个分部工程，其子分部工程包括地面、抹灰、门窗、吊顶、轻质隔墙、饰面板（砖）、幕墙、涂饰、裱糊与软包、细部共计10个子分部工程。地面工程被列为建筑装饰装修分部工程的一个子分部工程，但因其特殊性和重要性，国家制定了专门的施工验收规范，地面工程须按《建筑地面工程施工质量验收规范》（GB 50209—2010）进行验收。

本部分内容主要依据《建筑装饰装修工程质量验收标准》（GB 50210—2018）、《建筑地面工程施工质量验收规范》（GB 50209—2010）和《建筑工程施工质量验收统一标准》（GB 50300—2013）编写。

4.4.1 装饰工程找平放线、技术核定与验收

本节介绍某工程采用的装修墨线工艺标准，同学们应认真学习装饰工程找平放线、技术核定与验收的专业知识，形成装饰工程找平放线优质工序质量控制的专业能力。

1. 装修墨线优质工序质量控制主要内容

（1）装修墨线准备工作如下：

1）结构预留墨线。在施工混凝土结构时就预留了有关的墨线，包括十字（或井字）通

线、水平线和混凝土墙的参照墨线等,弹装修墨线时要以这些墨线作为基准。关于这些墨线的做法和要求已在 4.3.1 节给出了说明,这里不再重复。

2)弹墨线工具及要求如下:

① 弹墨线所用工具包括水准仪、激光水准仪、墨斗、墨汁、蓝粉、线坠、拉尺、细尼龙线、水平尺、水平管、不同种类的笔、油漆等。

② 所用的工具要符合标准,以水平尺为例,把它放到墙上,水平珠校准好后,就可以画线,然后把尺反转,再次校准后,就可以再画线,画的线条都呈一条直线并重叠,证明这把尺是平整的。

③ 水平管要注重保养,保持水平管内干净,没有油渍、气泡,因为油渍和气泡会影响水平管的准确度。在每次使用水平管之前,要再次测试,其方法是把水平管的两头对齐,检查两边的液面是不是水平,然后上下移动再检查一次,无误后才可以使用。

④ 在使用线坠时,要把它保持在双眼的正中(单眼看时就要偏一偏头)位置。

⑤ 使用水准仪前,必须要先检查水准仪的准确度,通常会先调校镜位,然后转 90°,把水平气泡调到正中,再将水准仪转 180°,重复调整一次。

⑥ 激光水准仪、水准仪以及其他测量工具一定要定期检查,不然量出来的墨线就会不准确。

3)熟悉施工图纸。弹装修墨线前一定要熟悉施工图纸,检查基础图、结构图、大样图等是否互相配合。

(2)弹墨线工序的基本要求如下:

1)要弹一条又直又清楚的墨线,首先要用尺准确地测量出构件的位置和距离,再用笔清楚地标记头尾两点,然后将两点之间需要弹墨线的范围扫干净,两位工人就可以用沾有墨水的墨线一头一尾对准这两点,用手压实并且固定好。为了确保弹出的墨线够准确,必须连续弹两次,这样弹出来的墨线除了更清楚,还可以用来比较这两次弹出来的墨线有没有重叠。

2)弹墨线有许多技巧,如果要在长距离范围内弹出准确的墨线,就要用到细尼龙线。首先把细尼龙线缠在水平尺上绕几个圈;然后按照图纸,把它拉紧并固定在两头的位置上,用笔把头尾两点标好后,就可以根据细尼龙线每隔一段距离标出一个点位;然后再根据这些标出的点,逐段地利用墨线弹出整条墨线来。要特别注意的是,每段弹出的线的末尾一定要重叠,这样弹出来的墨线才准确。

3)对于圆柱形结构装修墨线,首先要根据预留的十字通线,在圆柱形结构的四边标出 4 个点,再将这 4 个点连接起来,弹出一个四方形,接着再将圆柱形结构的模型拼上去即可。

4)弹大弧度墨线时,要先标出弧度的头尾两点;然后在这两点中间取十字通线,接着计算出中拱位置(也就是弧度最大的位置),并且在十字通线上面标记好;然后再在十字通线上画等分线,分段计算出不同段数的弧度位置,最后把所有的位置连起来,完成大弧度墨线。

5)弹墨线符号注意事项:

① 两个三角形符号叫作对标,中间还会标出数字,这是用来指示组件厚度的。在转角位置要标出转角标;至于收口标,是用来让工人们知道组件只施工到这个位置。

② 中标用来表示组件的中线，在靠边的位置要标出边标。中标和边标是相当重要的水平标，用来让工人们知道组件的高度。

③ 如果要标出与混凝土墙呈直角的砖墙墨线，就要用到等腰三角形或者勾股定理的知识。

④ 一般来讲，主体结构的弹线多数用墨汁；而装修墨线则多用蓝粉线，这主要是方便清理工作。

6）装修墨线的分类。装修墨线可分为楼内装修墨线和外墙装修墨线。

（3）主要的楼内装修墨线施工程序如下：

1）浴室墨线（图4-8）施工程序。浴室施工的工序比较复杂，要根据地面的十字通线、混凝土墙上的参照墨线和大样图，弹出浴室砖墙所需的地面起砖墨线及三边砖墙墨线。

① 先要弹好浴室门口的地面墨线，示出门框的厚度，并标记清楚开门的方向，还要写上门的编号和尺寸。然后弹出浴缸混凝土墩的地面墨线和洗手盆的混凝土墩的地面墨线。

② 地面所需的墨线都弹好后，要复核砖墙的厚度，检查砖墙墨线之间的距离是否符合图纸的要求。然后依照地面墨线弹出墙身起砖的垂直墨线和参照墨线，利用水平管把外墙或电梯口预留的水平线引进来，并在墙上弹好。水平线弹好后，就可以弹出窗口墨线，以及洗手盆混凝土墩和浴缸混凝土墩的墙身垂直墨线。

③ 根据暗角的参照墨线，在砖墙上弹出抹灰的参照墨线，抹灰工人们依照这些参照墨线来抹灰。抹完灰后，测量工人就可以根据抹灰工人留下的墨线预留孔重新在墙身处弹出水平墨线。

④ 接着就可以弹出顶棚墨线、墙身起砖墨线、起砖腰线、洗手盆的铁架墨线和浴缸墨线。

⑤ 可以根据水平线在墙身处弹出地面的斜墨线。铺完地面的水泥砂浆之后就要在地面上弹出铺砖线。

2）客厅墨线（图4-9）施工程序如下：

① 在混凝土墙上抹完水泥砂浆并清场后，就可以弹门框墨线、墙身垂直墨线及水平墨线。

② 弹窗位墨线时，应根据外墙的水平通线弹出窗顶和窗底的水平线、窗面垂直墨线和窗边位置墨线，并标出窗的编号和尺寸。如果有窗台，还要在窗台的混凝土面上弹出窗位墨线。

③ 弹顶棚墨线时，先要弹好水平线，然后依照水平线弹出顶棚墨线，弹好之后再复核。

④ 弹出地面的水平参照线作为铺地面水泥砂浆的参考。铺好地面后，在地面上弹出十字通线，然后根据十字通线进行铺地板施工。

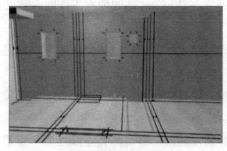

图4-8 浴室墨线示意

图4-9 客厅墨线示意

3)楼梯墨线施工程序如下:

① 先在楼梯两边的墙面上弹墙身水平线,然后依照图纸的要求补弹混凝土墙上留下的预留墨线,以此作为楼梯参照线。楼梯两边的墙面上要弹出楼梯上下两级的阶梯垂直线,作为楼梯面的扶手墨线、墙脚墨线、楼梯参照线以及楼梯的中线,弹完以上墨线后,还要在墙脚墨线上分级标点。

② 安装好扶手,并做好墙身抹灰后,就可以在楼梯两边的墙面上弹出梯级墨线(图4-10)。

4)电梯井、电梯口走廊墨线(图4-11)施工程序如下:

① 要根据电梯井底的混凝土墙上留下的预留墨线,引出电梯井中线和电梯门中线,电梯安装人员根据这些墨线,用线坠和细钢线引上顶层定出每层电梯门框的位置。

图4-10 梯级墨线示意

② 墙身抹灰完成后,在墙上弹出水平墨线、顶棚墨线、贴砖墨线和贴砖腰线。如果墙身贴不同图案的砖,还要弹出每种瓷砖的图案墨线。

③ 铺好墙身的瓷砖后,就可以在墙身上弹出地面砖的水平参照线。依照这些水平参照线铺上水泥砂浆后,再在地面上弹出不同图案的地砖墨线。

图4-11 电梯口走廊墨线示意

(4)外墙装修墨线(图4-12)施工程序如下:

1)根据外墙结构上预留的墨线,弹出每层楼的水平通线,然后弹出外墙阴(阳)角的参照墨线。

2)每层楼的窗台都要有窗台墨线,还要弹出窗边墨线及窗台通线。

3)外墙底层抹灰完成后,要弹出每层的水平通线,还要有窗台的通线等。所有外墙墨线弹好之后,一定要和监理工程师一起复核,以确保墨线施工的质量。

图4-12 外墙装修墨线示意

(5)弹墨线注意事项:

1)弹线的时候,工人要备齐个人的安全装备,在超过2m高的地方工作时一定要配有安全工作台。

2)在进行装饰工程前,要根据施工图纸做好复核工作,以保证弹出来的墨线准确,并且符合规范要求。

3)在依照墨线抹灰时,一定要预留墨线孔位,以方便后续根据这个预留墨线孔位再弹出所需的其他墨线。

4)在弹阴(阳)角的垂直墨线时,一定要弹到顶棚顶,每次弹完墨线之后一定要自己先进行复核,然后再和监理工程师一起复核。

2. 工程定位测量、放线质量报验与验收

在《建筑装饰装修工程质量验收标准》（GB 50210—2018）中给出了装修墨线工序工程定位测量、放线质量报验与验收的标准和要求，参照执行即可。装修墨线工序应该作为一个施工工序进行质量控制。

4.4.2 建筑装饰装修分部工程施工质量验收基本规定

《建筑装饰装修工程质量验收标准》（GB 50210—2018）基本规定如下：

1. 设计

建筑装饰装修工程应进行设计，并应出具完整的施工图设计文件。

建筑装饰装修设计应符合城市规划、防火、环保、节能、减排等有关规定。建筑装饰装修耐久性应满足使用要求。

承担建筑装饰装修工程设计的单位应对建筑物进行了解和实地勘察，设计深度应满足施工要求。由施工单位完成的深化设计应经建筑装饰装修设计单位确认。

既有建筑装饰装修工程设计涉及主体和承重结构变动时，必须在施工前委托原结构设计单位或者具有相应资质的设计单位提出设计方案，或由检测鉴定单位对建筑结构的安全性进行鉴定。

建筑装饰装修工程的防火、防雷和抗震设计应符合现行国家标准的规定。

当墙体或吊顶内的管线可能产生冰冻或结露时，应进行防冻或防结露设计。

2. 材料

建筑装饰装修工程所用材料的品种、规格和质量应符合设计要求和国家现行标准的规定。不得使用国家明令淘汰的材料。

建筑装饰装修工程所用材料的燃烧性能应符合《建筑内部装修设计防火规范》（GB 50222—2017）和《建筑设计防火规范》（GB 50016—2014）的规定。

建筑装饰装修工程所用材料应符合国家有关建筑装饰装修材料有害物质限量标准的规定。

建筑装饰装修工程采用的材料、构配件应按进场批次进行检验。属于同一工程项目且同期施工的多个单位工程，对同一厂家生产的同批材料、构配件、器具及半成品，可统一划分检验批对品种、规格、外观和尺寸等进行验收，包装应完好，并应有产品合格证书、中文说明书及性能检验报告，进口产品应按规定进行商品检验。

进场后需要进行复验的材料种类及项目应符合《建筑装饰装修工程质量验收标准》（GB 50210—2018）的规定，同一厂家生产的同一品种、同一类型的进场材料应至少抽取一组样品进行复验，当合同另有更高要求时应按合同执行。抽样样本应随机抽取，满足分布均匀、具有代表性的要求，获得认证的产品或来源稳定且连续3批均一次检验合格的产品，进场验收时检验批的容量可扩大一倍，且仅可扩大一次。扩大检验批后的检验中，出现不合格情况时，应按扩大前的检验批容量重新验收，且该产品不得再次扩大检验批容量。

当国家规定或合同约定应对材料进行见证检验时，或对材料质量发生争议时，应进行见证检验。

建筑装饰装修工程所使用的材料在运输、储存和施工过程中，应采取有效措施防止损坏、变质和污染环境。

建筑装饰装修工程所使用的材料应按设计要求进行防火、防腐和防虫处理。

3. 施工

施工单位应编制施工组织设计并经过审查批准。施工单位应按有关施工工艺的标准或经审定的施工技术方案施工，并应对施工全过程实行质量控制。

承担建筑装饰装修工程施工的人员上岗前应进行培训。

建筑装饰装修工程施工中，不得违反设计文件擅自改动建筑主体、承重结构或主要使用功能。

未经设计确认和有关部门批准，不得擅自拆改主体结构和水、暖、电、燃气、通信等配套设施。

施工单位应采取有效措施控制施工现场的各种粉尘、废气、废弃物、噪声、振动等对周围环境造成的污染和危害。

施工单位应建立施工安全、劳动保护、防火和防毒等管理制度，并应配备必要的设备、器具和标识。

建筑装饰装修工程应在基体或基层的质量验收合格后施工。对既有建筑进行装饰装修前，应对基层进行处理。

建筑装饰装修工程施工前应有主要材料的样板或做样板间（件），并应经有关各方确认。

墙面采用保温隔热材料的建筑装饰装修工程，所用保温隔热材料的类型、品种、规格及施工工艺应符合设计要求。

管道、设备安装及调试应在建筑装饰装修工程施工前完成；当必须同步进行时，应在饰面层施工前完成。装饰装修工程不得影响管道、设备等的使用和维修。涉及燃气管道和电气工程的建筑装饰装修工程施工应符合有关安全管理的规定。

建筑装饰装修工程的电气安装应符合设计要求，不得直接埋设电线。

隐蔽工程验收应有记录，记录应包含隐蔽部位照片。施工质量的检验批验收应有现场检查原始记录。

室内外装饰装修工程施工的环境条件应满足施工工艺的要求。

建筑装饰装修工程施工过程中应做好半成品、成品的保护，防止污染和损坏。

建筑装饰装修工程验收前应将施工现场清理干净。

4. 建筑装饰装修工程的子分部工程、分项工程划分

建筑装饰装修工程的子分部工程、分项工程划分参见本教材 2.2.2 节。

4.4.3 抹灰子分部工程质量检验与验收

墙面抹灰的功能：粉刷墙面外表；可以修补混凝土表面凹凸不平的缺陷，使墙面平整、阴（阳）角垂直方正。墙面抹灰按所用的材料不同可分为水泥砂浆抹灰、水泥白灰砂浆抹灰、纸筋灰抹灰、石膏灰抹灰等；按施工方法不同可分为抹子抹灰、喷浆抹灰（基层采用喷浆抹灰时，一般可不再做面层抹灰）；按施工部位不同可分为内墙抹灰和外墙抹灰。

抹灰工程是一个子分部工程，包括一般抹灰、装饰抹灰、清水砌体勾缝、保温层薄抹灰等分项工程。下面介绍抹灰工程的一般规定和常见的抹灰分项工程。

1.《建筑装饰装修工程质量验收标准》（GB 50210—2018）的一般规定

本节适用于一般抹灰、保温层薄抹灰、装饰抹灰和清水砌体勾缝等分项工程的质量验收。一般抹灰工程分为普通抹灰和高级抹灰，当设计无要求时，按普通抹灰验收。一般抹灰包括水泥砂浆、水泥混合砂浆、聚合物水泥砂浆和粉刷石膏等抹灰；保温层薄抹灰包括保温层外面聚合物砂浆薄抹灰；装饰抹灰包括水刷石、斩假石、干粘石和假面砖等装饰抹灰；清水砌体勾缝包括清水砌体砂浆勾缝和原浆勾缝。

抹灰工程验收时应检查下列文件和记录：

（1）抹灰工程的施工图、设计说明及其他设计文件。

（2）材料的产品合格证书、性能检验报告、进场验收记录和复验报告。

（3）隐蔽工程验收记录。

（4）施工记录。

抹灰工程应对下列材料及其性能指标进行复验：

（1）砂浆的拉伸粘结强度。

（2）聚合物砂浆的保水率。

抹灰工程应对下列隐蔽工程项目进行验收：

（1）抹灰总厚度大于或等于35mm时的加强措施。

（2）不同材料基体交接处的加强措施。

各分项工程的检验批应按下列规定划分：

（1）相同材料、工艺和施工条件的室外抹灰工程每1000m^2应划分为一个检验批，不足1000m^2时也应划分为一个检验批。

（2）相同材料、工艺和施工条件的室内抹灰工程每50个自然间应划分为一个检验批，不足50间也应划分为一个检验批，大面积房间和走廊可按抹灰面积每30m^2计为1间。

检查数量应符合下列规定：

（1）室内每个检验批应至少抽查10%，并不得少于3间，不足3间时应全数检查。

（2）室外每个检验批每100m^2应至少抽查一处，每处不得小于10m^2。

外墙抹灰工程施工前应先安装钢木门窗框、护栏等，应将墙上的施工孔洞堵塞密实，并对基层进行处理。

室内墙面、柱面和门洞口的阳角做法应符合设计要求。设计无要求时，应采用强度等级不低于 M20 的水泥砂浆做护角，其高度不应低于 2m，每侧宽度不应小于 50mm。

当要求抹灰层具有防水、防潮功能时，应采用防水砂浆。

各种砂浆抹灰层，在凝结前应防止快干、水冲、撞击、振动和受冻，在凝结后应采取措施防止沾污和损坏。水泥砂浆抹灰层应在湿润条件下养护。

外墙和顶棚的抹灰层与基层之间及各抹灰层之间应粘结牢固。

2. 一般抹灰分项检验批质量验收标准

一般抹灰分项检验批的质量检验标准和检验方法详见表 4-54。

表 4-54 一般抹灰分项检验批的质量检验标准和检验方法

项目	条款号	标准内容	检验方法
主控项目	4.2.2	抹灰前基层表面的尘土、污垢、油渍等应清除干净，并应洒水润湿	检查施工记录
	4.2.3	一般抹灰所用材料的品种和性能应符合设计要求，水泥的凝结时间和安定性复验应合格，砂浆的配合比应符合设计要求	检查产品质量合格证明文件，复验报告
	4.2.4	抹灰工程应分层进行。当抹灰总厚度大于或等于 35mm 时，应采取加强措施。不同材料基体交接处表面的抹灰，应采取防止开裂的加强措施，当采用加强网时，加强网与各基体的搭接宽度不应小于 100mm	检查隐蔽工程验收记录和施工记录
	4.2.5	抹灰层与基层之间及各抹灰层之间必须粘结牢固，抹灰层应无脱层、空鼓，面层应无爆灰和裂缝	观察；用小锤轻击检查；检查施工记录
一般项目	4.2.6	一般抹灰工程的表面质量应符合下列规定： 1. 普通抹灰表面应光滑、洁净、接槎平整，分格缝应清晰 2. 高级抹灰表面应光滑、洁净、颜色均匀、无抹纹，分格缝和灰线应清晰美观	观察；手摸检查
	4.2.7	护角、孔洞、槽、盒周围的抹灰表面应整齐、光滑；管道后面的抹灰表面应平整	观察
	4.2.8	抹灰层的总厚度应符合设计要求；水泥砂浆不得抹在石灰砂浆层上；罩面石膏灰不得抹在水泥砂浆层上	检查施工记录
	4.2.9	抹灰分格缝的设置应符合设计要求，宽度和深度应均匀，表面应光滑，棱角应整齐	观察；尺量检查
	4.2.10	有排水要求的部位应做滴水线（槽）。滴水线（槽）应整齐顺直，滴水线应内高外低，滴水槽的宽度和深度均不应小于 10mm	观察；尺量检查
	4.2.11	一般抹灰工程质量的允许偏差和检验方法应符合《建筑装饰装修工程质量验收标准》（GB 50210—2018）表 4.2.11 的规定	—

注：1. 检验批容量填写：在同一检验批内，室内工程应填写房间总数量，室外工程应填写面积。
2. "最小/实际抽样数量"栏中，实际抽样数量按实填写（不得少于最小抽样数量）；填写最小抽样数量时，室内工程按容量的 10% 计算，且不少于 3 间；室外工程每 100m² 应抽查一处，每处不得小于 10m²。
3. 凡检查记录中的检查处均应提供现场验收检查原始记录。
4. 本表出自《建筑装饰装修工程质量验收标准》（GB 50210—2018）。

3. 装饰抹灰分项检验批质量验收标准

装饰抹灰分项检验批的质量检验标准和检验方法详见表 4-55。

表 4-55 装饰抹灰分项检验批的质量检验标准和检验方法

项目	条款号	标准内容	检验方法
主控项目	4.3.2	抹灰前基层表面的尘土、污垢、油渍等应清除干净，并应洒水润湿	检查施工记录
	4.3.3	装饰抹灰工程所用材料的品种和性能应符合设计要求，水泥的凝结时间和安定性复验应合格，砂浆的配合比应符合设计要求	检查产品质量合格证明文件、复验报告
	4.3.4	抹灰工程应分层进行。当抹灰总厚度大于或等于35mm时，应采取加强措施。不同材料基体交接处表面的抹灰，应采取防止开裂的加强措施，当采用加强网时，加强网与各基体的搭接宽度不应小于100mm	检查隐蔽工程验收记录和施工记录
	4.3.5	各抹灰层之间及抹灰层与基体之间必须粘接牢固，抹灰层应无脱层、空鼓和裂缝	观察；用小锤轻击检查；检查施工记录
一般项目	4.3.6	水刷石表面应石粒清晰、分布均匀、紧密平整、色泽一致，无掉粒和接槎痕迹 斩假石表面剁纹应均匀顺直、深浅一致，无漏剁处；阳角处应横剁并留出宽窄一致的不剁边条，棱角无损坏 干粘石表面应色泽一致、不露浆、不漏粘，石粒应粘结牢固、分布均匀，阳角处无明显黑边 假面砖表面应平整、沟纹清晰、留缝整齐、色泽一致，应无掉角、脱皮、起砂等缺陷	观察；手摸检查
	4.3.7	装饰抹灰分格条（缝）的设置应符合设计要求，宽度和深度应均匀，表面应平整光滑，棱角应整齐	观察
	4.3.8	有排水要求的部位应做滴水线（槽）。滴水线（槽）应顺直，滴水线应内高外低，滴水槽的宽度和深度均不应小于10mm	观察；尺量检查
	4.3.9	装饰抹灰工程质量的允许偏差和检验方法应符合《建筑装饰装修工程质量验收标准》（GB 50210—2018）表4.3.9 的规定	—

注：1. 检验批容量填写：在同一检验批内，室内工程应填写房间总数量，室外工程应填写面积。
2. "最小/实际抽样数量"栏中，实际抽样数量按实填写（不得少于最小抽样数量）；填写最小抽样数量时，室内工程按容量的10%计算，且不少于3间；室外工程每100m²应抽查一处，每处不得小于10m²。
3. 凡检查记录中的检查处均应提供现场验收检查原始记录。
4. 本表出自《建筑装饰装修工程质量验收标准》（GB 50210—2018）。

4.4.4 门窗子分部工程质量检验与验收

1.《建筑装饰装修工程质量验收标准》（GB 50210—2018）的一般规定

本节适用于木门窗、金属门窗、塑料门窗和特种门安装，以及门窗玻璃安装等分项工程的质量验收。金属门窗包括钢门窗、铝合金门窗和涂色镀锌钢板门窗等；特种门包括自动门、全玻门和旋转门等；门窗玻璃包括平板、吸热、反射、中空、夹层、夹丝、磨砂、钢化、防火和压花玻璃等。

门窗工程验收时应检查下列文件和记录：
（1）门窗工程的施工图、设计说明及其他设计文件。
（2）材料的产品合格证书、性能检验报告、进场验收记录和复验报告。
（3）特种门及其配件的生产许可文件。
（4）隐蔽工程验收记录。

（5）施工记录。

门窗工程应对下列材料及其性能指标进行复验：

（1）人造木板门的甲醛释放量。

（2）建筑外窗的气密性能、水密性能和抗风压性能。

门窗工程应对下列隐蔽工程项目进行验收：

（1）预埋件和锚固件。

（2）隐蔽部位的防腐和填嵌处理。

（3）高层金属窗防雷连接节点。

各分项工程的检验批应按下列规定划分：

（1）同一品种、类型和规格的木门窗、金属门窗、塑料门窗和门窗玻璃每100樘应划分为一个检验批，不足100樘也应划分为一个检验批。

（2）同一品种、类型和规格的特种门每50樘应划分为一个检验批，不足50樘也应划分为一个检验批。

检查数量应符合下列规定：

（1）木门窗、金属门窗、塑料门窗和门窗玻璃每个检验批应至少抽查5%，并不得少于3樘，不足3樘时应全数检查；高层建筑的外窗每个检验批应至少抽查10%，并不得少于6樘，不足6樘时应全数检查。

（2）特种门每个检验批应至少抽查50%，并不得少于10樘，不足10樘时应全数检查。

门窗安装前，应对门窗洞口尺寸及相邻洞口的位置偏差进行检验。同一类型和规格的外门窗洞口垂直、水平方向的位置应对齐，位置允许偏差应符合下列规定：

（1）垂直方向的相邻洞口位置允许偏差应为10mm；全楼高度小于30m的垂直方向洞口位置允许偏差应为15mm，全楼高度不小于30m的垂直方向洞口位置允许偏差应为20mm。

（2）水平方向的相邻洞口位置允许偏差应为10mm；全楼长度小于30m的水平方向洞口位置允许偏差应为15mm，全楼长度不小于30m的水平方向洞口位置允许偏差应为20mm。

金属门窗和塑料门窗安装应采用预留洞口的方法施工。

木门窗与砖石砌体、混凝土或抹灰层接触处应进行防腐处理，埋入砌体或混凝土中的木砖应进行防腐处理。

当金属窗或塑料窗为组合窗时，其拼樘料的尺寸、规格、壁厚应符合设计要求。

建筑外门窗安装必须牢固。在砌体上安装门窗严禁采用射钉固定。

推拉门窗扇必须牢固，必须安装防脱落装置。

特种门安装除应符合设计要求外，还应符合国家现行标准的有关规定。

门窗安全玻璃的使用应符合《建筑玻璃应用技术规程》（JGJ 113—2015）的规定。

建筑外窗口的防水和排水构造应符合设计要求和国家现行标准的有关规定。

外窗在竣工验收前，应对其气密性能、水密性能进行现场抽样检测（外门可参照外窗执行）。检测方法按照《建筑外窗气密、水密、抗风压性能现场检测方法》（JG/T 211—2007）

执行，现场气密性能检测可与节能要求的气密性能检测合并进行。抽样方法如下：

（1）单位工程门窗面积 3000m²（含 3000m²）以下时，随机抽取同一生产厂家具有代表性的 1 组外窗试件，试件数量为同系列、同规格、同分格尺寸形式的 3 樘外窗。

（2）单位工程门窗面积 3000m² 以上时，随机抽取同一生产厂家具有代表性的 2 组外窗试件，每组试件数量为同系列、同规格、同分格尺寸形式的 3 樘外窗。

2. 木门窗制作分项检验批质量验收标准

木门窗制作分项检验批的质量检验标准和检验方法详见表 4-56。

表 4-56 木门窗制作分项检验批的质量检验标准和检验方法

项目	条款号	标准内容	检验方法
主控项目	5.2.2	木门窗的木材品种、材质等级、规格、尺寸、框扇的线型及人造木板的甲醛含量应符合设计要求。设计未规定材质等级时，所用木材的质量应符合规范的规定	观察；检查材料进场验收记录和复验报告
	5.2.3	木门窗应采用烘干的木材，含水率应符合规范的规定	检查材料进场验收记录
	5.2.4	木门窗的防火、防腐、防虫处理应符合设计要求	观察；检查材料进场验收记录
	5.2.5	木门窗的结合处和安装配件处不得有木节或已填补的木节。木门窗如有允许限值以内的死节及直径较大的虫眼时，应用同一材质的木塞加胶填补。对于清漆制品，木塞的木纹和色泽应与制品一致	观察
	5.2.6	门窗框和厚度大于 50mm 的门窗扇应用双榫连接。榫槽应采用胶料严密嵌合，并应用胶楔加紧	观察；手扳检查
	5.2.7	胶合板门、纤维板门和模压门不得脱胶。胶合板不得刨透表层单板，不得有戗槎。制作胶合板门、纤维板门时，边框和横楞应在同一平面上，面层、边框及横楞应加压胶结。横楞和上、下冒头应各钻两个以上的透气孔，透气孔应通畅	观察
一般项目	5.2.12	木门窗表面应洁净，不得有刨痕、锤印	观察
	5.2.13	木门窗的割角、拼缝应严密平整。门窗框、扇裁口应顺直，刨面应平整	观察
	5.2.14	木门窗上的槽、孔应边缘整齐，无毛刺	观察
	5.2.17	木门窗制作的允许偏差和检验方法应符合《建筑装饰装修工程质量验收标准》（GB 50210—2018）表 5.2.17 的规定	—

注：1. 检验批容量填写：同一检验批内应填写门窗的总樘数。
2. "最小/实际抽样数量"栏中，实际抽样数量按实填写（不得少于最小抽样数量）；最小抽样数量：按容量的 5% 计算，且不能少于 3 樘，当容量数不足 3 樘时全数检查，高层建筑的外窗按容量的 10% 计算，且不能少于 6 樘，不足 6 樘时全数检查。
3. 凡检查记录中的检查处均应提供现场验收检查原始记录。
4. 本表出自《建筑装饰装修工程质量验收标准》（GB 50210—2018）。

3. 木门窗安装分项检验批质量验收标准

木门窗安装分项检验批的质量检验标准和检验方法详见表 4-57。

表 4-57 木门窗安装分项检验批的质量检验标准和检验方法

项目	条款号	标准内容	检验方法
主控项目	5.2.8	木门窗的品种、类型、规格、开启方向、安装位置及连接方式应符合设计要求	观察；尺量检查；检查成品门的产品合格证书
	5.2.9	木门窗框的安装必须牢固。预埋木砖的防腐处理，木门窗框固定点的数量、位置及固定方法应符合设计要求	观察；手扳检查；检查隐蔽工程验收记录和施工记录
	5.2.10	木门窗扇必须安装牢固，并应开关灵活、关闭严密，无倒翘	观察；开启和关闭检查；手扳检查
	5.2.11	木门窗配件的型号、规格、数量应符合设计要求，安装应牢固，位置应正确，功能应满足使用要求	观察；开启和关闭检查；手扳检查
一般项目	5.2.15	木门窗与墙体间缝隙的填嵌材料应符合设计要求，填嵌应饱满。寒冷地区外门窗（或门窗框）与砌体间的空隙应填充保温材料	轻敲门窗框检查；检查隐蔽工程验收记录和施工记录
	5.2.16	木门窗批水、盖口条、压缝条、密封条安装应顺直，与门窗结合应牢固、严密	观察；手扳检查
	5.2.18	木门窗安装的留缝限值、允许偏差和检验方法应符合《建筑装饰装修工程质量验收标准》（GB 50210—2018）第 5.2.18 的规定	—

注：1. 检验批容量填写：同一检验批内应填写门窗的总樘数。
    2. "最小/实际抽样数量"栏中，实际抽样数量按实填写（不得少于最小抽样数量）；最小抽样数量：按容量的 5% 计算，且不能少于 3 樘，当容量数不足 3 樘时全数检查，高层建筑的外窗按容量的 10% 计算，且不能少于 6 樘，不足 6 樘时全数检查。
    3. 凡检查记录中的检查处均应提供现场验收检查原始记录。
    4. 本表出自《建筑装饰装修工程质量验收标准》（GB 50210—2018）。

4. 金属门窗安装分项检验批质量验收标准（以铝合金门窗为例）

金属门窗安装分项检验批的质量检验标准和检验方法详见表 4-58。

表 4-58 金属门窗安装分项检验批的质量检验标准和检验方法

项目	标准内容	检验方法
主控项目	铝合金门窗的品种、类型、规格、尺寸、性能、开启方向、安装位置、连接方式及铝合金门窗的型材壁厚应符合设计要求。门窗的防腐处理及填嵌、密封处理应符合设计要求	观察、尺量检查，检查出厂合格证书、性能检测报告、复验报告、进场验收记录及隐蔽验收记录
	铝合金门窗气密性、水密性、抗风压性、保温性能、中空玻璃露点、玻璃遮阳系数和可见光透射比应符合设计要求	核查质量证明文件和复验报告
	铝合金门窗框、附框和扇的安装必须牢固，固定片和膨胀螺栓的数量、位置应正确，连接方式应符合设计要求	观察和手试检查，并检查隐蔽验收记录
	铝合金门窗框或附框与墙体间的缝隙应采用闭孔弹性材料填嵌饱满，窗框外侧与窗台面之间应采用中性硅酮密封胶密封。外门窗框与附框之间的间隙应使用密封胶密封。密封胶应粘接牢固，表面应光滑、顺直、无裂纹	观察、检查隐蔽验收记录
	寒冷地区的外门安装，应按照设计要求采取保温、密封等节能措施	观察检查
	铝合金门窗拼樘料的规格、壁厚必须符合设计要求，窗框必须与拼樘料连接紧密，不得松动，固定间距不大于 500mm	测量、观察、手试检查，检查进场验收记录及隐蔽验收记录
	铝合金门窗扇应开关灵活，关闭严密，无倒翘。推拉门窗扇必须有防脱落措施	观察，开启、手扳检查

（续）

项目	标准内容			检验方法
主控项目	铝合金门窗配件的型号、规格、数量应符合设计要求，安装应牢固，位置应正确，功能应满足使用要求			观察，开启和关闭检查，手试检查
	铝合金门窗的防雷施工应符合设计要求			观察、检查隐蔽验收记录
	隐框窗的结构胶缝尺寸应符合设计要求			观察、检查隐蔽验收记录
一般项目	铝合金门窗表面应洁净、平整、光滑、色泽一致，无锈蚀。大面应无划痕、碰伤。漆膜或保护层应连续			观察检查
	门窗扇开关力≤50N，提拉窗扇开关力≤100N			弹簧秤检查
	橡胶密封条应安装完好，接缝应平整，不得明显露缝、卷边、脱槽			观察
	玻璃安装应采用胶条或中性硅酮密封胶密封，玻璃不得直接接触型材，安装好的玻璃应平整、牢固，不应有松动现象，内外表面均应洁净。中空玻璃夹层内不得有灰尘和水汽，玻璃隔条不得翘起。镀膜玻璃镀膜层应在外层玻璃内侧			观察
	排水孔应畅通，位置和数量应符合设计要求			观察
	项目		允许偏差/mm	
	门窗槽口宽度、高度差	<2000mm	2	用钢卷尺检查
		≥2000mm <3500mm	3	
		≥3500mm	5	
	门窗槽口对角线长度差	<3000mm	3	用钢卷尺检查，量内角
		≥3000mm <5000mm	4	
		≥5000mm	5	
	门窗框（含拼樘料）正、侧面的垂直度		2.5	用1m垂直检测尺检查
	门窗框（含拼樘料）的水平度		2	用1m水平靠尺、塞尺检查
	门窗横框的标高		5	用钢板尺检查，与基准线比较
	门窗竖向偏离中心间距		5	用线坠、钢板尺检查
	双层门窗内外框之间的偏差		4	用钢板尺检查
	平开门窗及上悬、下悬、中悬窗	门窗扇与框搭接宽度	1.5	用钢板尺检查
		同樘门相邻扇的高度差	2.0	用深度尺或钢板尺检查
		门窗铰链部位的配合间隙	1.0	用塞尺检查
	推拉门窗	门窗扇与框搭接宽度	1.5	用深度尺或钢板尺检查
		门窗扇与框或相邻扇立边平行度	2.0	用1m钢板尺检查
	隐框窗	胶缝宽度	2.0	用钢板尺检查
		相邻面板平面度	0.4	用深度尺检查

注：1. 检验批容量填写：同一检验批内应填写门窗的总樘数。
2. "最小/实际抽样数量"栏中，实际抽样数量按实填写（不得少于最小抽样数量）；最小抽样数量：按容量的5%计算，并不得少于3樘，不足3樘时应全数检查。10层及10层以上的高层建筑的外门窗，每个检验批应至少抽样10%，并不得少于6樘，不足6樘时应全数检查。
3. 凡检查记录中的检查处应均提供现场验收检查原始记录。
4. 本表出自《铝合金门窗工程技术规程》（DGJ32/J 07—2009）。

5. 塑料门窗安装分项检验批质量验收标准

塑料门窗安装分项检验批的质量检验标准和检验方法详见表 4-59。

表 4-59　塑料门窗安装分项检验批的质量检验标准和检验方法

项目	标准内容			检验方法
主控项目	塑料门窗的品种、类型、规格、尺寸、性能、颜色、开启方向、安装位置、连接方式及填嵌密封处理应符合设计要求,内衬增强型钢的壁厚及设置应符合国家现行产品标准的质量要求			观察、尺量检查,检查出厂合格证书、性能检测报告、复验报告、进场验收记录及隐蔽验收记录
	塑料门窗框、副框和扇的安装必须牢固。固定片和膨胀螺栓的数量与位置应正确,连接方式应符合设计要求。固定点应距窗角、中横框、中竖框 150~200mm,固定点间距应不大于 600mm			观察和手试检查;检查进场验收记录及隐蔽验收记录
	塑料门窗拼樘料内衬增强型钢的规格、壁厚必须符合设计要求,型钢应与型材内腔紧密吻合,两端必须与洞口固定牢固。窗框必须与拼樘料连接紧密,不得松动,固定点间距应不大于 600mm。拼樘料与窗框间必须用嵌缝膏密封			测量、观察、手试检查;检查进场验收记录及隐蔽验收记录
	塑料门窗扇应开关灵活、关闭严密,无倒翘。推拉门窗扇必须有防脱落措施			观察、开启、手扳检查
	塑料门窗框与墙体间缝隙应采用闭孔弹性材料填嵌饱满,表面应采用中性硅酮密封胶密封。密封胶应粘接牢固,表面应光滑、顺直、无裂纹			观察、检查隐蔽验收记录
	塑料门窗配件的型号、规格、数量应符合设计要求,安装应牢固,位置应正确,功能应满足使用要求			观察,开启和关闭检查,手试检查
	外门窗有保温、隔声性能要求的,应符合设计要求及国家有关标准的规定			检查相关指标的测试报告
一般项目	门窗表面应洁净、平整、光滑,大面应无划痕、碰伤,型材无明显色差			观察检查
	塑料门窗扇密封条不得脱槽。框扇四周间隙应均匀,不得有明显漏缝			观察检查
	平开门窗扇,平铰链的开关力应不大于 80N;滑撑铰链的开关力应不大于 80N,并不小于 30N 推拉门窗扇的开关力应不大于 100N,提拉窗扇的开关力应不大于 100N			弹簧秤检查
	玻璃密封条与玻璃槽口的接缝应平整,不得卷边、脱槽			观察
	排水孔应畅通,位置和数量应符合设计要求			观察
	项目		允许偏差 /mm	—
	门窗槽口宽度、高度差	≤1500mm	2	用钢卷尺检查
		>1500mm	3	
	门窗槽口对角线长度差	≤2000mm	3	用钢卷尺检查,量内角
		>2000mm	5	
	门窗框的正、侧面垂直度 /mm		3	用 1m 垂直检测尺检查
	门窗横框的水平度 /mm		3	用 1m 水平尺和塞尺检查
	门窗横框标高 /mm		5	用钢板尺检查,与基准线比较
	门窗竖向偏离中心 /mm		5	用线坠、钢板尺检查
	双层门窗内外框之间的偏差 /mm		4	用钢板尺检查
	平开门窗	门窗扇与框搭接宽度 /mm	1	用钢板尺检查
		同樘门窗相邻扇的高度差 /mm	2	用深度尺或钢板尺检查
		门窗铰链部位的配合间隙 /mm	1	用塞尺检查

（续）

项目	标准内容			检验方法
	项目		允许偏差/mm	—
一般项目	推拉门窗	门窗扇与框搭接宽度/mm	1	用深度尺或钢板尺检查
		门窗扇与框或相邻扇立边平行度/mm	2	用1m钢板尺检查
	无下框门扇与地面间留缝/mm	外门	3~5	用塞尺检查
		内门	5~7	用塞尺检查
		卫生间门	7~10	用塞尺检查

注：1. 检验批容量填写：同一检验批内应填写门窗的总樘数。
　　2. "最小/实际抽样数量"栏中，实际抽样数量按实填写（不得少于最小抽样数量）；最小抽样数量：按容量的5%计算，并不得少于3樘，不足3樘时应全数检查。10层及10层以上的高层建筑的外门窗，每个检验批应至少抽样10%，并不得少于6樘，不足6樘时应全数检查。
　　3. 凡检查记录中的检查处均应提供现场验收检查原始记录。
　　4. 本表出自《塑料门窗工程技术规程》（DGJ32/J 62—2008）。

4.4.5　饰面砖子分部工程质量检验与验收

1.《建筑装饰装修工程质量验收标准》（GB 50210—2018）的一般规定

本节适用于内墙饰面砖粘贴和高度不大于100m、抗震设防烈度不大于8度、采用满粘法施工的外墙饰面砖粘贴等分项工程的质量验收。

饰面砖工程验收时应检查下列文件和记录：

（1）饰面砖工程的施工图、设计说明及其他设计文件。

（2）材料的产品合格证书、性能检验报告、进场验收记录和复验报告。

（3）外墙饰面砖样板的粘结强度检验报告。

（4）隐蔽工程验收记录。

（5）施工记录。

饰面砖工程应对下列材料及其性能指标进行复验：

（1）室内用花岗石和瓷质饰面砖的放射性。

（2）水泥基粘结材料与所用外墙饰面砖的粘结强度。

（3）外墙陶瓷饰面砖的吸水率。

（4）严寒及寒冷地区外墙陶瓷饰面砖的抗冻性。

饰面砖工程应对下列隐蔽工程项目进行验收：

（1）基层和基体。

（2）防水层。

各分项工程的检验批应按下列规定划分：

（1）相同材料、工艺和施工条件的室内饰面砖工程每50间应划分为一个检验批，不足50

间也应划分为一个检验批,大面积房间和走廊可按饰面砖面积每 $30m^2$ 计为 1 间。

(2)相同材料、工艺和施工条件的室外饰面砖工程每 $1000m^2$ 应划分为一个检验批,不足 $1000m^2$ 也应划分为一个检验批。

检查数量应符合下列规定:

(1)室内每个检验批应至少抽查 10%,并不得少于 3 间,不足 3 间时应全数检查。

(2)室外每个检验批每 $100m^2$ 应至少抽查一处,每处不得小于 $10m^2$。

外墙饰面砖工程施工前,应在待施工基层上做样板,并对样板的饰面砖粘结强度进行检验,检验方法和结果判定应符合《建筑工程饰面砖粘结强度检验标准》(JGJ/T 110—2017)的规定。

饰面砖工程的防震缝、伸缩缝、沉降缝等部位的处理应保证缝的使用功能和饰面的完整性。

2. 内墙饰面砖粘贴分项检验批质量验收标准

内墙饰面砖粘贴分项检验批的质量检验标准和检验方法详见表 4-60。

表 4-60 内墙饰面砖粘贴分项检验批的质量检验标准和检验方法

项目	条款号	标准内容	检验方法
主控项目	8.3.2	饰面砖的品种、规格、图案、颜色和性能应符合设计要求	观察;检查产品合格证书、进场验收记录、性能检测报告和复验报告
	8.3.3	饰面砖粘贴工程的找平、防水、粘结、勾缝材料、施工方法应符合设计要求及国家现行产品标准和工程技术标准的规定	检查产品合格证书、复验报告和隐蔽工程验收记录
	8.3.4	饰面砖粘贴必须牢固	检查样板件粘结强度检测报告和施工记录
	8.3.5	满粘法施工的饰面砖工程应无空鼓、裂缝	观察;用小锤轻击检查
一般项目	8.3.6	饰面砖表面应平整、洁净、色泽一致,无裂痕和缺损	观察
	8.3.7	阴(阳)角处搭接方式、非整砖使用部位应符合设计要求	观察
	8.3.8	墙面突出物周围的饰面砖应整砖套割吻合,边缘应整齐。墙裙、贴脸突出墙面的厚度应一致	观察;尺量检查
	8.3.9	饰面砖接缝应平直、光滑,填嵌应连续、密实;宽度和深度应符合设计要求	观察;尺量检查
	8.3.10	有排水要求的部位应做滴水线(槽)。滴水线(槽)应顺直,流水坡向应正确,坡度应符合设计要求	观察;用水平尺检查
	8.3.11	饰面砖粘贴的允许偏差和检验方法应符合《建筑装饰装修工程质量验收标准》(GB 50210—2018)表 8.3.11 的规定	—

注:1. 检验批容量填写:同一检验批内,室内工程填写房间的总数量,室外工程填写总面积。
2. "最小 / 实际抽样数量"栏中,实际抽样数量填写实际抽样的房间数;最小抽样数量填写:室内工程按容量的 10% 计算,且不少于 3 间,当不足 3 间时应全数抽样,室外工程按容量计算,每 $100m^2$ 应至少抽样一处,每处不得小于 $10m^2$。
3. 凡检查记录中的检查处均应提供现场验收检查原始记录。
4. 本表出自《建筑装饰装修工程质量验收标准》(GB 50210—2018)。

3. 外墙饰面砖粘贴分项检验批质量验收标准

外墙饰面砖粘贴分项检验批的质量检验标准和检验方法详见表 4-61。

模块四 建筑工程施工质量检验与验收实务

表 4-61 外墙饰面砖粘贴分项检验批的质量检验标准和检验方法

项目	条款号	标准内容	检验方法
主控项目	8.3.2	饰面砖的品种、规格、图案、颜色和性能应符合设计要求	观察；检查产品合格证书、进场验收记录、性能检测报告和复验报告
	8.3.3	饰面砖粘贴工程的找平、防水、粘结、勾缝材料、施工方法应符合设计要求及国家现行产品标准和工程技术标准的规定	检查产品合格证书、复验报告和隐蔽工程验收记录
	8.3.4	饰面砖粘贴必须牢固	检查样板件粘结强度检测报告和施工记录
	8.3.5	满粘法施工的饰面砖工程应无空鼓、裂缝	观察；用小锤轻击检查
一般项目	8.3.6	饰面砖表面应平整、洁净、色泽一致，无裂痕和缺损	观察
	8.3.7	阴（阳）角处搭接方式、非整砖使用部位应符合设计要求	观察
	8.3.8	墙面突出物周围的饰面砖应整砖套割吻合，边缘应整齐。墙裙、贴脸突出墙面的厚度应一致	观察；尺量检查
	8.3.9	饰面砖接缝应平直、光滑，填嵌应连续、密实；宽度和深度应符合设计要求	观察；尺量检查
	8.3.10	有排水要求的部位应做滴水线（槽）。滴水线（槽）应顺直，流水坡向应正确，坡度应符合设计要求	观察；用水平尺检查
	8.3.11	饰面砖粘贴的允许偏差和检验方法应符合《建筑装饰装修工程质量验收标准》（GB 50210—2018）表 8.3.11 的规定	—

注：1. 检验批容量填写：同一检验批内，室内工程填写房间的总数量，室外工程填写总面积。
2. "最小/实际抽样数量"栏中，实际抽样数量填写实际抽样的房间数；最小抽样数量填写：室内工程按容量的 10% 计算，且不少于 3 间，当不足 3 间时应全数抽样，室外工程按容量计算，每 100m² 应至少抽样一处，每处不得小于 10m²。
3. 凡检查记录中的检查处均应提供现场验收检查原始记录。
4. 本表出自《建筑装饰装修工程质量验收标准》（GB 50210—2018）。

4.4.6 涂饰子分部工程施工质量检验与验收

1.《建筑装饰装修工程质量验收标准》（GB 50210—2018）的一般规定

本节适用于水性涂料涂饰、溶剂型涂料涂饰、美术涂饰等分项工程的质量验收。水性涂料包括乳液型涂料、无机涂料、水溶性涂料等；溶剂型涂料包括丙烯酸酯涂料、聚氨酯丙烯酸料、有机硅丙烯酸涂料、交联型氟树脂涂料等；美术涂饰包括套色涂饰、滚花涂饰、仿花纹涂饰等。

涂饰工程验收时应检查下列文件和记录：
（1）涂饰工程的施工图、设计说明及其他设计文件。
（2）材料的产品合格证书、性能检验报告、有害物质限量检验报告和进场验收记录。
（3）施工记录。

各分项工程的检验批应按下列规定划分：
（1）室外涂饰工程每一栋楼的同类涂料涂饰的墙面每 1000m² 应划分为一个检验批，不足 1000m² 也应划分为一个检验批。

（2）室内涂饰工程同类涂料涂饰墙面每50间应划分为一个检验批，不足50间也应划分为一个检验批，大面积房间和走廊可按涂饰面积每30m²计为1间。

检查数量应符合下列规定：

（1）室外涂饰工程每100m²应至少检查一处，每处不得小于10m²。

（2）室内涂饰工程每个检验批应至少抽查10%，并不得少于3间；不足3间时应全数检查。

涂饰工程的基层处理应符合下列规定：

（1）新建筑物的混凝土或抹灰基层在用腻子找平或直接涂饰涂料前应涂刷抗碱封闭底漆。

（2）既有建筑墙面在用腻子找平或直接涂饰涂料前应清除疏松的旧装修层，并涂刷界面剂。

（3）混凝土或抹灰基层在用溶剂型腻子找平或直接涂刷溶剂型涂料时，含水率不得大于8%；在用乳液型腻子找平或直接涂刷乳液型涂料时，含水率不得大于10%，木材基层的含水率不得大于12%。

（4）找平层应平整、坚实、牢固，无粉化、起皮和裂缝；内墙找平层的粘结强度应符合《建筑室内用腻子》（JG/T 298—2010）的规定。

（5）厨房、卫生间墙面的找平层应使用耐水腻子。

水性涂料涂饰工程施工的环境温度应为5~35℃。

涂饰工程施工时应对与涂层衔接的其他装修材料、邻近的设备等采取有效的保护措施，以避免由涂料造成的沾污。

涂饰工程应在涂层养护期满后进行质量验收。

2. 水性涂料（薄涂料）涂饰分项检验批质量验收标准

水性涂料（薄涂料）涂饰分项检验批的质量检验标准和检验方法详见表4-62。

表4-62 水性涂料（薄涂料）涂饰分项检验批的质量检验标准和检验方法

项目	条款号	标准内容	检验方法
主控项目	10.2.2	水性涂料涂饰工程所用涂料的品种、型号和性能应符合设计要求	检查产品合格证书、性能检测报告和进场验收记录
	10.2.3	水性涂料涂饰工程的颜色、图案应符合设计要求	观察
	10.2.4	水性涂料涂饰工程应涂饰均匀、粘结牢固，不得漏涂、透底、起皮和掉粉	观察；手摸检查
	10.2.5	水性涂料涂饰工程的基层处理应符合《建筑装饰装修工程质量验收标准》（GB 50210—2018）第10.1.5条的要求	观察；手摸检查；检查施工记录
一般项目	10.2.6~10.2.8	薄涂料、厚涂料、复层涂料的涂饰质量和检验方法分别执行《建筑装饰装修工程质量验收标准》（GB 50210—2018）表10.2.6~表10.2.8的规定	—
	10.2.9	涂层与其他材料和设备衔接处应吻合，界面应清晰	观察

注：1. 检验批容量填写：同一检验批内，室外涂饰工程计算总面积，室内涂饰工程计算房间总数量。

2."最小/实际抽样数量"栏中，实际抽样数量填写实际抽样的数量；最小抽样数量填写：室外涂饰工程按容量每100m²至少抽样一处，室内涂饰工程按容量的10%计算，并不得少于3间，不足3间时全数抽样。

3. 凡检查记录中的检查处均应提供现场验收检查原始记录。

4. 本表出自《建筑装饰装修工程质量验收标准》（GB 50210—2018）。

3. 溶剂型涂料（清漆）涂饰分项检验批质量验收标准

溶剂型涂料（清漆）涂饰分项检验批的质量检验标准和检验方法详见表 4-63。

表 4-63 溶剂型涂料（清漆）涂饰分项检验批的质量检验标准和检验方法

项目	条款号	标准内容	检验方法
主控项目	10.3.2	溶剂型涂料涂饰工程所选用涂料的品种、型号和性能应符合设计要求	检查产品合格证书、性能检测报告和进场验收记录
	10.3.3	溶剂型涂料涂饰工程的颜色、光泽、图案应符合设计要求	观察
	10.3.4	溶剂型涂料涂饰工程应涂饰均匀、粘结牢固，不得漏涂、透底、起皮和反锈	观察；手摸检查
	10.3.5	溶剂型涂料涂饰工程的基层处理应符合《建筑装饰装修工程质量验收标准》（GB 50210—2018）第 10.1.5 条的规定	观察；手摸检查；检查施工记录
一般项目	10.3.6 10.3.7	色漆、清漆的涂饰质量和检验方法应分别符合《建筑装饰装修工程质量验收标准》（GB 50210—2018）表 10.3.6、表 10.3.7 的规定	—
	10.3.8	涂层与其他材料和设备衔接处应吻合，界面应清晰	观察

注：1. 检验批容量填写：同一检验批内，室外涂饰工程计算总面积，室内涂饰工程计算房间总数量。
  2. "最小/实际抽样数量"栏中，最小抽样数量填写（不得少于规范中抽样数量）：室外涂饰工程按容量每 100m³ 至少抽样一处，室内涂饰工程按容量的 10% 计算，并不得少于 3 间，不足 3 间时全数抽样。
  3. 凡检查记录中的检查处均应提供现场验收检查原始记录。
  4. 本表出自《建筑装饰装修工程质量验收标准》（GB 50210—2018）。

4.4.7 细部工程子分部施工质量检验与验收

1.《建筑装饰装修工程质量验收标准》（GB 50210—2018）的一般规定

本节适用于固定橱柜制作与安装、窗帘盒和窗台板制作与安装、门窗套制作与安装、护栏和扶手制作与安装、花饰制作与安装等分项工程的质量验收。

细部工程验收时应检查下列文件和记录：

（1）施工图、设计说明及其他设计文件。

（2）材料的产品合格证书、性能检验报告、进场验收记录和复验报告。

（3）隐蔽工程验收记录。

（4）施工记录。

细部工程应对花岗石的放射性和人造木板的甲醛释放量进行复验。

细部工程应对下列部位进行隐蔽工程验收：

（1）预埋件（或后置埋件）。

（2）护栏与预埋件的连接节点。

各分项工程的检验批应按下列规定划分：

（1）同类制品每 50 间（处）应划分为一个检验批，不足 50 间（处）也应划分为一个检验批。

（2）每部楼梯应划分为一个检验批。

橱柜、窗帘盒、窗台板、门窗套和室内花饰的每个检验批应至少抽查 3 间（处），不足 3

间(处)时应全数检查;护栏、扶手和室外花饰的每个检验批应全数检查。

2. 护栏和扶手制作与安装分项检验批质量验收标准

护栏和扶手制作与安装分项检验批的质量检验标准和检验方法详见表 4-64。

表 4-64 护栏和扶手制作与安装分项检验批的质量检验标准和检验方法

项目	条款号	标准内容	检验方法
主控项目	12.5.3	护栏和扶手制作与安装所使用材料的材质、规格、数量,以及木材、塑料的燃烧性能等级应符合设计要求	观察;检查产品合格证书、进场验收记录和性能检测报告
主控项目	12.5.4	护栏和扶手的造型、尺寸及安装位置应符合设计要求	观察;尺量检查;检查进场验收记录
主控项目	12.5.5	护栏和扶手安装预埋件的数量、规格、位置,以及护栏与预埋件的连接节点应符合设计要求	检查隐蔽工程验收记录和施工记录
主控项目	12.5.6	护栏高度、栏杆间距、安装位置必须符合设计要求。护栏安装必须牢固	观察;尺量检查;手扳检查
主控项目	12.5.7	护栏玻璃应使用公称厚度不小于 12mm 的钢化玻璃或钢化夹层玻璃。当护栏一侧距楼地面高度为 5m 及以上时,应使用钢化夹层玻璃	观察;尺量检查;检查产品合格证书和进场验收记录
一般项目	12.5.8	护栏和扶手的转角弧度应符合设计要求,接缝应严密,表面应光滑,色泽应一致,不得有裂缝、翘曲及损坏	观察;手摸检查
一般项目	12.5.9	护栏和扶手安装的允许偏差及检验方法应符合《建筑装饰装修工程质量验收标准》(GB 50210—2018)表 12.5.9 的规定	—

注:1. 检验批容量填写:一个检验批内应填写间(处)的总数量。
2. "最小/实际抽样数量"栏中,最小抽样数量应为全数抽样。
3. 凡检查记录中的检查处均应提供现场验收检查原始记录。
4. 本表出自《建筑装饰装修工程质量验收标准》(GB 50210—2018)。

4.4.8 建筑地面子分部工程施工质量检验与验收

一、建筑地面子分部工程质量验收的一般规定

建筑地面工程子分部工程、分项工程的划分应参照本教材表 2-1 的规定执行。

从事建筑地面工程施工的建筑施工企业应有质量管理体系和相应的施工工艺技术标准。

建筑地面工程采用的材料或产品应符合设计要求和国家现行有关标准的规定。无国家现行标准的,应具有省级住房和城乡建设行政主管部门的技术认可文件。材料或产品进场时还应符合下列规定:

(1)应有质量合格证明文件。
(2)应对型号、规格、外观等进行验收,对重要材料或产品应抽样进行复验。

建筑地面工程采用的大理石、花岗石、料石等天然石材以及砖、预制板块、地毯、人造板材、胶粘剂、涂料、水泥、砂、石、外加剂等材料或产品应符合国家现行有关室内环境污染控制和放射性、有害物质限量的规定。材料进场时应具有检测报告。

厕浴间和有防滑要求的建筑地面应符合设计防滑要求。

有种植要求的建筑地面，其构造做法应符合设计要求和《种植屋面工程技术规程》（JGJ 155—2013）的有关规定。设计无要求时，种植地面应低于相邻建筑地面 50mm 以上。

地面辐射供暖系统的设计、施工及验收应符合《辐射供暖供冷技术规程》（JGJ 142—2012）的有关规定。

地面辐射供暖系统施工验收合格后，方可进行面层铺设。面层分格缝的构造做法应符合设计要求。

建筑地面下的沟槽、暗管、保温、隔热、隔声等工程完工后，应经检验合格并做隐蔽记录，方可进行建筑地面工程的施工。

建筑地面工程基层（各构造层）和面层的铺设，均应待其下一层检验合格后方可施工上一层。建筑地面工程各层铺设前与相关专业的分部（子分部）工程、分项工程以及设备管道安装工程之间，应进行交接检验。

建筑地面工程施工时，各层环境温度的控制应符合材料或产品的技术要求，并应符合下列规定：

（1）采用掺有水泥、石灰的拌合料铺设以及用石油沥青胶结料铺贴时，不应低于 5℃。

（2）采用有机胶粘剂粘贴时，不应低于 10℃。

（3）采用砂、石材料铺设时，不应低于 0℃。

（4）采用自流平、涂料铺设时，不应低于 5℃，也不应高于 30℃。

铺设有坡度的地面时应采用基土高差达到设计要求的坡度；铺设有坡度的楼面（或架空地面）时应采用在结构楼层板上变更填充层（或找平层）铺设的厚度的方式或以结构起坡达到设计要求的坡度。

建筑物室内接触基土的首层地面施工应符合设计要求，并应符合下列规定：

（1）在冻胀性土上铺设地面时，应按设计要求做好防冻胀土处理后方可施工，并不得在冻胀土层上进行填土施工。

（2）在永冻土上铺设地面时，应按建筑节能要求进行隔热、保温处理后方可施工。

室外散水、明沟、踏步、台阶和坡道等，其面层和基层（各构造层）均应符合设计要求。施工时应按《建筑地面工程施工质量验收规范》（GB 50209—2010）的规定执行。

水泥混凝土散水、明沟应设置伸缩缝，其延长米间距不得大于 10m，对日晒强烈且昼夜温差超过 15℃的地区，其延长米间距宜为 4~6m。水泥混凝土散水、明沟和台阶等与建筑物连接处及房屋转角处应设缝处理。上述缝的宽度应为 15~20mm，缝内应填嵌柔性密封材料。

建筑地面的变形缝应按设计要求设置，并应符合下列规定：

（1）建筑地面的沉降缝、伸缩缝和防震缝，应与结构相应缝的位置一致，且应贯通建筑地面的各构造层。

（2）沉降缝和防震缝的宽度应符合设计要求，缝内应清理干净，以柔性密封材料填嵌后用板封盖，并应与面层齐平。

当建筑地面采用镶边时，应按设计要求设置并应符合下列规定：

（1）有强烈机械作用下的水泥类整体面层与其他类型的面层邻接处，应设置金属镶边构件。

(2）具有较大振动或变形的设备基础与周围建筑地面的邻接处，应沿设备基础周边设置贯通建筑地面各构造层的沉降缝（防震缝），缝的处理应执行《建筑地面工程施工质量验收规范》（GB 50209—2010）第3.0.16条的规定。

（3）采用水磨石整体面层时，应用同类材料镶边，并用分格条进行分格。

（4）条石面层和砖面层与其他面层邻接处，应用顶铺的同类材料镶边。

（5）采用木、竹面层和塑料板面层时，应用同类材料镶边。

（6）地面面层与管沟、孔洞、检查井等邻接处，均应设置镶边。

（7）管沟、变形缝等处的建筑地面面层的镶边构件，应在面层铺设前装设。

（8）建筑地面的镶边宜与柱、墙面或踢脚板的变化协调一致。

厕浴间、厨房和有排水（或其他液体）要求的建筑地面面层与相连接各类面层的标高高差应符合设计要求。

检验同一施工批次、同一配合比水泥混凝土和水泥砂浆强度的试块，应按每一层（或检验批）建筑地面工程不少于1组进行。当每一层（或检验批）建筑地面工程的面积大于1000m^2时，每增加1000m^2应增做1组试块；小于1000m^2按1000m^2计算，取样1组；检验同一施工批次、同一配合比的散水、明沟、踏步、台阶、坡道的水泥混凝土、水泥砂浆强度的试块，应按每150延长米不少于1组进行。

各类面层的铺设宜在室内装饰工程基本完工后进行。木、竹面层，塑料板面层，活动地板面层，地毯面层的铺设，应待抹灰工程、管道试压等完工后进行。

建筑地面工程施工质量的检验，应符合下列规定：

（1）基层（各构造层）和各类面层的分项工程的施工质量验收应按每一层次或每层施工段（或变形缝）划分检验批，高层建筑的标准层可按每3层（不足3层按3层计）划分检验批。

（2）每个检验批应以各子分部工程的基层（各构造层）和各类面层所划分的分项工程按自然间（或标准间）检验，抽查数量应随机检验且不应少于3间；不足3间的，应全数检查。其中，走廊（过道）应以10延长米为1间，工业厂房（按单跨计）、礼堂、门厅应以两个轴线为1间计算。

（3）有防水要求的建筑地面子分部工程的分项工程施工质量，每检验批抽查数量应按其房间总数随机检验且不应少于4间，不足4间的应全数检查。

建筑地面工程分项工程的施工质量检验的主控项目，应达到《建筑地面工程施工质量验收规范》（GB 50209—2010）规定的质量标准，认定为合格；一般项目80%以上的检查点（处）符合《建筑地面工程施工质量验收规范》（GB 50209—2010）规定的质量要求，其他检查点（处）不得有明显影响使用的质量问题，且最大偏差值不超过允许偏差值的50%为合格。

凡达不到质量标准的，应按《建筑工程施工质量验收统一标准》（GB 50300—2013）的规定处理。

建筑地面工程的施工质量验收应在建筑施工企业自检合格的基础上，由监理单位或建设单位组织有关单位对分项工程、子分部工程进行检验。检验方法应符合下列规定：

（1）检查允许偏差时应采用钢尺、1m直尺、2m直尺、3m直尺、2m靠尺、楔形塞尺、坡度尺、游标卡尺和水准仪。

（2）检查空鼓时应采用敲击的方法。

（3）检查防水隔离层时应采用蓄水方法，蓄水深度最浅处不得小于10mm，蓄水时间不得少于24h。检查有防水要求的建筑地面的面层时应采用泼水方法。

（4）检查各类面层（含不需铺设的部分或局部面层）表面的裂纹、脱皮、麻面和起砂等缺陷时应采用观感的方法。

建筑地面工程完工后，应对面层采取保护措施。

二、基层铺设分项工程施工质量验收

1. 基层铺设分项工程质量验收的一般规定

本节适用于基土、垫层、找平层、填充层、隔离层、绝热层等基层分项工程的施工质量检验。

基层铺设的材料质量、密实度和强度等级（或配合比）等应符合设计要求和《建筑地面工程施工质量验收规范》（GB 50209—2010）的规定。

基层铺设前，其下一层表面应干净、无积水。

垫层分段施工时，接槎处应做成阶梯形，每层接槎处的水平距离应错开0.5~1.0m。接槎处不应设在地面荷载较大的部位。

当垫层、找平层、填充层内埋设暗管时，管道应按设计要求予以稳固。

对有防静电要求的整体地面的基层，应清除残留物，将露出基层的金属物涂绝缘漆两遍，晾干。

基层的标高、坡度、厚度等应符合设计要求。基层表面应平整，其允许偏差和检验方法应符合表4-65的规定。

表4-65 基层表面的允许偏差和检验方法

项次	项目	允许偏差/mm												检验方法
		基土	垫层				找平层				填充层	隔离层	绝热层	
			砂、砂石、碎石、碎砖	灰土、三合土、四合土、炉渣、水泥混凝土、陶粒混凝土	木格栅	垫层地板		用胶结料作为结合层铺设板块面层	用水泥砂浆作为结合层铺设板块面层	用胶粘剂作为结合层铺设拼花木板、油渍纸层压木质地板、实木复合地板、竹地板、软木地板面层	金属板面层	松散材料	板、块材料	防水、防潮、防油渗	板块材料、浇筑材料、喷涂材料	
						拼花实木地板、拼花实木复合地板、软木类地板面层	其他种类面层									
1	表面平整度	15	15	10	3	3	5	3	5	2	3	7	5	3	4	用2m靠尺和楔形塞尺检查
2	标高	0 −50	±20	±10	±5	±5	±8	±5	±8	±4	±4	±4	±4	±4	±4	用水准仪检查
3	坡度	不大于房间相应尺寸的2/1000，且不大于30														用坡度尺检查
4	厚度	在个别地方不大于设计厚度的1/10，且不大于20														用钢尺检查

2. 基土分项施工质量检验与验收

（1）基土分项施工质量检验与验收的规定如下：

地面应铺设在均匀密实的基土上。土层结构被扰动的基土应进行换填，并予以压实。压实系数应符合设计要求。

对软弱土层应按设计要求进行处理。

填土应分层摊铺、分层压（夯）实、分层检验其密实度。填土质量应符合《建筑地基基础工程施工质量验收标准》（GB 50202—2018）的有关规定。

填土时土壤含水率应为最优含水率。重要工程或大面积的地面填土前，应取土样，按击实试验确定最优含水率与相应的最大干密度。

（2）基土分项检验批质量验收标准。基土分项检验批的质量检验标准和检验方法详见表 4-66。

表 4-66　基土分项检验批的质量检验标准和检验方法

项目	条款号	标准内容	检验方法
主控项目	4.2.5	基土不应用淤泥、腐殖土、冻土、耕植土、膨胀土和建筑杂物作为填土，填土土块的粒径不应大于 50mm	观察检查和检查土质记录
主控项目	4.2.6	Ⅰ类建筑基土的氡浓度应符合现行国家标准《民用建筑工程室内环境污染控制标准》（GB 50325—2020）的规定	检查检测报告
主控项目	4.2.7	基土应均匀密实，压实系数应符合设计要求，设计无要求时不应小于 0.9	观察检查和检查试验记录
一般项目	4.2.8	基土表面的允许偏差应符合《建筑地面工程施工质量验收规范》（GB 50209—2010）表 4.1.7 的规定	按《建筑地面工程施工质量验收规范》（GB 50209—2010）表 4.1.7 中的检验方法检验

注：1. 检验批容量填写：在同一检验批内，应填写房间的总数量。
2. "最小/实际抽样数量"栏中，实际抽样数量按实填写（不得少于最小抽样数量）；最小抽样数量应填写不少于 3 间，不足 3 间全数抽样，有防水要求的应填写不少于 4 间，不足 4 间全数抽样。
3. 凡检查记录中的检查处均应提供现场验收检查原始记录。
4. 本表出自《建筑地面工程施工质量验收规范》（GB 50209—2010）。

3. 砂石垫层分项质量验收标准

砂石垫层分项检验批的质量检验标准和检验方法详见表 4-67。

表 4-67　砂石垫层分项检验批的质量检验标准和检验方法

项目	条款号	标准内容	检验方法
主控项目	4.4.3	砂和砂石不应含有草根等有机杂质；砂应采用中砂；石子最大颗粒不应大于垫层厚度的 2/3	观察检查和检查质量合格证明文件
主控项目	4.4.4	砂垫层和砂石垫层的干密度（或贯入度）应符合设计要求	观察检查和检查试验记录
一般项目	4.4.5	表面不应有砂窝、石堆等现象	观察检查
一般项目	4.4.6	砂垫层和砂石垫层的表面允许偏差应符合《建筑地面工程施工质量验收规范》（GB 50209—2010）表 4.1.7 的规定	按《建筑地面工程施工质量验收规范》（GB 50209—2010）表 4.1.7 中的检验方法检验

注：1. 检验批容量填写：在同一检验批内，应填写房间的总数量。
2. "最小/实际抽样数量"栏中，实际抽样数量按实填写（不得少于最小抽样数量）；最小抽样数量应填写不少于 3 间，有防水要求的应填写不少于 4 间。
3. 凡检查记录中的检查处均应提供现场验收检查原始记录。
4. 本表出自《建筑地面工程施工质量验收规范》（GB 50209—2010）。

模块四 建筑工程施工质量检验与验收实务

4. 水泥混凝土垫层分项质量验收标准

水泥混凝土垫层分项检验批的质量检验标准和检验方法详见表 4-68。

表 4-68 水泥混凝土垫层分项检验批的质量检验标准和检验方法

项目	条款号	标准内容	检验方法	检查数量
主控项目	4.8.8	水泥混凝土垫层和陶粒混凝土垫层采用的粗集料，其最大粒径不应大于垫层厚度的 2/3，泥含量不应大于 3%；砂为中粗砂，其中泥含量不大于 3%。陶粒中粒径小于 5mm 的颗粒含量应小于 10%；粉煤灰陶粒中大于 15mm 的颗粒含量不应大于 5%；陶粒中不得混夹杂物或黏土块。陶粒宜选用粉煤灰陶粒、页岩陶粒等	观察检查和检查质量合格证明文件	同一工程、同一强度等级、同一配合比检查一次
主控项目	4.8.9	水泥混凝土和陶粒混凝土的强度等级应符合设计要求，陶粒混凝土的密度应在 800~1400kg/m³ 之间	检查配合比试验报告和强度等级检测报告	配合比试验报告按同一工程、同一强度等级、同一配合比检查一次；强度等级检测报告按《建筑地面工程施工质量验收规范》(GB 50209—2010) 第 3.0.19 条的规定检查
一般项目	4.8.10	水泥混凝土垫层和陶粒混凝土垫层表面的允许偏差应符合《建筑地面工程施工质量验收规范》(GB 50209—2010) 表 4.1.7 的规定	按《建筑地面工程施工质量验收规范》(GB 50209—2010) 表 4.1.7 中的检验方法检验	按《建筑地面工程施工质量验收规范》(GB 50209—2010) 第 3.0.21 条规定的检验批和第 3.0.22 条的规定检查

注：1. 检验批容量填写：在同一检验批内，应填写房间的总数量。
2. "最小/实际抽样数量"栏中，实际抽样数量按实填写（不得少于最小抽样数量）；最小抽样数量应填写不少于 3 间，有防水要求的应填写不少于 4 间。
3. 凡检查记录中的检查处均应提供现场验收检查原始记录。
4. 本表出自《建筑地面工程施工质量验收规范》(GB 50209—2010)。

5. 找平层分项施工质量检验与验收

（1）找平层分项施工质量检验与验收的规定如下：

找平层宜采用水泥砂浆或水泥混凝土铺设。当找平层厚度小于 30mm 时，宜用水泥砂浆做找平层；当找平层厚度不小于 30mm 时，宜用细石混凝土做找平层。

找平层铺设前，当其下一层有松散填充料时，应予铺平振实。

有防水要求的建筑地面工程，铺设前必须对立管、套管和地漏与楼板节点之间进行密封处理，并应进行隐蔽验收；排水坡度应符合设计要求。

在预制钢筋混凝土板上铺设找平层前，板缝填嵌的施工应符合下列要求：

1）预制钢筋混凝土板相邻缝底宽度不应小于 20mm。

2）填嵌时，板缝内应清理干净，保持湿润。

3）填缝应采用细石混凝土，其强度等级不应小于 C20。填缝高度应低于板面 10~20mm，且要振捣密实；填缝后应养护。当填缝混凝土的强度等级达到 C15 后方可继续施工。

4）当板缝底宽度大于 40mm 时，应按设计要求配置钢筋。

在预制钢筋混凝土板上铺设找平层时，其板端应按设计要求做防裂的构造措施。

（2）找平层分项检验批质量验收标准。找平层分项检验批的质量检验标准和检验方法详见表4-69。

表4-69 找平层分项检验批的质量检验标准和检验方法

项目	条款号	标准内容	检验方法
主控项目	4.9.6	找平层采用碎石或卵石的粒径不应大于其厚度的2/3，泥含量不应大于2%；砂为中粗砂，其泥含量不应大于3%	同一工程、同一强度等级、同一配合比检查一次。观察检查和检查质量合格证明文件
	4.9.7	水泥砂浆体积比、水泥混凝土强度等级应符合设计要求，且水泥砂浆体积比不应小于1:3（或相应强度等级），水泥混凝土强度等级不应小于C15	配合比试验报告按同一工程、同一强度等级、同一配合比检查一次；观察检查和检查配合比试验报告、强度等级检测报告
	4.9.8	有防水要求的建筑地面工程的立管、套管、地漏处不应渗漏，坡向应正确，无积水	观察检查和蓄水、泼水检验及坡度尺检查
	4.9.9	在有防静电要求的整体面层的找平层施工前，其下敷设的导电地网系统应与接地引线和地下接电体有可靠连接，经过电性能检测且符合相关要求后进行隐蔽工程验收	观察检查和检查质量合格证明文件
一般项目	4.9.10	找平层与其下一层结合应牢固，不应有空鼓	用小锤轻击检查
	4.9.11	找平层表面应密实，不应有起砂、蜂窝和裂缝等缺陷	观察检查
	4.9.12	找平层的表面允许偏差应符合《建筑地面工程施工质量验收规范》（GB 50209—2010）表4.1.7的规定	按《建筑地面工程施工质量验收规范》（GB 50209—2010）表4.1.7中的检验方法检验

注：1. 检验批容量填写：在同一检验批内，应填写房间的总数量。
2. "最小/实际抽样数量"栏中，实际抽样数量按实填写（不得少于最小抽样数量）；最小抽样数量应填写不少于3间，有防水要求的应填写不少于4间。
3. 凡检查记录中的检查处均应提供现场验收检查原始记录。
4. 本表出自《建筑地面工程施工质量验收规范》（GB 50209—2010）。

6. 隔离层分项施工质量检验与验收

隔离层材料的防水、防油渗性能应符合设计要求。

隔离层的铺设层数（或道数）、上翻高度应符合设计要求。有种植要求的地面隔离层的防根穿刺等应符合《种植屋面工程技术规程》（JGJ 155—2013）的有关规定。

在水泥类找平层上铺设卷材类、涂料类防水、防油渗隔离层时，其表面应坚固、洁净、干燥。铺设前，应涂刷基层处理剂。基层处理剂应采用与卷材性能相容的配套材料或采用与涂料性能相容的同类涂料的底子油。

当采用掺有防渗外加剂的水泥类隔离层时，其配合比、强度等级、外加剂的复合掺量等应符合设计要求。

铺设隔离层时，在管道穿过楼板面四周，防水、防油渗材料应向上铺涂，并超过套管的上口；在靠近柱、墙处，应高出面层200~300mm或按设计要求的高度铺涂。阴（阳）角和管道穿过楼板面的根部应增加铺涂附加防水、防油渗隔离层。

隔离层兼作面层时，其材料不得对人体及环境产生不利影响，并应符合《食品安全国家标准 食品安全性毒理学评价程序》（GB 15193.1—2014）和《生活饮用水卫生标准》（GB

5749—2022）的有关规定。

防水隔离层铺设后，应按《建筑地面工程施工质量验收规范》（GB 50209—2010）第3.0.24条的规定进行蓄水检验，并做记录。

隔离层施工质量检验还应符合《屋面工程质量验收规范》（GB 50207—2012）的有关规定。

三、面层铺设分项工程施工质量验收

1. 整体面层铺设分项施工质量验收

（1）整体面层铺设分项施工质量验收的一般规定如下：

本节适用于水泥混凝土（含细石混凝土）面层、水泥砂浆面层、水磨石面层、硬化耐磨面层、防油渗面层、不发火（防爆）面层、自流平面层、涂料面层、塑胶面层、地面辐射供暖的整体面层等面层分项工程的施工质量检验。

铺设整体面层时，水泥类基层的抗压强度不得小于1.2MPa；表面应粗糙、洁净、湿润并不得有积水。铺设前宜凿毛或涂刷界面剂。硬化耐磨面层、自流平面层的基层处理应符合设计及产品的要求。

铺设整体面层时，地面变形缝的位置应符合《建筑地面工程施工质量验收规范》（GB 50209—2010）第3.0.16条的规定；大面积水泥类面层应设置分格缝。

整体面层施工后，养护时间不应少于7d；抗压强度应达到5MPa后方准上人行走；抗压强度应达到设计要求后，方可正常使用。

当采用掺有水泥的拌合料施工踢脚板时，不得用石灰混合砂浆打底。

水泥类整体面层的抹平工作应在水泥初凝前完成，压光工作应在水泥终凝前完成。

整体面层的允许偏差和检验方法应符合表4-70的规定。

表4-70 整体面层的允许偏差和检验方法

项次	项目	允许偏差/mm									检验方法
		水泥混凝土面层	水泥砂浆面层	普通水磨石面层	高级水磨石面层	硬化耐磨面层	防油渗混凝土和不发火（防爆）面层	自流平面层	涂料面层	塑胶面层	
1	表面平整度	5	4	3	2	4	5	2	2	2	用2m靠尺和楔形塞尺检查
2	踢脚板上口平直度	4	4	3	3	4	4	3	3	3	拉5m线和用钢尺检查
3	缝格顺直度	3	3	3	2	3	3	2	2	2	

（2）水泥混凝土面层分项施工质量检验与验收的规定如下：

水泥混凝土面层厚度应符合设计要求。

水泥混凝土面层铺设不得留施工缝。当施工间隙超过允许时间规定时，应对接槎处进行处理。

水泥混凝土面层分项检验批的质量检验标准和检验方法详见表4-71。

表 4-71 水泥混凝土面层分项检验批的质量检验标准和检验方法

项目	条款号	标准内容	检验方法	检查数量
主控项目	5.2.3	水泥混凝土采用的粗集料,最大粒径不应大于面层厚度的2/3,细石混凝土面层采用的石子粒径不应大于16mm	观察检查和检查质量合格证明文件	同一工程、同一强度等级、同一配合比检查一次
	5.2.4	防水水泥混凝土中掺入的外加剂的技术性能应符合国家现行有关标准的规定,外加剂的品种和掺量应经试验确定	检查外加剂合格证明文件和配合比试验报告	同一工程、同一品种、同一掺量检查一次
	5.2.5	面层的强度等级应符合设计要求,且强度等级不应小于C20	检查配合比试验报告和强度等级检测报告	配合比试验报告按同一工程、同一强度等级、同一配合比检查一次;强度等级检测报告按《建筑地面工程施工质量验收规范》(GB 50209—2010)第3.0.19条的规定检查
	5.2.6	面层与下一层应结合牢固,且应无空鼓和开裂。当出现空鼓时,空鼓面积不应大于400cm^2,且每自然间或标准间不应多于2处	观察和用小锤轻击检查	按《建筑地面工程施工质量验收规范》(GB 50209—2010)第3.0.21条规定的检验批检查
一般项目	5.2.7	面层表面应洁净,不应有裂纹、脱皮、麻面、起砂等缺陷	观察检查	按《建筑地面工程施工质量验收规范》(GB 50209—2010)第3.0.21条规定的检验批检查
	5.2.8	面层表面的坡度应符合设计要求,不应有倒(泛)水和积水现象	观察和泼水检查或用坡度尺检查	按《建筑地面工程施工质量验收规范》(GB 50209—2010)第3.0.21条规定的检验批检查
	5.2.9	踢脚板与柱、墙面应紧密结合,踢脚板高度及出柱、墙的厚度应符合设计要求且应均匀一致。当出现空鼓时,局部空鼓长度不应大于300mm,且每自然间或标准间不应多于2处	用小锤轻击、钢尺检查和观察检查	按《建筑地面工程施工质量验收规范》(GB 50209—2010)第3.0.21条规定的检验批检查
	5.2.10	楼梯、台阶踏步的宽度、高度应符合设计要求。楼层梯段相邻踏步高度差不应大于10mm;每踏步两端宽度差不应大于10mm。旋转楼梯梯段的每踏步两端宽度的允许偏差不应大于5mm。踏步面层应做防滑处理,齿角应整齐,防滑条应顺直、牢固	观察和用钢尺检查	按《建筑地面工程施工质量验收规范》(GB 50209—2010)第3.0.21条规定的检验批检查
	5.2.11	水泥混凝土面层的允许偏差应符合《建筑地面工程施工质量验收规范》(GB 50209—2010)第5.1.7条的规定	按《建筑地面工程施工质量验收规范》(GB 50209—2010)表5.1.7中的检验方法检验	按《建筑地面工程施工质量验收规范》(GB 50209—2010)第3.0.21条规定的检验批和第3.0.22条的规定检查

注:本表出自《建筑地面工程施工质量验收规范》(GB 50209—2010)。

(3)水磨石面层分项施工质量检验与验收

1)水磨石面层分项施工质量检验与验收的规定如下:

水磨石面层应采用水泥与石粒拌合料铺设,有防静电要求时,拌合料内应按设计要求掺入导电材料。面层厚度除有特殊要求外,宜为12~18mm,且宜按石粒粒径确定。水磨石面层的颜色和图案应符合设计要求。

白色或浅色的水磨石面层应采用白水泥;深色的水磨石面层宜采用硅酸盐水泥、普通硅酸盐水泥或矿渣硅酸盐水泥；同颜色的面层应使用同一批水泥。同一彩色面层应使用同厂、同批的颜料；其掺入量宜为水泥重量的 3%~6% 或由试验确定。

水磨石面层的结合层采用水泥砂浆时，强度等级应符合设计要求且不应小于 M10，稠度宜为 30~35mm。

防静电水磨石面层中采用导电金属分格条时，分格条应经绝缘处理，且十字交叉处不得碰接。

普通水磨石面层磨光遍数不应少于 3 遍。高级水磨石面层的厚度和磨光遍数应由设计确定。

水磨石面层磨光后，在涂草酸和上蜡前，其表面不得污染。

防静电水磨石面层应在表面经清洁、干燥后，在表面均匀涂抹一层防静电剂和地板蜡，并应做抛光处理。

2）水磨石面层分项检验批质量验收标准。

水磨石面层分项检验批的质量检验标准和检验方法详见表 4-72。

表 4-72 水磨石面层分项检验批的质量检验标准和检验方法

项目	条款号	标准内容	检验方法
主控项目	5.4.8	水磨石面层的石粒采用白云石、大理石等岩石加工而成，其粒径除特殊要求外应为 6~16mm；颜料应采用耐光、耐碱的矿物原料，不得使用酸性颜料	观察检查和检查质量合格证明文件
	5.4.9	水磨石面层拌合料的体积比应符合设计要求，且水泥与石粒的比例应为 1：(1.5~2.5)	检查配合比试验报告
	5.4.10	防静电水磨石面层应在施工前及施工完成表面干燥后进行接地电阻和表面电阻检测，并做好记录	检查施工记录和检测报告
	5.4.11	面层与下一层结合应牢固，且无空鼓、裂纹。当出现空鼓时，空鼓面积不应大于 400cm²，且每自然间或标准间不应多于 2 处	观察和用小锤轻击检查
一般项目	5.4.12	面层表面应光滑，且无明显裂纹、砂眼和磨纹；石粒应密实，显露应均匀；颜色图案应一致，不混色；分格条应牢固、顺直和清晰	观察检查
	5.4.13	踢脚板与柱、墙面应紧密结合，踢脚板高度及出柱、墙厚度应符合设计要求且均匀一致。当出现空鼓时，局部空鼓长度不应大于 300mm，且每自然间或标准间不应多于 2 处	用小锤轻击、钢尺检查和观察检查
	5.4.14	楼梯、台阶踏步宽度、高度应符合设计要求。楼层梯段相邻踏步高不应大于 10mm；每踏步两端宽度差不应大于 10mm，旋转楼梯段的每踏步两端宽度的允许偏差不应大于 5mm。踏步面层应做防滑处理，齿角应整齐，防滑条应顺直、牢固	观察和用钢尺检查
	5.4.15	水磨石面层的允许偏差应符合《建筑地面工程施工质量验收规范》(GB 50209—2010) 表 5.1.7 的规定	按《建筑地面工程施工质量验收规范》(GB 50209—2010) 表 5.1.7 中的检验方法检验

注：1. 检验批容量填写：在同一检验批内，应填写房间的总数量。
2. "最小/实际抽样数量"栏中，实际抽样数量按实填写（不得少于最小抽样数量）；最小抽样数量应填写不少于 3 间，有防水要求的应填写不少于 4 间。
3. 凡检查记录中的检查处均应提供现场验收检查原始记录。
4. 本表出自《建筑地面工程施工质量验收规范》(GB 50209—2010)。

2. 板块面层铺设分项施工质量验收

（1）板块面层铺设分项施工质量验收的一般规定如下：

本节适用于砖面层、大理石和花岗石面层、预制板块面层、料石面层、塑料板面层、活动地板面层、金属板面层、地毯面层、地面辐射供暖的板块面层等面层分项工程的施工质量验收。

铺设板块面层时，其水泥类基层的抗压强度不得小于1.2MPa。

铺设板块面层的结合层和板块间的填缝采用水泥砂浆时，应符合下列规定：

1）配制水泥砂浆应采用硅酸盐水泥、普通硅酸盐水泥或矿渣硅酸盐水泥。

2）配制水泥砂浆的砂应符合《普通混凝土用砂、石质量及检验方法标准》（JGJ 52—2006）的有关规定。

3）水泥砂浆的体积比（或强度等级）应符合设计要求。

结合层和板块面层填缝的胶结材料应符合国家现行有关标准的规定和设计要求。

铺设水泥混凝土板块、水磨石板块、人造石板块、陶瓷锦砖、陶瓷地砖、缸砖、水泥花砖、料石、大理石、花岗石等面层的结合层和填缝材料采用水泥砂浆时，在面层铺设后，表面应覆盖、湿润，养护时间不应少于7d。当板块面层的水泥砂浆结合层的抗压强度达到设计要求后，方可正常使用。

大面积板块面层的伸缩缝及分格缝应符合设计要求。

板块类踢脚板施工时，不得采用混合砂浆打底。

板块面层的允许偏差和检验方法应符合表4-73的规定。

表4-73 板块面层的允许偏差和检验方法

项次	项目	允许偏差/mm											检验方法
		陶瓷锦砖面层、高级水磨石板面层、陶瓷地砖面层	缸砖面层	水泥花砖面层	水磨石板块面层	大理石面层、花岗石面层、人造石面层、金属板面层	塑料板面层	水泥混凝土板块面层	碎拼大理石面层、碎拼花岗石面层	活动地板面层	条石面层	块石面层	
1	表面平整度	2.0	4.0	3.0	3.0	1.0	2.0	4.0	3.0	2.0	10	10	用2m靠尺和楔形塞尺检查
2	缝格平直度	3.0	3.0	3.0	3.0	2.0	3.0	3.0	—	2.5	8.0	8.0	拉5m线，用钢尺检查
3	接缝高低差	0.5	1.5	0.5	1.0	0.5	0.5	1.5	—	0.4	2.0	—	用钢尺和楔形塞尺检查
4	踢脚板上口平直度	3.0	4.0	—	4.0	1.0	2.0	4.0	2.0	—	—	—	拉5m线，用钢尺检查
5	板块间隙宽度	2.0	2.0	2.0	2.0	1.0	—	6.0	—	0.3	5.0	—	用钢尺检查

（2）砖面层分项施工质量检验与验收的规定如下：

砖面层可采用陶瓷锦砖、缸砖、陶瓷地砖和水泥花砖，应在结合层上铺设。

在水泥砂浆结合层上铺贴缸砖、陶瓷地砖和水泥花砖面层时，应符合下列规定：

1）在铺贴前，应对砖的规格尺寸、外观质量、色泽等进行预选；需要时，可浸水湿润，晾干后待用。

2）勾缝和压缝应采用同品种、同强度等级、同颜色的水泥，并做养护和保护。

在水泥砂浆结合层上铺贴陶瓷锦砖面层时，砖底面应洁净，每联陶瓷锦砖之间、与结合层之间以及在墙角、镶边和靠柱、墙处应紧密贴合。在靠柱、墙处不得采用砂浆填补。

在胶结料结合层上铺贴缸砖面层时，缸砖应干净，铺贴应在胶结料凝结前完成。

砖面层分项检验批的质量检验标准和检验方法详见表4-74。

表4-74 砖面层分项检验批的质量检验标准和检验方法

序号	条款号	标准内容	检验方法
主控项目	6.2.5	砖面层所用板块产品应符合设计要求和国家现行有关标准的规定	观察检查和检查型式检验报告、出厂检验报告、出厂合格证
	6.2.6	砖面层所用板块产品进入施工现场时，应有放射性限量合格的检测报告	检查检测报告
	6.2.7	面层与下一层的结合（粘结）应牢固，无空鼓（单块砖边角允许有局部空鼓，但每自然间或标准间的空鼓砖不应超过砖总数的5%）	用小锤轻击检查
一般项目	6.2.8	砖面层的表面应洁净、图案清晰，色泽应一致，接缝应平整，深浅应一致，周边应顺直。板块应无裂纹、掉角和缺棱等缺陷	观察检查
	6.2.9	面层邻接处的镶边用料及尺寸应符合设计要求，边角应整齐、光滑	观察和用钢尺检查
	6.2.10	踢脚板表面应洁净，与柱、墙面的结合应牢固。踢脚板高度及出柱、墙厚度应符合设计要求，且均匀一致	观察和用小锤轻击及钢尺检查
	6.2.11	楼梯、台阶踏步的宽度、高度应符合设计要求。踏步板块的缝隙宽度应一致；楼层梯段相邻踏步高度差不应大于10mm；每踏步两端宽度差不应大于10mm，旋转楼梯梯段的每踏步两端宽度的允许偏差不应大于5mm。踏步面层应做防滑处理，齿角应整齐，防滑条应顺直、牢固	观察和用钢尺检查
	6.2.12	面层表面的坡度应符合设计要求，不倒（泛）水、无积水；与地漏、管道结合处应严密牢固，无渗漏	观察、泼水检查或用坡度尺检查、蓄水检查
	6.2.13	砖面层的允许偏差应符合《建筑地面工程施工质量验收规范》（GB 50209—2010）表6.1.8的规定	按《建筑地面工程施工质量验收规范》（GB 50209—2010）表6.1.8中的检验方法检验

注：1. 检验批容量填写：在同一检验批内，应填写房间的总数量。
　　2. "最小/实际抽样数量"栏中，实际抽样数量按实填写（不得少于最小抽样数量）；最小抽样数量应填写不少于3间，有防水要求的应填写不少于4间。
　　3. 凡检查记录中的检查处均应提供现场验收检查原始记录。
　　4. 本表出自《建筑地面工程施工质量验收规范》（GB 50209—2010）。

（3）大理石和花岗石面层分项施工质量检验与验收的规定如下：

大理石、花岗石面层采用天然大理石、花岗石（或碎拼大理石、碎拼花岗石）板材，应在结合层上铺设。

板材有裂缝、掉角、翘曲和表面有缺陷时应予剔除,品种不同的板材不得混杂使用;在铺设前,应根据石材的颜色、花纹、图案、纹理等按设计要求试拼编号。

铺设大理石、花岗石面层前,板材应浸湿、晾干;结合层与板材应分段同时铺设。

大理石和花岗石面层分项检验批的质量检验标准和检验方法详见表4-75。

表 4-75 大理石和花岗石面层分项检验批的质量检验标准和检验方法

序号	条款号	标准内容	检验方法
主控项目	6.3.4	大理石、花岗石面层所用板块产品应符合设计要求和国家现行有关标准的规定	观察检查和检查质量合格证明文件
	6.3.5	大理石、花岗石面层所用板块产品进入施工现场时,应有放射性限量合格的检测报告	检查检测报告
	6.3.6	面层与下一层应结合牢固,无空鼓(单块板块边角允许有局部空鼓,但每自然间或标准间的空鼓板块不应超过板块总数的5%)	用小锤轻击检查
一般项目	6.3.7	大理石、花岗石面层铺设前,板块的背面和侧面应进行防碱处理	观察检查和检查施工记录
	6.3.8	大理石、花岗石面层的表面应洁净、平整、无磨痕,且应图案清晰、色泽一致、接缝均匀、周边顺直、镶嵌正确,板块应无裂纹、掉角、缺棱等缺陷	观察检查
	6.3.9	踢脚板表面应洁净,与柱、墙面的结合应牢固。踢脚板高度及出柱、墙厚度应符合设计要求,且均匀一致	观察和用小锤轻击及钢尺检查
	6.3.10	楼梯、台阶踏步的宽度、高度应符合设计要求。踏步板块的缝隙宽度应一致;楼层梯相邻踏步高度差不应大于10mm;每踏步两端宽度差不应大于10mm,旋转楼梯梯段的每踏步两端宽度的允许偏差不应大于5mm。踏步面层应做防滑处理,齿角应整齐,防滑条应顺直、牢固	观察和用钢尺检查
	6.3.11	面层表面的坡度应符合设计要求,不倒(泛)水、无积水;与地漏、管道结合处应严密牢固,无渗漏	观察、泼水检查或用坡度尺检查、蓄水检查
	6.3.12	大理石面层和花岗石面层(或碎拼大理石面层、碎拼花岗石面层)的允许偏差应符合《建筑地面工程施工质量验收规范》(GB 50209—2010)表6.1.8的规定	按《建筑地面工程施工质量验收规范》(GB 50209—2010)表6.1.8中的检验方法检验

注:1. 检验批容量填写:在同一检验批内,应填写房间的总数量。
2. "最小/实际抽样数量"栏中,实际抽样数量按实填写(不得少于最小抽样数量);最小抽样数量应填写不于3间,有防水要求的应填写不少于4间。
3. 凡检查记录中的检查处均应提供现场验收检查原始记录。
4. 本表出自《建筑地面工程施工质量验收规范》(GB 50209—2010)。

3. 木、竹面层铺设分项施工质量验收

(1)木、竹面层铺设分项施工质量验收的一般规定如下:

本节适用于实木地板面层、实木集成地板面层、竹地板面层、实木复合地板面层、浸渍纸层压木质地板面层、软木类地板面层、地面辐射供暖的木板面层等(包括免刨、免漆类)面层分项工程的施工质量检验。

木、竹地板面层下的木格栅、垫木、垫层地板等采用木材的树种、选材标准和铺设时木材含水率以及防腐、防蛀处理等，均应符合《木结构工程施工质量验收规范》(GB 50206—2012）的有关规定。所选用的材料应符合设计要求，进场时应对其断面尺寸、含水率等主要技术指标进行抽检，抽检数量应符合国家现行有关标准的规定。

用于固定和加固用的金属零部件应采用不锈蚀或经过防锈处理的金属件。

与厕浴间、厨房等潮湿场所相邻的木、竹面层的连接处应做防水（防潮）处理。

木、竹面层铺设在水泥类基层上，其基层表面应坚硬、平整、洁净、不起砂，表面含水率不应大于8%。

建筑地面工程的木、竹面层格栅下架空结构层（或构造层）的质量检验，应符合国家相应现行标准的规定。

木、竹面层的通风构造层包括室内通风沟、地面通风孔、室外通风窗等，均应符合设计要求。

木、竹面层的允许偏差和检验方法应符合表 4-76 的规定。

表 4-76 木、竹面层的允许偏差和检验方法

项次	项目	允许偏差 /mm				检验方法
		实木地板面层、实木集成地板面层、竹地板面层			浸渍纸层压木质地板面层、实木复合地板面层、软木类地板面层	
		松木地板面层	硬木地板面层、竹地板面层	拼花地板面层		
1	板面缝隙宽度	1.0	0.5	0.2	0.5	用钢尺检查
2	表面平整度	3.0	2.0	2.0	2.0	用 2m 靠尺和楔形塞尺检查
3	踢脚板上口平齐度	3.0	3.0	3.0	3.0	拉 5m 线，用钢尺检查
4	板面拼缝平直度	3.0	3.0	3.0	3.0	
5	相邻板材高差	0.5	0.5	0.5	0.5	用钢尺和楔形塞尺检查
6	踢脚板与面层的接缝	1.0				用楔形塞尺检查

（2）实木复合地板面层分项施工质量检验与验收的规定如下：

实木复合地板面层采用的材料、铺设方式、铺设方法、厚度以及垫层地板铺设等，均应符合规范的规定。

实木复合地板面层应采用空铺法或粘贴法（满粘或点粘）铺设。采用粘贴法铺设时，粘贴材料应按设计要求选用，并应具有耐老化、防水、防菌、无毒等性能。

实木复合地板面层下衬垫的材料和厚度应符合设计要求。

实木复合地板面层铺设时，相邻板材接头位置应错开不小于 300mm 的距离；与柱、墙之间应留不小于 10mm 的空隙。当面层采用无龙骨的空铺法铺设时，应在面层与柱、墙之间的空隙内加设金属弹簧卡或木楔子，其间距宜为 200~300mm。

大面积铺设实木复合地板面层时，应分段铺设，分段缝的处理应符合设计要求。

实木复合地板面层分项检验批的质量检验标准和检验方法详见表 4-77。

表 4-77 实木复合地板面层分项检验批的质量检验标准和检验方法

项目	条款号	标准内容	检验方法
主控项目	7.3.6	实木复合地板面层采用的地板、胶粘剂等应符合设计要求和国家现行有关标准的规定	观察检查和检查型式检验报告、出厂检验报告、出厂合格证
	7.3.7	实木复合地板面层采用的材料进入施工现场时，应有以下有害物质限量合格的检测报告： 1. 地板中游离甲醛（释放量或含量） 2. 溶剂型胶粘剂中的挥发性有机化合物（VOC）、苯、甲苯+二甲苯 3. 水性胶粘剂中的挥发性有机化合物（VOC）和游离甲醛	检查检测报告
	7.3.8	木格栅、垫木和垫层地板等应做防腐、防蛀处理	观察检查和检查验收记录
	7.3.9	木格栅安装应牢固、平直	观察、行走、钢尺测量等检查和检查验收记录
	7.3.10	面层铺设应牢固；粘贴应无空鼓、松动	观察、行走或用小锤轻击检查
一般项目	7.3.11	实木复合地板面层图案和颜色应符合设计要求，图案应清晰，颜色应一致，板面应无翘曲	观察、用 2m 靠尺和楔形塞尺检查
	7.3.12	面层缝隙应严密；接头位置应错开，表面应平整、洁净	观察检查
	7.3.13	面层采用粘、钉工艺时，接缝应对齐，粘、钉应严密；缝隙宽度应均匀一致；表面应洁净，无溢胶现象	观察检查
	7.3.14	踢脚板应表面光滑、接缝严密、高度一致	观察和钢尺检查
	7.3.15	实木复合地板面层的允许偏差应符合《建筑地面工程施工质量验收规范》(GB 50209—2010) 表 7.1.8 的规定	按《建筑地面工程施工质量验收规范》(GB 50209—2010) 表 7.1.8 中的检验方法检验

注：1. 检验批容量填写：在同一检验批内，应填写房间的总数量。
2. "最小/实际抽样数量"栏中，实际抽样数量按实填写（不得少于最小抽样数量）；最小抽样数量应填写不少于 3 间，有防水要求的应填写不少于 4 间。
3. 凡检查记录中的检查处均应提供现场验收检查原始记录。
4. 本表出自《建筑地面工程施工质量验收规范》(GB 50209—2010)。

四、建筑地面子分部工程质量验收

建筑地面子分部工程施工质量中各类面层子分部工程的面层铺设与其相应的基层铺设的分项工程的施工质量检验应全部合格。

建筑地面子分部工程质量验收应检查下列工程质量文件和记录：

（1）建筑地面子分部工程设计图纸和变更文件等。

（2）原材料的质量合格证明文件、重要材料或产品的进场抽样复验报告。

（3）各层的强度等级、密实度等的试验报告和测定记录。

（4）各类建筑地面子分部工程施工质量控制文件。

（5）各构造层的隐蔽验收及其他有关验收文件。

建筑地面子分部工程质量验收应检查下列安全和功能项目：

（1）有防水要求的建筑地面子分部工程的分项工程施工质量的蓄水检验记录，并抽查复验。

（2）建筑地面板块面层铺设子分部工程和木、竹面层铺设子分部工程采用的砖、天然石材、预制板块、地毯、人造板材以及胶粘剂、胶结料、涂料等材料证明文件及环保资料。

建筑地面子分部工程观感质量综合评价应检查下列项目：

（1）变形缝、面层分格缝的位置和宽度，以及填缝质量应符合规定。

（2）室内建筑地面工程按各子分部工程经抽查分别给出评价。

（3）楼梯、踏步等工程项目经抽查分别给出评价。

4.4.9 室内环境工程施工质量检验与验收

在建筑物中，由于建筑材料、装饰装修材料中所含有害物质造成的建筑物内的环境污染，尤其是对房屋室内的空气污染，严重地影响用户的身心健康。近年来，我国逐步加强了对室内环境问题的管理，逐步将有关内容纳入技术法规，例如《建筑装饰装修工程质量验收标准》（GB 50210—2018）要求，在分部工程质量验收时，室内环境质量应符合《民用建筑工程室内环境污染控制标准》（GB 50325—2020）的规定，应按该规范要求进行室内环境质量验收。民用建筑室内环境污染物浓度限量见表4-78。

表4-78 民用建筑室内环境污染物浓度限量

污染物	Ⅰ类民用建筑工程	Ⅱ类民用建筑工程
氡/（Bq/m^3）	≤150	≤150
甲醛/（mg/m^3）	≤0.07	≤0.08
氨/（mg/m^3）	≤0.15	≤0.20
苯/（mg/m^3）	≤0.06	≤0.09
甲苯/（mg/m^3）	≤0.15	≤0.20
二甲苯/（mg/m^3）	≤0.20	≤0.20
TVOC/（mg/m^3）	≤0.45	≤0.50

注：1. 污染物浓度测量值，除氡外均指室内污染物浓度测量值扣除室外上风向空气中污染物浓度测量值（本底值）后的测量值。
2. 污染物浓度测量值的极限值判定，采用全数值比较法。

4.4.10 装饰装修分部工程施工质量验收

《建筑装饰装修工程质量验收标准》（GB 50210—2018）规定如下：

建筑装饰装修工程质量验收程序和组织应符合《建筑工程施工质量验收统一标准》（GB 50300—2013）的规定。

建筑装饰装修工程的子分部工程、分项工程应按《建筑装饰装修工程质量验收标准》（GB 50210—2018）附录A划分。

建筑装饰装修工程施工过程中，应按《建筑装饰装修工程质量验收标准》（GB 50210—2018）的要求对隐蔽工程进行验收，并应按《建筑装饰装修工程质量验收标准》（GB 50210—

2018）附录 B 的格式记录。

检验批的质量验收应按《建筑装饰装修工程质量验收标准》（GB 50210—2018）《建筑工程施工质量验收统一标准》（GB 50300—2013）的格式记录。检验批的合格判定应符合下列规定：

（1）抽查样本均应符合《建筑装饰装修工程质量验收标准》（GB 50210—2018）主控项目的规定。

（2）抽查样本的 80% 以上应符合《建筑装饰装修工程质量验收标准》（GB 50210—2018）一般项目的规定。其余样本不得有影响使用功能或明显影响装饰效果的缺陷，其中有允许偏差的检验项目，其最大偏差不得超过《建筑装饰装修工程质量验收标准》（GB 50210—2018）规定允许偏差的 1.5 倍。

分项工程的质量验收应按《建筑工程施工质量验收统一标准》（GB 50300—2013）的格式记录，分项工程中各检验批的质量均应验收合格。

子分部工程的质量验收应按《建筑工程施工质量验收统一标准》（GB 50300—2013）的格式记录。子分部工程中各分项工程的质量均应验收合格，并应符合下列规定：

（1）应具备《建筑装饰装修工程质量验收标准》（GB 50210—2018）各子分部工程规定检查的文件和记录。

（2）应具备表 4-79 所规定的有关安全和功能检验项目的合格报告。

表 4-79 有关安全和功能的检验项目

项次	子分部工程	检验项目
1	门窗工程	建筑外窗的气密性能、水密性能和抗风压性能
2	饰面板工程	饰面板后置埋件的现场拉拔力
3	饰面砖工程	外墙饰面砖样板及工程的饰面砖粘结强度
4	幕墙工程	1. 硅酮结构胶的相容性和剥离粘结性 2. 幕墙后置埋件和槽式预埋件的现场拉拔力 3. 幕墙的气密性、水密性、耐风压性能及层间变形性能

（3）观感质量应符合《建筑装饰装修工程质量验收标准》（GB 50210—2018）各分项工程中一般项目的要求。

分部工程的质量验收应按《建筑工程施工质量验收统一标准》（GB 50300—2013）的格式记录。分部工程中各子分部工程的质量均应验收合格，并应按《建筑装饰装修工程质量验收标准》（GB 50210—2018）第 15.0.6 条的规定进行核查。

当建筑工程只有装饰装修分部工程时，该工程应作为单位工程验收。

有特殊要求的建筑装饰装修工程，竣工验收时应按合同约定加测相关技术指标。

建筑装饰装修工程的室内环境质量应符合《民用建筑工程室内环境污染控制标准》（GB 50325—2020）的规定。

未经竣工验收合格的建筑装饰装修工程不得投入使用。

4.5 屋面分部工程施工质量检验与验收

屋面的主要功能是排水、防水、保温、隔热。屋面的防水做法有刚性和柔性两种形式，刚性防水屋面主要有瓦屋面、细石混凝土刚性防水屋面两类；柔性防水屋面主要有卷材防水屋面和涂膜防水屋面两类。另外，还有隔热、蓄水和种植等形式的特种屋面。每一类屋面（即子分部工程）都由不同的构造层次组成，不同的构造层次形成了不同的分项工程。

屋面的具体做法较多，常见的屋面做法有：

（1）细石混凝土刚性屋面：现浇结构层（属于主体分部工程，下同）＋20mm厚水泥砂浆找平层＋隔离层＋40mm厚细石混凝土防水层（内配双向钢筋网）。

（2）细石混凝土刚性隔热屋面：现浇结构层＋20mm厚水泥砂浆找平层＋隔离层＋40mm厚细石混凝土防水层（内配双向钢筋网）＋180~200mm厚砖垫架空层＋预制混凝土板（水泥砂浆填缝）。

（3）细石混凝土刚性保温屋面：现浇结构层＋20mm厚水泥砂浆找平层＋保温层＋找平层＋隔离层＋40mm厚细石混凝土防水层（内配双向钢筋网）。

（4）高分子或高聚物改性沥青卷材防水屋面：现浇结构层（现浇板、预制板）＋水泥砂浆找平层（细石混凝土整浇层找平、抹光）＋高分子或高聚物改性沥青卷材防水层＋保护层。

（5）两道设防屋面：现浇结构层＋20mm厚水泥砂浆找平层＋高分子或高聚物改性沥青卷材防水层＋隔离层＋40mm厚细石混凝土防水层（内配双向钢筋网）。

某一类屋面的子分部工程包括的分项工程由设计图纸确定，不同的设计做法决定了所包括的分项工程。比如，对于上述的（1）做法，有找平层、隔离层、细石混凝土防水层3个分项工程；对于上述的（3）做法，则有找平层、保温层、找平层、隔离层、细石混凝土防水层5个分项工程。

屋面分部工程共包括屋面找平层、屋面保温隔热层、卷材防水、涂膜防水工程、细石混凝土屋面、刚性屋面密封材料嵌缝、平瓦屋面、油毡瓦屋面、金属板材屋面、隔热屋面、细部构造11个分项工程。

为加强建筑工程质量管理，提高屋面工程的质量，原屋面工程的施工及验收规范和质量检验评定标准合并组成了《屋面工程质量验收规范》（GB 50207—2012），需要指出的是，该规范适用于工业与民用建筑屋面工程质量的验收，和其他专业规范不同的是该规范不仅仅是施工质量验收规范，还涉及质量管理、材料、设计等方面的问题。

本节主要按照《屋面工程质量验收规范》（GB 50207—2012）和《建筑工程施工质量验收统一标准》（GB 50300—2013）编写。编写时，省略了部分不太常见的内容。

4.5.1 屋面分部工程施工质量验收基本规定

《屋面工程质量验收规范》（GB 50207—2012）基本规定如下：

屋面工程应根据建筑物的性质、重要程度、使用功能要求，按不同屋面防水等级进行设防。屋面防水等级和设防要求应符合《屋面工程技术规范》（GB 50345—2012）的有关规定。

施工单位应取得建筑防水和保温工程相应等级的资质证书，作业人员应持证上岗。

施工单位应建立、健全施工质量的检验制度，严格工序管理，做好隐蔽工程的质量检查和记录。

屋面工程施工前应进行图纸会审，施工单位应掌握施工图中的细部构造及有关技术要求；施工单位应编制屋面工程专项施工方案，并应经监理单位或建设单位审查确认后执行。

对屋面工程采用的新技术，应按有关规定经过科技成果鉴定、评估或新产品、新技术鉴定。施工单位应对新的或首次采用的新技术进行工艺评价，并应制定相应的技术质量标准。

屋面工程所用的防水、保温材料应有产品合格证书和性能检测报告，材料的品种、规格、性能等必须符合国家现行产品标准和设计要求。产品质量应由经过省级以上建设行政主管部门对其资质认可和质量技术监督部门对其计量认证的质量检测单位进行检测。

防水、保温材料进场验收应符合下列规定：

（1）应根据设计要求对材料的质量证明文件进行检查，并应经监理工程师或建设单位代表确认，纳入工程技术档案。

（2）应对材料的品种、规格、包装、外观和尺寸等进行检查验收，并应经监理工程师或建设单位代表确认，形成相应的验收记录。

（3）防水、保温材料进场检验项目及材料标准应符合《屋面工程质量验收规范》（GB 50207—2012）附录A和附录B的规定。材料进场检验应执行见证取样送检制度，并应提出进场检验报告。

（4）进场检验报告的全部项目指标均达到技术标准规定的应判定为合格；不合格材料不得在工程中使用。

屋面工程使用的材料应符合国家现行有关标准对材料有害物质限量的规定，不得对周围环境造成污染。

屋面工程各构造层的组成材料，应分别与相邻层次的材料相容。

屋面工程施工时，应建立各道工序的自检、交接检和专职人员检查的"三检"制度，并应有完整的检查记录。每道工序施工完成后，应经监理单位或建设单位检查验收，并应在合格后再进行下道工序的施工。

当进行下道工序或相邻工程施工时，应对屋面已完成的部分采取保护措施。伸出屋面的管道、设备或预埋件等，应在保温层和防水层施工前装设完毕。屋面保温层和防水层完工后，不得进行凿孔、打洞或重物冲击等有损屋面的作业。

屋面防水工程完工后，应进行观感质量检查和雨后观察或淋水、蓄水试验，不得有渗漏和积水现象。

屋面工程各子分部工程和分项工程的划分应参照表2-1的规定执行。

屋面工程各分项工程宜按屋面面积每500~1000m^2划分为一个检验批，不足500m^2应算一个检验批；每个检验批的抽检数量应按《屋面工程质量验收规范》（GB 50207—2012）的规定执行。

4.5.2 基层与保护子分部工程施工质量检验与验收

1.《屋面工程质量验收规范》（GB 50207—2012）的一般规定

本节适用于与屋面保温层、防水层相关的找坡层、找平层、隔汽层、隔离层、保护层等分项工程的施工质量验收。

屋面混凝土结构层的施工，应符合《混凝土结构工程施工质量验收规范》（GB 50204—2015）的有关规定。

屋面找坡应满足设计排水坡度要求，结构找坡不应小于3%，材料找坡宜为2%；檐沟、天沟纵向找坡不应小于1%，沟底的水落差不得超过200mm。

上人屋面或其他使用功能屋面，其保护及铺面的施工除应符合《屋面工程质量验收规范》（GB 50207—2012）的规定外，尚应符合《建筑地面工程施工质量验收规范》（GB 50209—2010）等的有关规定。

基层与保护子分部工程各分项工程每个检验批的抽检数量，应按屋面面积每100m² 抽查一处，每处应为10m²，且不得少于3处。

2. 找坡层和找平层分项质量验收标准

装配式钢筋混凝土板的板缝嵌填施工，应符合下列要求：

（1）嵌填混凝土时板缝内应清理干净，并应保持湿润。

（2）当板缝宽度大于40mm或上窄下宽时，板缝内应按设计要求配置钢筋。

（3）嵌填细石混凝土的强度等级不应低于C20，嵌填深度宜低于板面10~20mm，且应振捣密实并进行浇水养护。

（4）板端缝应按设计要求增加防裂的构造措施。

找坡层宜采用轻集料混凝土；找坡材料应分层铺设并适当压实，表面应平整。

找平层宜采用水泥砂浆或细石混凝土；找平层的抹平工序应在初凝前完成，压光工序应在终凝前完成，终凝后应进行养护。

找平层分格缝纵横间距不宜大于6m，分格缝的宽度宜为5~20mm。

找坡层和找平层分项检验批检查数量：按屋面面积每100m² 抽查一处，每处应为10m²，且不得少于3处。找坡层和找平层分项检验批的质量检验标准和检验方法详见表4-80。

表4-80 找坡层和找平层分项检验批的质量检验标准和检验方法

项目	条款号	标准内容	检验方法
主控项目	4.2.5	找坡层和找平层所用材料的质量及配合比，应符合设计要求	检查出厂合格证、质量检验报告和计量措施
	4.2.6	找坡层和找平层的排水坡度，应符合设计要求	坡度尺检查
一般项目	4.2.10	找坡层表面平整度允许偏差为7mm，找平层表面平整度允许偏差为5mm	2m靠尺和塞尺检查

注：1. 检验批容量填写：同一检验批内，按检验批的实际面积计算。
2. "最小/实际抽样数量"栏中，最小抽样数量填写：根据《屋面工程质量验收规范》（GB 50207—2012）中4.1.5条规定，按屋面面积每100m² 抽查一处，每处应为10m²，且不得少于3处。
3. 本表出自《屋面工程质量验收规范》（GB 50207—2012）。

3. 隔汽层分项质量验收标准

隔汽层的基层应平整、干净、干燥。

隔汽层应设置在结构层与保温层之间；隔汽层应选用气密性、水密性好的材料。

在屋面与墙的连接处，隔汽层应沿墙面向上连续铺设，高出保温层上表面不得小于150mm。

隔汽层采用卷材时宜空铺，卷材搭接缝应满粘，其搭接宽度不应小于80mm；隔汽层采用涂料时，应涂刷均匀。

穿过隔汽层的管线周围应封严，转角处应无折损；隔汽层凡有缺陷或破损的部位，均应进行返修。

隔汽层分项检验批的质量检验标准和检验方法详见表4-81。

表4-81 隔汽层分项检验批的质量检验标准和检验方法

项目	条款号	标准内容	检验方法
主控项目	4.3.6	隔汽层所用材料的质量，应符合设计要求	检查出厂合格证、质量检验报告和进场检验报告
	4.3.7	隔汽层不得有破损现象	观察检查
一般项目	4.3.8	卷材隔汽层应铺设平整，卷材搭接缝应粘结牢固，密封应严密，不得有扭曲、皱折和起泡等缺陷	观察检查
	4.3.9	涂膜隔汽层应粘结牢固、表面平整、涂布均匀，不得有堆积、起泡和露底等缺陷	观察检查

注：1. 检验批容量填写：同一检验批内，按检验批的实际面积计算。
  2. "最小/实际抽样数量"栏中，最小抽样数量填写：根据《屋面工程质量验收规范》（GB 50207—2012）中4.1.5条规定，按屋面面积每100m^{2}抽查一处，每处应为10m^2，且不得少于3处。
  3. 本表出自《屋面工程质量验收规范》（GB 50207—2012）。

4. 隔离层分项质量验收标准

块体材料、水泥砂浆或细石混凝土保护层与卷材、涂膜防水层之间，应设置隔离层。

隔离层可采用干铺塑料膜、土工布、卷材或铺抹低强度等级砂浆。

隔离层分项检验批的质量检验标准和检验方法详见表4-82。

表4-82 隔离层分项检验批的质量检验标准和检验方法

项目	条款号	标准内容	检验方法
主控项目	4.4.3	隔离层所用材料的质量及配合比，应符合设计要求	检查出厂合格证和计量措施
	4.4.4	隔离层不得有破损和漏铺现象	观察检查
一般项目	4.4.5	塑料膜、土工布、卷材应铺设平整，其搭接宽度不应小于50mm，不得有皱折	观察和尺量检查
	4.4.6	低强度等级砂浆表面应压实、平整，不得有起壳、起砂现象	观察检查

注：1. 检验批容量填写：同一检验批内，按检验批的实际面积计算。
  2. "最小/实际抽样数量"栏中，最小抽样数量填写：根据《屋面工程质量验收规范》（GB 50207—2012）中4.1.5条规定，按屋面面积每100m^{2}抽查一处，每处应为10m^2，且不得少于3处。
  3. 本表出自《屋面工程质量验收规范》（GB 50207—2012）。

5. 保护层分项质量验收标准

防水层上的保护层施工，应待卷材铺贴完成或涂料固化成膜，并经检验合格后进行。

用块体材料做保护层时，宜设置分格缝，分格缝纵横间距不应大于10m，分格缝宽度宜为20mm。

用水泥砂浆施工保护层时，表面应抹平压光，并应设表面分格缝，分格面积宜为1m²。

用细石混凝土施工保护层时，混凝土应振捣密实，表面应抹平压光，分格缝纵横间距不应大于6m，分格缝的宽度宜为10~20mm。

块体材料、水泥砂浆或细石混凝土保护层与女儿墙和山墙之间，应预留宽度为30mm的缝隙，缝内宜填塞聚苯乙烯泡沫塑料，并应用密封材料嵌填密实。

保护层分项检验批的质量检验标准和检验方法详见表4-83。

表4-83 保护层分项检验批的质量检验标准和检验方法

项目	条款号	标准内容	检验方法
主控项目	4.5.6	保护层所用材料的质量及配合比，应符合设计要求	检查出厂合格证、质量检验报告和计量措施
	4.5.7	块体材料、水泥砂浆或细石混凝土保护层的强度等级，应符合设计要求	检查块体材料、水泥砂浆或混凝土抗压强度试验报告
	4.5.8	保护层的排水坡度，应符合设计要求	坡度尺检查
一般项目	4.5.9	块体材料保护层表面应干净，接缝应平整，周边应顺直，镶嵌应正确，应无空鼓现象	小锤轻击和观察检查
	4.5.10	水泥砂浆、细石混凝土保护层不得有裂纹、脱皮、麻面和起砂等现象	观察检查
	4.5.11	浅色涂料应与防水层粘结牢固，厚度应均匀，不得漏涂	观察检查
	4.5.12	保护层的允许偏差和检验方法应符合《屋面工程质量验收规范》（GB 50207—2012）表4.5.12的规定	—

注：1. 检验批容量填写：同一检验批内，按检验批的实际面积计算。
2. "最小/实际抽样数量"栏中，最小抽样数量填写：根据《屋面工程质量验收规范》（GB 50207—2012）中4.1.5条规定，按屋面面积每100m²抽查一处，每处应为10m²，且不得少于3处。
3. 本表出自《屋面工程质量验收规范》（GB 50207—2012）。

4.5.3 保温与隔热子分部工程施工质量检验与验收

1.《屋面工程质量验收规范》（GB 50207—2012）的一般规定

本节适用于板状材料保温层、纤维材料保温层、喷涂硬泡聚氨酯保温层、现浇泡沫混凝土保温层和种植、架空、蓄水隔热层分项工程的施工质量验收。

铺设保温层的基层应平整、干燥和干净。

保温材料在施工过程中应采取防潮、防水和防火等措施。

保温与隔热工程的构造及选用材料应符合设计要求。

保温与隔热工程质量验收除应符合《屋面工程质量验收规范》(GB 50207—2012)规定外，尚应符合《建筑节能工程施工质量验收标准》(GB 50411—2019)的有关规定。

保温材料使用时的含水率，应相当于该材料在当地自然风干状态下的平衡含水率。

保温材料的热导率、表观密度或干密度、抗压强度或压缩强度、燃烧性能，必须符合设计要求。

种植、架空、蓄水隔热层施工前，防水层均应验收合格。

保温与隔热工程各分项工程每个检验批的抽检数量，应按屋面面积每100m²抽查1处，每处应为10m²，且不得少于3处。

2. 板状材料保温层分项质量验收标准

板状材料保温层采用干铺法施工时，板状保温材料应紧靠在基层表面上，应铺平垫稳；分层铺设的板块上下层接缝应相互错开，板间缝隙应采用同类材料的碎屑嵌填密实。

板状材料保温层采用粘贴法施工时，胶粘剂应与保温材料的材性相容，并应贴严、粘牢；板状材料保温层的平面接缝应挤紧拼严，不得在板块侧面涂抹胶粘剂，超过2mm的缝隙应采用相同材料的板条或片材填塞严实。

板状保温材料采用机械固定方法施工时，应选择专用螺钉和垫片；固定件与结构层之间应连接牢固。

板状材料保温层分项检验批的质量检验标准和检验方法详见表4-84。

表4-84 板状材料保温层分项检验批的质量检验标准和检验方法

项目	条款号	标准内容	检验方法
主控项目	5.2.4	板状保温材料的质量，应符合设计要求	检查出厂合格证、质量检验报告和进场检验报告
主控项目	5.2.5	板状材料保温层的厚度应符合设计要求，其正偏差不限，负偏差应为5%，且不得大于4mm	钢针插入和尺量检查
主控项目	5.2.6	屋面热桥部位处理应符合设计要求	观察检查
一般项目	5.2.7	板状保温材料铺设应紧贴基层，应铺平垫稳，拼缝应严密，粘贴应牢固	观察检查
一般项目	5.2.8	固定件的规格、数量和位置均应符合设计要求；垫片应与保温层表面齐平	观察检查
一般项目	5.2.9	板状材料保温层表面平整度的允许偏差为5mm	2m靠尺和塞尺检查
一般项目	5.2.10	板状材料保温层接缝高低差的允许偏差为2mm	直尺和塞尺检查

注：1. 检验批容量填写：同一检验批内，按检验批的实际面积计算。
2. "最小/实际抽样数量"栏中，实际抽样数量按实填写；最小抽样数量填写：根据《屋面工程质量验收规范》(GB 50207—2012)中5.1.9条规定，按屋面面积每100m²抽查一处，每处应为10m²，且不得少于3处。
3. 本表出自《屋面工程质量验收规范》(GB 50207—2012)。

3. 架空隔热层分项质量验收标准

架空隔热层的高度应按屋面宽度或坡度大小确定。设计无要求时，架空隔热层的高度宜为180~300mm。

当屋面宽度大于 10m 时，应在屋面中部设置通风屋脊，通风口处应设置通风箅子。

架空隔热制品支座底面的卷材、涂膜防水层，应采取加强措施。

架空隔热制品的质量应符合下列要求：

（1）非上人屋面的砌块强度等级不应低于 MU7.5；上人屋面的砌块强度等级不应低于 MU10。

（2）混凝土板的强度等级不应低于 C20，板厚及配筋应符合设计要求。

架空隔热层分项检验批检查数量规定：每 100m² 抽查一处，每处 10m²，且不得少于 3 处。

架空隔热层分项检验批的质量检验标准和检验方法详见表 4-85。

表 4-85　架空隔热层分项检验批的质量检验标准和检验方法

项目	条款号	标准内容	检验方法
主控项目	5.7.5	架空隔热制品的质量，应符合设计要求	检查材料或构件合格证和质量检验报告
	5.7.6	架空隔热制品的铺设应平整、稳固，缝隙勾填应密实	观察检查
一般项目	5.7.7	架空隔热制品距山墙或女儿墙不得小于 250mm	观察和尺量检查
	5.7.8	架空隔热层的高度及通风屋脊、变形缝做法，应符合设计要求	观察和尺量检查
	5.7.9	架空隔热制品接缝高低差的允许偏差为 3mm	直尺和塞尺检查

注：1. 检验批容量填写：同一检验批内，按检验批的实际面积计算。

2. "最小 / 实际抽样数量"栏中，最小抽样数量填写：依据《屋面工程质量验收规范》(GB 50207—2012) 的规定，每 100m² 抽查一处计算检验批的样本容量，且不少于 3 处。

3. 本表出自《屋面工程质量验收规范》(GB 50207—2012)。

4.5.4　防水与密封子分部工程施工质量检验与验收

1.《屋面工程质量验收规范》(GB 50207—2012) 的一般规定

本节适用于卷材防水层、涂膜防水层、复合防水层和接缝密封防水等分项工程的施工质量验收。

防水层施工前，基层应坚实、平整、干净、干燥。

基层处理剂应配比准确，并应搅拌均匀；喷涂或涂刷基层处理剂应均匀一致，待其干燥后应及时进行卷材、涂膜防水层和接缝密封防水施工。

防水层完工并经验收合格后，应及时做好成品保护。

防水与密封工程各分项工程每个检验批的抽检数量，防水层应按屋面面积每 100m² 抽查一处，每处应为 10m²，且不得少于 3 处；接缝密封防水应按每 50m 抽查一处，每处应为 5m，且不得少于 3 处。

2. 卷材防水层分项质量验收标准

屋面坡度大于 25% 时，卷材应采取满粘和钉压固定措施。

卷材铺贴方向应符合下列规定：

(1)卷材宜平行屋脊铺贴。

(2)上下层卷材不得相互垂直铺贴。

卷材搭接缝应符合下列规定:

(1)平行屋脊的卷材搭接缝应顺流水方向,卷材搭接宽度应符合表4-86的规定。

(2)相邻两幅卷材短边搭接缝应错开,且不得小于500mm。

(3)上下层卷材长边搭接缝应错开,且不得小于幅宽的1/3。

表 4-86　卷材搭接宽度　　　　　　　　　　　　　　　　　　　　(单位：mm)

卷材类别		搭接宽度
合成高分子防水卷材	胶粘剂	80
	胶粘带	50
	单缝焊	60,有效焊接宽度不小于25
	双缝焊	80,有效焊接宽度为10×2+空腔宽度
高聚物改性沥青防水卷材	胶粘剂	100
	自粘	80

冷粘法铺贴卷材应符合下列规定:

(1)胶粘剂涂刷应均匀,不应露底,不应堆积。

(2)应控制胶粘剂涂刷与卷材铺贴的间隔时间。

(3)卷材下面的空气应排尽,并应辊压粘贴牢固。

(4)卷材铺贴应平整顺直,搭接尺寸应准确,不得扭曲、皱折。

(5)接缝口应用密封材料封严,宽度不应小于10mm。

热粘法铺贴卷材应符合下列规定:

(1)熔化热熔型改性沥青胶结料时,宜采用专用导热油炉加热,加热温度不应高于200℃,使用温度不宜低于180℃。

(2)粘贴卷材的热熔型改性沥青胶结料的厚度宜为1.0~1.5mm。

(3)采用热熔型改性沥青胶结料粘贴卷材时,应随刮随铺,并应展平压实。

热熔法铺贴卷材应符合下列规定:

(1)火焰加热器加热卷材应均匀,不得加热不足或烧穿卷材。

(2)卷材表面热熔后应立即滚铺,卷材下面的空气应排尽,并应辊压粘贴牢固。

(3)卷材接缝部位应溢出热熔的改性沥青胶,溢出的改性沥青胶的宽度宜为8mm。

(4)铺贴的卷材应平整顺直,搭接尺寸应准确,不得扭曲、皱折。

(5)厚度小于3mm的高聚物改性沥青防水卷材,严禁采用热熔法施工。

自粘法铺贴卷材应符合下列规定:

(1)铺贴卷材时,应将自粘胶底面的隔离纸全部撕净。

(2)卷材下面的空气应排尽,并应辊压粘贴牢固。

(3)铺贴的卷材应平整顺直,搭接尺寸应准确,不得扭曲、皱折。

（4）接缝口应用密封材料封严，宽度不应小于10mm。

（5）低温施工时，接缝部位宜采用热风加热，并应随即粘贴牢固。

焊接法铺贴卷材应符合下列规定：

（1）焊接前卷材应铺设平整、顺直，搭接尺寸应准确，不得扭曲、皱折。

（2）卷材焊接缝的结合面应干净、干燥，不得有水滴、油污及附着物。

（3）焊接时应先焊长边搭接缝，后焊短边搭接缝。

（4）控制加热温度和时间，焊接缝不得有漏焊、跳焊、焊焦或焊接不牢等现象。

（5）焊接时不得损害非焊接部位的卷材。

机械固定法铺贴卷材应符合下列规定：

（1）卷材应采用专用固定件进行机械固定。

（2）固定件应设置在卷材搭接缝内，外露固定件应用卷材封严。

（3）固定件应垂直钉入结构层进行有效固定，固定件的数量和位置应符合设计要求。

（4）卷材搭接缝应粘结或焊接牢固，密封应严密。

（5）卷材周边800mm范围内应满粘。

卷材防水层分项检验批的质量检验标准和检验方法详见表4-87。

表4-87 卷材防水层分项检验批的质量检验标准和检验方法

项目	条款号	标准内容	检验方法
主控项目	6.2.10	防水卷材及其配套材料的质量，应符合设计要求	检查出厂合格证、质量检验报告和进场检验报告
	6.2.11	卷材防水层不得有渗漏和积水现象	雨后观察或淋水、蓄水试验
	6.2.12	卷材防水层在檐口、檐沟、天沟、雨水口、泛水、变形缝和伸出屋面管道处的防水构造，应符合设计要求	观察检查
一般项目	6.2.13	卷材的搭接缝应粘结或焊接牢固，密封应严密，不得扭曲、皱折和翘边	观察检查
	6.2.14	卷材防水层的收头应与基层粘结，钉压应牢固，密封应严密	观察检查
	6.2.15	卷材防水层的铺贴方向应正确，卷材搭接宽度的允许偏差为 −10mm	观察和尺量检查
	6.2.16	屋面排汽构造的排汽道应纵横贯通，不得堵塞；排汽管应安装牢固，位置应正确，封闭应严密	观察检查

注：1. 检验批容量填写：同一检验批内，按检验批的实际面积计算。

2. "最小/实际抽样数量"栏中，最小抽样数量填写：依据《屋面工程质量验收规范》（GB 50207—2012）的规定，每100m² 抽查一处计算检验批的样本容量，且不少于3处。

3. 本表出自《屋面工程质量验收规范》（GB 50207—2012）。

3. 涂膜防水层分项质量验收标准

防水涂料应多遍涂布，并应待前一遍涂布的涂料干燥成膜后，再涂布后一遍涂料，且前后两遍涂料的涂布方向应相互垂直。

铺设胎体增强材料应符合下列规定：

（1）胎体增强材料宜采用聚酯无纺布或化纤无纺布。

（2）胎体增强材料长边搭接宽度不应小于50mm，短边搭接宽度不应小于70mm。

（3）上下层胎体增强材料的长边搭接缝应错开，且不得小于幅宽的1/3。

（4）上下层胎体增强材料不得相互垂直铺设。

多组分防水涂料应按配合比准确计量，搅拌应均匀，并应根据有效时间确定每次配制的数量。

涂膜防水层分项检验批检查数量：防水涂料每10t为一批，不足10t按一批抽样；胎体增强材料每3000m^2为一批，不足3000m^2的按一批抽样；每100m^2抽查一处，每处10m^2，且不得少于3处。

涂膜防水层分项检验批的质量检验标准和检验方法详见表4-88。

表4-88 涂膜防水层分项检验批的质量检验标准和检验方法

项目	条款号	标准内容	检验方法
主控项目	6.3.4	防水涂料和胎体增强材料的质量，应符合设计要求	检查出厂合格证、质量检验报告和进场检验报告
	6.3.5	涂膜防水层不得有渗漏和积水现象	雨后观察或淋水、蓄水试验
	6.3.6	涂膜防水层在檐口、檐沟、天沟、雨水口、泛水、变形缝和伸出屋面管道处的防水构造，应符合设计要求	观察检查
	6.3.7	涂膜防水层的平均厚度应符合设计要求，且最小厚度不得小于设计厚度的80%	针测法或取样量测
一般项目	6.3.8	涂膜防水层与基层应粘结牢固，表面应平整，涂布应均匀，不得有流淌、皱折、起泡和露胎体等缺陷	观察检查
	6.3.9	涂膜防水层的收头应用防水涂料多遍涂刷	观察检查
	6.3.10	铺贴胎体增强材料应平整顺直，搭接尺寸应准确，应排除气泡，并应与涂料粘结牢固；胎体增强材料搭接宽度的允许偏差为-10mm	观察和尺量检查

注：1. 检验批容量填写：同一检验批内，按检验批的实际面积计算。

2. "最小/实际抽样数量"栏中，最小抽样数量填写：依据《屋面工程质量验收规范》（GB 50207—2012）的规定，每100m^2抽查一处计算检验批的样本容量，且不少于3处。

3. 本表出自《屋面工程质量验收规范》（GB 50207—2012）。

4. 接缝密封防水分项质量验收标准

接缝密封防水分项检验批的检查要求与检查数量：

（1）基层应牢固，表面应平整、密实，不得有裂缝、蜂窝、麻面、起皮和起砂等现象。

（2）基层应清洁、干燥，并应无油污、无灰尘。

（3）嵌入的背衬材料与接缝壁之间不得留有空隙。

（4）密封防水部位的基层宜涂刷基层处理剂，涂刷应均匀，不得漏涂。

（5）密封材料及其配套材料的质量，应符合设计要求，每1t为一批，不足1t按一批抽样。

（6）每50m抽查一处，每处应为5m，且不得少于3处。

接缝密封防水分项检验批的质量检验标准和检验方法详见表4-89。

表 4-89 接缝密封防水分项检验批的质量检验标准和检验方法

项目	条款号	标准内容	检验方法
主控项目	6.5.4	密封材料及其配套材料的质量,应符合设计要求	检查出厂合格证、质量检验报告和进场检验报告
	6.5.5	密封材料嵌填应密实、连续、饱满,粘结应牢固,不得有气泡、开裂、脱落等缺陷	观察检查
一般项目	6.5.6	密封防水部位的基层应符合《屋面工程质量验收规范》(GB 50207—2012)第 6.5.1 条的规定	观察检查
	6.5.7	接缝宽度和密封材料的嵌填深度应符合设计要求,接缝宽度的允许偏差为 ±10%	尺量检查
	6.5.8	嵌填的密封材料表面应平滑,缝边应顺直,应无明显不平和周边污染现象	观察检查

注:1. 检验批容量填写:同一检验批内,按检验批的实际长度计算。
2. "最小/实际抽样数量"栏中,最小抽样数量填写:依据《屋面工程质量验收规范》(GB 50207—2012)的规定每 50m 抽查一处计算检验的样本容量,且不得少于 3 处。
3. 本表出自《屋面工程质量验收规范》(GB 50207—2012)。

4.5.5 细部构造子分部工程施工质量检验与验收

1.《屋面工程质量验收规范》(GB 50207—2012)的一般规定

本节适用于檐口、檐沟和天沟、女儿墙和山墙、雨水口、变形缝、伸出屋面管道、屋面出入口、反梁过水孔、设施基座、屋脊、屋顶窗等分项工程的施工质量验收。

细部构造工程各分项工程的每个检验批应全数进行检验。

细部构造所使用卷材、涂料和密封材料的质量应符合设计要求,两种材料之间应具有相容性。

屋面细部构造热桥部位的保温处理,应符合设计要求。

2. 细部构造分项质量验收标准

细部构造分项检验批的检查数量为全数检查。细部构造分项检验批的质量检验标准和检验方法详见表 4-90。

表 4-90 细部构造分项检验批的质量检验标准和检验方法

项目		标准内容	检验方法
天沟、檐沟的排水坡度		天沟、檐沟的排水坡度,必须符合设计要求	用水准仪(水平尺)检查、拉线和尺量检查
防水构造	天沟、檐沟	天沟、檐沟的防水构造应符合下列要求: 1. 沟内附加层在天沟、檐沟与屋面交接处宜空铺,空铺的宽度应不小于 200mm 2. 卷材防水层应由沟底翻上至沟外檐顶部,卷材收头应用水泥钉固定,并用密封材料封严 3. 涂膜收头应用防水涂料多遍涂刷或用密封材料封严 4 在天沟、檐沟与细石混凝土防水层的交接处,应留凹槽并用密封材料嵌填严密	观察检查和检查隐蔽工程验收记录

（续）

项目		标准内容	检验方法
防水构造	檐口	檐口的防水构造应符合下列要求： 1. 铺贴檐口 800mm 范围内的卷材应采取满粘法 2. 卷材收头应压入凹槽，采用金属压条钉压，并用密封材料封口 3. 涂膜收头应用防水涂料多遍涂刷或用密封材料封严 4. 檐口下端应抹出鹰嘴和滴水槽	观察检查和检查隐蔽工程验收记录
	女儿墙	女儿墙泛水的防水构造应符合下列要求： 1. 铺贴泛水处的卷材应采取满粘法 2. 砖墙上的卷材收头可直接铺压在女儿墙压顶下，压顶应做防水处理；也可压入砖墙凹槽内固定密封，凹槽距屋面找平层应不小于 250mm，凹槽上部的墙体应做防水处理 3. 涂膜防水层应直接涂刷至女儿墙的压顶下，收头处理应用防水涂料多遍涂刷封严，压顶应做防水处理 4. 混凝土墙上的卷材收头应采用金属压条钉压，并用密封材料封严	
	雨水口	雨水口的防水构造应符合下列要求： 1. 雨水口杯上口的标高应设置在沟底的最低处 2. 防水层贴入雨水口杯内应不小于 50mm 3. 雨水口周围直径 500mm 范围内的坡度应不小于 5%，并采用防水涂料或密封材料涂封，其厚度应不小于 2mm 4. 雨水口杯与基层接触处应留宽 20mm、深 20mm 凹槽，并嵌填密封材料	
	变形缝	变形缝的防水构造应符合下列要求： 1. 变形缝的泛水高度应不小于 250mm 2. 防水层应铺贴到变形缝两侧砌体的上部 3. 变形缝内应填充聚苯乙烯泡沫塑料，上部填放衬垫材料，并用卷材封盖 4. 变形缝顶部应加扣混凝土或金属盖板。混凝土盖板的接缝应用密封材料嵌填	
	伸出屋面管道	伸出屋面管道的防水构造应符合下列要求： 1. 管道根部直径 500mm 范围内，找平层应抹出高度不小于 30mm 的圆锥台 2. 管道周围与找平层或细石混凝土防水层之间，应预留 20mm×20mm 的凹槽，并用密封材料嵌填严密 3. 管道根部四周应增设附加层，宽度和高度均应不小于 300mm 4. 管道上的防水层收头处应用金属箍紧固，并用密封材料封严	

4.5.6 屋面分部工程施工质量验收

屋面工程施工质量验收的程序和组织，应符合《建筑工程施工质量验收统一标准》（GB 50300—2013）的有关规定。

（1）检验批质量验收合格应符合下列规定：

1）主控项目的质量应经抽查检验合格。

2）一般项目的质量应经抽查检验合格；有允许偏差值的项目，其抽查点应有 80% 及其以上在允许偏差范围内，且最大偏差值不得超过允许偏差值的 1.5 倍。

3）应具有完整的施工操作依据和质量检查记录。

（2）分项工程质量验收合格应符合下列规定：

1）分项工程所含检验批的质量均应验收合格。

2）分项工程所含检验批的质量验收记录应完整。

(3) 分部(子分部)工程质量验收合格应符合下列规定:

1) 分部(子分部)所含分项工程的质量均应验收合格。

2) 质量控制资料应完整。

3) 安全与功能抽样检验应符合《建筑工程施工质量验收统一标准》(GB 50300—2013)的有关规定。

4) 观感质量检查应符合规范的规定。

(4) 屋面工程验收资料和记录应符合表 4-91 的规定。

表 4-91 屋面工程验收资料和记录

资料项目	验收资料
防水设计	设计图纸及会审记录、设计变更通知单和材料代用核定单
施工方案	施工方法、技术措施、质量保证措施
技术交底记录	施工操作要求及注意事项
材料质量证明文件	出厂合格证、型式检验报告、出厂检验报告、进场验收记录和进场检验报告
施工日志	逐日施工情况
工程检验记录	工序交接检验记录、检验批质量验收记录、隐蔽工程验收记录、淋水或蓄水试验记录、观感质量检查记录、安全与功能抽样检验(检测)记录
其他技术资料	事故处理报告、技术总结

1) 屋面工程应对下列部位进行隐蔽工程验收:

① 卷材、涂膜防水层的基层。

② 保温层的隔汽和排汽措施。

③ 保温层的铺设方式、厚度,板材缝隙填充质量及热桥部位的保温措施。

④ 接缝的密封处理。

⑤ 瓦材与基层的固定措施。

⑥ 檐沟、天沟、雨水、雨水口和变形缝等细部做法。

⑦ 在屋面易开裂和渗水部位的附加层。

⑧ 保护层与卷材、涂膜防水层之间的隔离层。

⑨ 金属板材与基层的固定和板缝间的密封处理。

⑩ 坡度较大时,防止卷材和保温层下滑的措施。

2) 屋面工程观感质量检查应符合下列要求:

① 卷材铺贴方向应正确,搭接缝应粘结或焊接牢固,搭接宽度应符合设计要求,表面应平整,不得有扭曲、皱折和翘边等缺陷。

② 涂膜防水层粘结应牢固,表面应平整,涂刷应均匀,不得有流淌、起泡和露胎体等缺陷。

③ 嵌填的密封材料应与接缝两侧粘结牢固,表面应平滑,缝边应顺直,不得有气泡、开裂和剥离等缺陷。

④ 檐口、檐沟、天沟、女儿墙、山墙、雨水口、变形缝和伸出屋面管道等防水构造,应符合设计要求。

⑤烧结瓦、混凝土瓦铺装应平整、牢固，应行列整齐，搭接应紧密，檐口应顺直；脊瓦应搭盖正确，间距应均匀，封固应严密；正脊和斜脊应顺直，应无起伏现象；泛水应顺直整齐，结合应严密。

⑥沥青瓦铺装应搭接正确，瓦片外露部分不得超过切口长度，钉帽不得外露；沥青瓦应与基层钉粘牢固，瓦面应平整，檐口应顺直；泛水应顺直整齐，结合应严密。

⑦金属板铺装应平整、顺滑；连接应正确，接缝应严密；屋脊、檐口、泛水直线段应顺直，曲线段应顺畅。

⑧玻璃采光顶铺装应平整、顺直，外露金属框或压条应横平竖直，压条应安装牢固；玻璃密封胶缝应横平竖直、深浅一致、宽度均匀、光滑顺直。

⑨上人屋面或其他使用功能屋面，其保护及铺面应符合设计要求。

应检查屋面有无渗漏、积水，检查排水系统是否通畅，相关检查应在雨后或持续淋水 2h 后进行，并应填写淋水试验记录。具备蓄水条件的檐沟、天沟应进行蓄水试验，蓄水时间不得少于 24h，并应填写蓄水试验记录。

对安全与功能有特殊要求的建筑屋面，工程质量验收除应符合《屋面工程质量验收规范》（GB 50207—2012）的规定外，尚应按合同约定和设计要求进行专项检验（检测）和专项验收。

屋面工程验收后，应填写分部工程质量验收记录，并应交建设单位和施工单位存档。

4.6 建筑节能分部工程施工质量检验与验收

4.6.1 建筑节能分部工程施工质量验收的基本规定

《建筑节能工程施工质量验收标准》（GB 50411—2019）的基本规定如下：

1. 技术与管理

施工现场应建立相应的质量管理体系及施工质量控制与检验制度。

当工程设计变更时，建筑节能性能不得降低，且不得低于国家现行有关建筑节能设计标准的规定。

建筑节能工程采用的新技术、新工艺、新材料、新设备，应按照有关规定进行评审、鉴定。施工前应对新采用的施工工艺进行评价，并制订专项施工方案。

单位工程施工组织设计应包括建筑节能工程的施工内容。建筑节能工程施工前，施工单位应编制建筑节能工程专项施工方案。施工单位应对从事建筑节能工程施工作业的人员进行技术交底和必要的实际操作培训。

用于建筑节能工程质量验收的各项检测，除《建筑节能工程施工质量验收标准》（GB 50411—2019）规定外，应由具备相应资质的检测机构承担。

2. 材料与设备

建筑节能工程使用的材料、构件和设备等，必须符合设计要求及国家现行标准的有关规定，严禁使用国家明令禁止与淘汰的材料和设备。

公共机构建筑和政府出资的建筑工程应选用通过建筑节能产品认证或具有节能标识的产品，其他建筑工程宜选用通过建筑节能产品认证或具有节能标识的产品。

材料、构件和设备进场验收应符合下列规定：

（1）应对材料、构件和设备的品种、规格、包装、外观等进行检查验收，并应形成相应的验收记录。

（2）应对材料、构件和设备的质量证明文件进行核查，核查记录应纳入工程技术档案。进入施工现场的材料、构件和设备均应具有出厂合格证、中文说明书及相关性能检测报告。

（3）涉及安全、节能、环境保护和主要使用功能的材料、构件和设备，应按照《建筑节能工程施工质量验收标准》（GB 50411—2019）的附录 A 和各章的规定在施工现场随机抽样复验，复验应为见证取样检验。当复验的结果不合格时，该材料、构件和设备不得使用。

（4）在同一工程项目中，同厂家、同类型、同规格的节能材料、构件和设备，当获得建筑节能产品认证、具有节能标识或连续 3 次见证取样检验均一次检验合格时，其检验批的容量可扩大一倍，且仅可扩大一倍。扩大检验批后的检验中出现不合格情况时，应按扩大前的检验批重新验收，且该产品不得再次扩大检验批容量。

检验批抽样样本应随机抽取，并应满足分布均匀、具有代表性的要求。

涉及建筑节能效果的定型产品、预制构件，以及采用成套技术现场施工安装的工程，相关单位应提供型式检验报告。当无明确规定时，型式检验报告的有效期不应超过 2 年。

建筑节能工程使用材料的燃烧性能和防火处理应符合设计要求，并应符合《建筑设计防火规范（2018 年版）》（GB 50016—2014）和《建筑内部装修设计防火规范》（GB 50222—2017）的规定。

建筑节能工程使用的材料应符合国家现行有关标准对材料有害物质限量的规定，不得对室内外环境造成污染。

现场配制的保温浆料、聚合物砂浆等材料，应按设计要求或实验室给出的配合比配制。当未给出要求时，应按照专项施工方案和产品说明书配制。

节能保温材料在施工使用时的含水率应符合设计、施工工艺及施工方案要求。当无上述要求时，节能保温材料在施工使用时的含水率不应大于正常施工环境湿度下的自然含水率。

3. 施工与控制

建筑节能工程应按照经审查合格的设计文件和经审查批准的专项施工方案施工，各施工工序应严格执行并按施工技术标准进行质量控制，每道施工工序完成后，经施工单位自检符合要求后，可进行下道工序施工。各专业工种之间的相关工序应进行交接检验，并应记录。

建筑节能工程施工前，对于采用相同建筑节能设计的房间和构造做法，应在现场采用相同材料和工艺制作样板间或样板件，经有关各方确认后方可进行施工。

使用有机类材料的建筑节能工程施工过程中，应采取必要的防火措施，并应制订火灾应急预案。

建筑节能工程的施工作业环境和条件，应符合国家现行相关标准的规定和施工工艺的要求。节能保温材料不宜在雨雪天气中露天施工。

4. 验收的划分

建筑节能工程为单位工程的一个分部工程,其子分部工程和分项工程的划分,应符合下列规定:

(1)建筑节能子分部工程和分项工程的划分宜符合表 4-92 的规定。

(2)建筑节能工程可按照分项工程进行验收。当建筑节能分项工程的工程量较大时,可将分项工程划分为若干个检验批进行验收。

表 4-92 建筑节能子分部工程和分项工程的划分(部分)

序号	子分部工程	分项工程	主要验收内容
1	围护结构节能工程	墙体节能工程	基层、保温隔热构造、抹面层、饰面层、保温隔热砌体等
2		幕墙节能工程	保温隔热构造、隔汽层、幕墙玻璃、单元式幕墙板块、通风换气系统、遮阳设施、凝结水收集排放系统、幕墙与周边墙体和屋面间的接缝等
3		门窗节能工程	门、窗、天窗、玻璃、遮阳设施、通风器、门窗与洞口间隙等
4		屋面节能工程	基层、保温隔热构造、保护层、隔汽层、防水层、面层等
5		地面节能工程	基层、保温隔热构造、保护层、面层等

注:以上内容专指建筑土建部分建筑节能工程的划分,其他水电安装工程分部分项和室外工程的划分,详见《建筑工程施工质量验收统一标准》(GB 50300—2013)附录 B 和附录 C。

当建筑节能工程验收无法按《建筑节能工程施工质量验收标准》(GB 50411—2019)第 3.4.1 条的要求划分分项工程或检验批时,可由建设、监理、施工等各方协商划分检验批;其验收项目、验收内容、验收标准和验收记录均应符合《建筑节能工程施工质量验收标准》(GB 50411—2019)的规定。

当按计数方法检验时,抽样数量除《建筑节能工程施工质量验收标准》(GB 50411—2019)另有规定外,检验批最小抽样数量宜符合《建筑节能工程施工质量验收标准》(GB 50411—2019)表 3.4.3 的规定。

当在同一个单位工程项目中,建筑节能分项工程和检验批的验收内容与其他各专业分部工程、分项工程或检验批的验收内容相同且验收结果合格时,可采用其验收结果,不必进行重复检验。建筑节能分部工程验收资料应单独组卷。

4.6.2 墙体节能分项工程施工质量检验与验收

一、墙体节能分项工程施工质量验收的一般规定

本部分内容适用于建筑外围护结构采用板材、浆料、块材及预制复合墙板等墙体保温材料或构件的建筑墙体节能工程施工质量验收。

主体结构完成后进行施工的墙体节能工程,应在基层质量验收合格后施工,施工过程中应及时进行质量检查、隐蔽工程验收和检验批验收,施工完成后应进行墙体节能分项工程验收。与主体结构同时施工的墙体节能工程,应与主体结构一同验收。

(1)墙体节能工程应对下列部位或内容进行隐蔽工程验收,并应有详细的文字记录和必要

的图像资料：

1）保温层附着的基层及其表面处理。

2）保温板粘结或固定。

3）被封闭的保温材料厚度。

4）锚固件及锚固节点做法。

5）增强网铺设。

6）抹面层厚度。

7）墙体热桥部位处理。

8）保温装饰板、预置保温板或预制保温墙板的位置、界面处理、板缝、构造节点及固定方式。

9）现场喷涂或浇注有机类保温材料的界面。

10）保温隔热砌块墙体。

11）各种变形缝处的节能施工做法。

(2) 墙体节能工程的保温隔热材料在运输、储存和施工过程中应采取防潮、防水、防火等保护措施。

(3) 墙体节能工程验收的检验批划分，除《建筑节能工程施工质量验收标准》(GB 50411—2019)另有规定外应符合下列规定：

1）采用相同材料、工艺和施工做法的墙面，扣除门窗洞口后的保温墙面面积每 $1000m^2$ 划分为一个检验批。

2）检验批的划分也可根据与施工流程相一致且方便施工与验收的原则，由施工单位与监理单位双方协商确定。

3）当按计数方法抽样检验时，其抽样数量尚应符合《建筑节能工程施工质量验收标准》(GB 50411—2019) 第 3.4.3 条的规定。

二、墙体节能分项工程施工质量验收标准

墙体节能分项检验批的质量检验标准和检验方法详见表 4-93。

表 4-93 墙体节能分项检验批的质量检验标准和检验方法

类型	检验内容及项目	复验性能指标	复验批次	备注
配件	耐碱玻纤网格布	单位面积质量、耐碱拉伸断裂强力、耐碱断裂强力保留率	同一厂家、同一品种的产品，当工程建筑面积在 $20000m^2$ 以下时各抽查不少于 3 次；当工程建筑面积在 $20000m^2$ 以上时各抽查不少于 6 次（用于屋面、地面节能工程时，同一厂家、同一品种的产品各抽查不少于 3 组）	—
	热镀锌电焊钢丝网	网孔大小、丝径、焊点抗拉力、热镀锌质量（耐腐蚀性能）		—
聚苯板（EPS板、XPS板）	板材	尺寸（现场自检）、表观密度、尺寸稳定性、抗拉强度、热导率		尺寸检测项目，材料进场后由监理单位进场检查，并建立检查记录 用于内保温的做法，还应增加燃烧性能级别复检项目

（续）

类型	检验内容及项目	复验性能指标	复验批次	备注
聚苯板（EPS板、XPS板）	胶粘剂	干燥状态和浸水48h拉伸粘结强度（与水泥砂浆）	同一厂家、同一品种的产品，当工程建筑面积在20000㎡以下时各抽查不少于3次；当工程建筑面积在20000㎡以上时各抽查不少于6次（用于屋面、地面节能工程时，同一厂家、同一品种的产品各抽查不少于3组）	试件制样后养护7d进行拉伸粘结强度检验，发生争议时，以养护28d时检验结果为准
	抹面砂浆抗裂砂浆界面砂浆	干燥状态和浸水48h拉伸粘结强度（与保温层）		
	板材粘贴强度	拉拔强度	每个检验批不少于3处	拉拔强度检测可由具备资质的施工企业实验室进行 在饰面层施工前检测。其中，粘贴面积由监理单位抽样复核，并建立检查记录
		粘贴面积（现场自检）		
复合保温砂浆	材料	干密度、压缩强度、吸水率、热导率	同聚苯板	—
	完成后的保温层厚度	尺寸	每个检验批不少于3处	采用插针法复验，由监理单位检查，并建立检查记录
	保温浆料同条件试件	热导率、干密度和压缩强度	每个检验批应抽样制作同条件试块不少于3组	—
硬泡聚氨酯	材料	表观密度、压缩性能、拉拔强度、热导率、吸水率	同聚苯板	—
自保温墙体材料	块料	热导率、密度、抗压强度、平衡含水率	同一厂家、同一品种的产品，当工程建筑面积在20000㎡以下时各抽查不少于3次；当工程建筑面积在20000㎡以上时各抽查不少于6次	
	板材	热导率、平衡含水率		
锚固件	锚固力	拉拔力	每个检验批不少于3处	—
幕墙	幕墙玻璃	可见光透射比、传热系数、遮阳系数、中空玻璃露点	同一厂家的同一种产品抽查不少于一组	
	隔热型材	抗拉强度、抗剪强度		
	气密性指标	气密性	幕墙面积大于建筑外墙面积50%或为3000㎡时，对一个单位工程中面积超过1000㎡的每一种幕墙均取一个试件进行检测	实验室见证送样
外窗	原材料	气密性、传热系数、中空玻璃露点	严寒、寒冷地区	同一厂家、同一品种、同一类型的产品各抽检不少于3樘	
		气密性、传热系数、遮阳系数、可见光透射比、中空玻璃露点	夏热冬冷地区		
	实体检验	现场气密性	每个单位工程的外窗至少抽查3樘。当一个单位工程外窗有2种以上的品种、规格和开启方式时，每个品种、规格和开启方式的外窗均应抽查不少于3樘	

(续)

类型	检验内容及项目	复验性能指标	复验批次	备注
围护结构节能保温做法实体检验	围护结构各层做法、保温层厚度	每个单位工程的外墙至少抽查3处,每处一个检查点。当一个单位工程外墙有2种以上的节能保温做法时,每种节能保温做法的外墙应抽查不少于3处	钻孔取芯测量 在外墙施工完成后、节能分部工程验收前进行 当实测厚度平均值达到设计厚度的95%及以上且最小值不低于设计厚度的90%时,应判定保温层厚度符合设计要求
现场热工性能检测	屋面、墙体传热系数及隔热性能	同一居住小区围护结构保温措施及建筑平面布局基本相同的建筑物作为一个样本随机抽样。居住建筑节能工程质量控制符合《建筑节能工程施工质量验收规程》(DGJ32/J 19—2007)要求时,抽样比例不低于样本总数的10%,且至少为1幢;不同结构体系建筑,不同保温措施的建筑物应分别抽样检测。公共建筑应逐幢抽样检测	居住建筑节能工程质量不符合本要求时,应逐幢检测其实际节能效果

三、幕墙节能分项工程施工质量验收的一般规定

本部分内容适用于建筑外围护结构的各类透光、非透光建筑幕墙和采光屋面节能工程施工质量验收。

幕墙节能工程的隔汽层、保温层应在主体结构工程质量验收合格后进行施工。幕墙施工过程中应及时进行质量检查、隐蔽工程验收和检验批验收,施工完成后应进行幕墙节能分项工程验收。

当幕墙节能工程采用隔热型材时,应提供隔热型材所使用的隔断热桥材料的物理、力学性能检测报告。

(1)幕墙节能工程施工中应对下列部位或项目进行隐蔽工程验收,并应有详细的文字记录和必要的图像资料:

1)保温材料厚度和保温材料的固定。

2)幕墙周边与墙体、屋面、地面的接缝处的保温、密封构造。

3)构造缝、结构缝处的幕墙构造。

4)隔汽层。

5)热桥部位、断热节点。

6)单元式幕墙板块间的接缝构造。

7)凝结水收集和排放构造。

8)幕墙的通风换气装置。

9)遮阳构件的锚固和连接。

(2)幕墙节能工程使用的保温材料在运输、储存和施工过程中应采取防潮、防水、防火等保护措施。

(3)幕墙节能工程验收的检验批划分,除《建筑节能工程施工质量验收标准》(GB

50411—2019）另有规定外，应符合下列规定：

1）采用相同材料、工艺和施工做法的幕墙，按照幕墙面积每1000m^2划分为一个检验批。

2）检验批的划分也可根据与施工流程相一致且方便施工与验收的原则，由施工单位与监理单位双方协商确定。

3）当按计数方法抽样检验时，其抽样数量应符合《建筑节能工程施工质量验收标准》（GB 50411—2019）表3.4.3的规定。

四、门窗节能分项工程施工质量验收的一般规定

本部分内容适用于金属门窗、塑料门窗、木门窗、各种复合门窗、特种门窗及天窗等建筑外门窗节能工程的施工质量验收。

门窗节能工程应优先选用具有国家建筑门窗节能性能标识的产品。当门窗采用隔热型材时，应提供隔热型材所使用的隔断热桥材料的物理、力学性能检测报告。

主体结构完成后进行施工的门窗节能工程，应在外墙质量验收合格后对门窗框与墙体接缝处的保温填充做法和门窗附框等进行施工，施工过程中应及时进行质量检查、隐蔽工程验收和检验批验收，隐蔽部位验收应在隐蔽前进行，并应有详细的文字记录和必要的图像资料。施工完成后应进行门窗节能分项工程验收。

门窗节能工程验收的检验批划分，除《建筑节能工程施工质量验收标准》（GB 50411—2019）另有规定外，应符合下列规定：

（1）同一厂家的同材质、同类型和同型号的门窗每200樘划分为一个检验批。

（2）同一厂家的同材质、同类型和同型号的特种门窗每50樘划分为一个检验批。

（3）异型或有特殊要求的门窗检验批的划分也可根据其特点和数量，由施工单位与监理单位协商确定。

五、屋面节能分项工程施工质量验收的一般规定

本部分内容适用于采用板材、现浇、喷涂等保温隔热做法的建筑屋面节能工程施工质量验收。

屋面节能工程应在基层质量验收合格后进行施工，施工过程中应及时进行质量检查、隐蔽工程验收和检验批验收，施工完成后应进行屋面节能分项工程验收。

（1）屋面节能工程应对下列部位进行隐蔽工程验收，并应有详细的文字记录和必要的图像资料：

1）基层及其表面处理。

2）保温材料的种类、厚度，保温层的敷设方式；板材缝隙的填充质量。

3）屋面热桥部位处理。

4）隔汽层。

（2）屋面保温隔热层施工完成后，应及时进行后续施工或加以覆盖。

（3）屋面节能工程施工质量验收的检验批划分，除《建筑节能工程施工质量验收标准》（GB 50411—2019）另有规定外，应符合下列规定：

1）采用相同材料、工艺和施工做法的屋面，扣除天窗、采光顶后的屋面面积，每1000m^2

面积划分为一个检验批。

2）检验批的划分也可根据与施工流程相一致且方便施工与验收的原则，由施工单位与监理单位协商确定。

六、地面节能分项工程施工质量验收的一般规定

本部分内容适用于建筑工程中接触土壤或室外空气的地面、毗邻不供暖空间的地面，以及与土壤接触的地下室外墙等节能工程的施工质量验收。

地面节能工程的施工，应在基层质量验收合格后进行。施工过程中应及时进行质量检查、隐蔽工程验收和检验批验收，施工完成后应进行地面节能分项工程验收。

（1）地面节能工程应对下列部位进行隐蔽工程验收，并应有详细的文字记录和必要的图像资料：

1）基层及其表面处理。

2）保温材料的种类和厚度。

3）保温材料粘结。

4）地面热桥部位处理。

（2）地面节能工程检验批划分，除《建筑节能工程施工质量验收标准》(GB 50411—2019) 另有规定外，应符合下列规定：

1）采用相同材料、工艺和施工做法的地面，每 $1000m^2$ 面积划分为一个检验批。

2）检验批的划分也可根据与施工流程相一致且方便施工与验收的原则，由施工单位与监理单位协商确定。

4.6.3 建筑节能分部工程施工质量检验与验收

（1）建筑节能分部工程的质量验收，应在施工单位自检合格，且检验批、分项工程全部验收合格的基础上，进行外墙节能构造、外窗气密性能现场实体检验和设备系统节能性能检测，确认建筑节能工程质量达到验收条件后方可进行。

（2）参加建筑节能工程验收的各方人员应具备相应的资格，其程序和组织应符合下列规定：

1）节能工程检验批验收和隐蔽工程验收应由专业监理工程师组织并主持，施工单位相关专业的质量检查员与施工员参加验收。

2）节能分项工程验收应由专业监理工程师组织并主持，施工单位项目技术负责人和相关专业的质量检查员、施工员参加验收；必要时，可邀请主要设备、材料供应商及分包单位、设计单位相关专业的人员参加验收。

3）节能分部工程验收应由总监理工程师组织并主持，施工单位项目负责人、项目技术负责人和相关专业的负责人、质量检查员、施工员参加验收；施工单位的质量、技术负责人应参加验收；设计单位项目负责人及相关专业负责人应参加验收；主要设备、材料供应商及分包单位负责人应参加验收。

（3）建筑节能工程的检验批质量验收合格，应符合下列规定：

1）检验批应按主控项目和一般项目验收。

2）主控项目均应合格。

3）一般项目应合格；当采用计数抽样检验时，应同时符合下列规定：

① 至少应有80%以上的检查点合格，且其余检查点不得有严重缺陷。

② 正常检验一次、二次抽样按《建筑节能工程施工质量验收标准》（GB 50411—2019）附录G判定的结果为合格。

③ 应具有完整的施工操作依据和质量检查验收记录，检验批现场验收检查原始记录。

（4）建筑节能分项工程质量验收合格，应符合下列规定：

1）分项工程所含的检验批均应合格。

2）分项工程所含检验批的质量验收记录应完整。

（5）建筑节能分部工程质量验收合格，应符合下列规定：

1）分项工程应全部合格。

2）质量控制资料应完整。

3）外墙节能构造现场实体检验结果应符合设计要求。

4）建筑外窗气密性能现场实体检验结果应符合设计要求。

5）建筑设备系统节能性能检测结果应合格。

（6）建筑节能工程验收资料应单独组卷，验收时应对下列资料进行核查：

1）设计文件、图纸会审记录、设计变更和洽商文件。

2）主要材料、设备、构件的质量证明文件，进场检验记录，进场复验报告，见证试验报告。

3）隐蔽工程验收记录和相关图像资料。

4）分项工程质量验收记录，必要时应核查检验批验收记录。

5）建筑外墙节能构造现场实体检验报告或外墙传热系数检验报告。

6）外窗气密性能现场实体检验报告。

7）风管系统严密性检验记录。

8）现场组装的组合式空调机组的漏风量测试记录。

9）设备单机试运转及调试记录。

10）设备系统联合试运转及调试记录。

11）设备系统节能性能检验报告。

12）其他对工程质量有影响的重要技术资料。

4.7 质量不合格与质量事故处理

4.7.1 质量不合格处理规定

（1）一般情况下，不合格现象在检验批验收时就应发现并及时处理，但实际工程中不能完全避免不合格情况的出现：

1）材料、设备进场检测应包括材料性能复试和设备性能测试。进场材料性能复试与设备性能测试的项目和主要检测参数，应依据国家现行相关标准、设计文件和合同要求确定。经过检验试验符合标准要求的就可以判定为"合格"，不符合要求的即为"不合格"。

2）施工过程质量检测试验项目和主要检测试验参数应依据国家现行相关标准、设计文件、合同要求和施工质量控制的需要确定。经过检验试验符合标准要求的就可以判定为"合格"，不符合要求的即为"不合格"。

3）工程实体质量与使用功能检测项目应依据国家现行相关标准、设计文件及合同要求确定。经过检验试验符合标准要求的就可以判定为"合格"，不符合要求的即为"不合格"。

（2）《建筑工程施工质量验收统一标准》（GB 50300—2013）规定：

1）当建筑工程施工质量不符合规定时，应按下列规定进行处理：

① 经返工或返修的检验批，应重新进行验收。

检验批验收时，对于主控项目不能满足验收规范规定或一般项目超过偏差限值时应及时进行处理。其中，对于严重的缺陷应重新施工，一般的缺陷可通过返修、更换予以解决，允许施工单位在采取相应的措施后重新验收。如能够符合相应的专业验收规范要求，应认为该检验批合格。

② 经有资质的检测机构检测鉴定能够达到设计要求的检验批，应予以验收。

当个别检验批发现问题，难以确定能否验收时，应请具有资质的法定检测机构进行检测鉴定。当鉴定结果认为能够达到设计要求时，该检验批应可以通过验收。这种情况通常出现在某检验批的材料试块强度不满足设计要求时。

③ 经有资质的检测机构检测鉴定达不到设计要求，但经原设计单位核算认可能够满足安全和使用功能要求的检验批，可予以验收。

如经检测鉴定达不到设计要求，但经原设计单位核算、鉴定，仍可满足相关设计规范和使用功能要求时，该检验批可予以验收。这主要是因为一般情况下，标准、规范的规定是满足安全和功能的最低要求，而设计往往在此基础上留有一些余量。在一定范围内，会出现不满足设计要求而符合相应规范要求的情况，两者并不矛盾。

④ 经返修或加固处理的分项、分部工程，满足安全及使用功能要求时，可按技术处理方案和协商文件的要求予以验收。

经法定检测机构检测鉴定后认为达不到规范的相应要求，即不能满足最低限度的安全储备和使用功能要求时，则必须进行处理，使之能满足安全使用的基本要求。这样，可能会造成一些永久性的影响，如增大结构外形尺寸，影响一些次要的使用功能。但为了避免建筑物的整体或局部拆除，避免社会财富更大的损失，在不影响安全和主要使用功能的条件下，可按技术处理方案和协商文件进行验收，责任方应按法律法规承担相应的经济责任和接受处罚。需要特别注意的是，这种方法不能作为降低质量要求、变相通过验收的一种出路。

2）工程质量控制资料应齐全完整，当部分资料缺失时，应委托有资质的检测机构按有关标准进行相应的实体检验或抽样试验。

施工时应确保质量控制资料齐全完整，实际工程中偶尔会遇到因遗漏检验或资料丢失而导致部分施工验收资料不全的情况，使工程无法正常验收。对此，可有针对性地进行工程质量检验，采取实体检测或抽样试验的方法确定工程质量状况。上述工作应由有资质的检测机构完成，出具的检验报告可用于施工质量验收。

3) 经返修或加固处理仍不能满足安全或使用功能要求的分部工程及单位工程，严禁验收。

分部工程及单位工程经返修或加固处理后仍不能满足安全或重要的使用功能要求时，表明工程质量存在严重的缺陷。重要的使用功能不满足要求时，将导致建筑物无法正常使用；安全不满足要求时，将危及人身健康或财产安全，严重时会给社会带来巨大的安全隐患，因此对这类工程严禁通过验收，更不得擅自投入使用，需要专门研究处置方案。

4.7.2 质量事故等级与处理

1. 建筑工程质量事故的等级

《关于做好房屋建筑和市政基础设施工程质量事故报告和调查处理工作的通知》（建质〔2010〕111号）对建筑工程质量事故的等级做了规定：

根据工程质量事故造成的人员伤亡或者直接经济损失，工程质量事故分为4个等级：

（1）特别重大事故，是指造成30人以上死亡，或者100人以上重伤，或者1亿元以上直接经济损失的事故。

（2）重大事故，是指造成10人以上30人以下死亡，或者50人以上100人以下重伤，或者5000万元以上1亿元以下直接经济损失的事故。

（3）较大事故，是指造成3人以上10人以下死亡，或者10人以上50人以下重伤，或者1000万元以上5000万元以下直接经济损失的事故。

（4）一般事故，是指造成3人以下死亡，或者10人以下重伤，或者100万元以上1000万元以下直接经济损失的事故。

本等级划分所称的"以上"包括本数，所称的"以下"不包括本数。

2. 建筑工程质量事故处理

《关于做好房屋建筑和市政基础设施工程质量事故报告和调查处理工作的通知》（建质〔2010〕111号）对建筑工程质量事故的处理做了规定：

（1）住房和城乡建设主管部门应当依据有关人民政府对事故调查报告的批复和有关法律法规的规定，对事故相关责任者实施行政处罚。处罚权限不属本级住房和城乡建设主管部门的，应当在收到事故调查报告批复后15个工作日内，将事故调查报告（附具有关证据材料）、结案批复、本级住房和城乡建设主管部门对有关责任者的处理建议等转送有权限的住房和城乡建设主管部门。

（2）住房和城乡建设主管部门应当依据有关法律法规的规定，对事故负有责任的建设、勘察、设计、施工、监理等单位和施工图审查、质量检测等有关单位分别给予罚款、停业整顿、降低资质等级、吊销资质证书其中一项或多项处罚，对事故负有责任的注册执业人员分别给予罚款、停止执业、吊销执业资格证书、终身不予注册其中一项或多项处罚。

4.8 单位工程竣工验收与建筑工程竣工备案制

4.8.1 单位工程竣工验收

1. 单位工程竣工验收条件

单位工程竣工验收应具备的条件如下：

（1）完成工程设计和合同约定的各项内容并接入正式的水源、电源。

（2）施工单位在工程完工后，已自行组织有关人员进行了检查评定，并向建设单位提出工程竣工报告。工程竣工报告应经项目经理和施工单位有关负责人审核签字，同时将工程竣工资料报送监理（建设）单位进行审查。

单位工程中的分包工程完工后，分包单位对所承包的工程项目进行检查评定，总包单位应派人参加，分包工程竣工资料应交给总包单位。

（3）对于委托监理的工程项目，总监理工程师应组织专业监理工程师，依据有关法律法规、工程建设强制性标准、设计文件及施工合同，对承包单位报送的竣工资料进行审查，同时对工程质量进行竣工预验收。对存在的问题，应及时要求承包单位整改。整改完毕后由总监理工程师签署工程竣工报验单，并在此基础上提出工程质量评估报告和竣工资料审查认可意见，工程质量评估报告应经总监理工程师和监理单位技术负责人审核签字。

（4）勘察单位、设计单位对勘察文件、设计文件及施工过程中由设计单位签署的设计变更通知书进行检查，并提出质量检查报告。质量检查报告应经该项目勘察负责人、设计负责人和勘察单位、设计单位有关负责人审核签字。勘察单位已参加地基基础分部（包含桩基础子分部）的验收，并出具了认可验收的质量检查报告的，可不参加工程的竣工验收。

（5）有完整的技术档案和施工管理资料，并经监理单位审查通过。

（6）有工程使用的主要建筑材料、建筑构配件和设备的进场试验报告。

（7）建设单位已按合同约定支付工程款。对未支付的工程款，已制订了甲乙双方确认的支付计划。

（8）有施工单位签署的工程质量保修书。建设单位和施工单位应当明确约定保修范围、保修期限和保修责任等，双方约定的保修范围、保修期限必须符合国家有关规定。

（9）建设单位提请规划、消防、环保、城建档案等有关部门进行专项验收，并按专项验收部门提出的意见整改完毕，取得专项验收相应的合格证明文件或准许使用文件。

（10）建设行政主管部门及其委托的工程质量监督机构等有关部门责令整改的问题全部整改完毕。

（11）工程质量监督机构已签发了该工程的地基基础分部和主体结构分部的质量验收监督记录，工程竣工资料已送工程质量监督机构抽查并符合要求。

（12）如发生过工程质量事故或工程质量投诉，应已处理完毕。

在竣工验收时，对某些剩余工程和缺陷工程，在不影响交付的前提下，经建设单位、设计单位、施工单位和监理单位协商，施工单位应在竣工验收后的限定时间内完成。

2. 单位工程竣工验收的程序和组织

（1）施工单位自验收。自验收的标准应与正式验收一样，主要内容是：工程是否符合国家或地方人民政府主管部门规定的竣工标准；工程完成情况是否符合施工图纸和设计的使用要求；工程质量是否符合国家或地方人民政府主管部门规定的标准和要求；工程是否达到合同规定的要求和标准等。

另外，参加竣工自验收的人员，应由项目经理组织生产、技术、质量、合同、预算以及有关的施工工长（或施工员、工号负责人）等共同参加。自验收的方式，应分层分段、分房间地由上述人员按照自己主管的内容逐一进行检查，在检查中要做好记录。对不符合要求的部位和项目，要确定修补措施和标准，并指定专人负责，定期修理完毕。

在基层施工单位自我检查的基础上，并对查出的问题全部修补完毕以后，项目经理应提请上级（分公司或总公司一级）进行复验（按一般习惯，国家重点工程、省市级重点工程，都应提请总公司级的上级单位复验）。通过复验，要解决全部遗留问题，为正式验收做好充分的准备。

施工单位在自查、自评工作完成后，应编制工程竣工报告，由项目负责人、单位法定代表人和技术负责人签字并加盖单位公章后，和全部竣工资料一起提交给监理单位进行初验。未委托监理的工程，施工单位应将竣工报告直接提交给建设单位。

工程竣工报告应当包括以下主要内容：已完工程情况、技术档案和施工管理资料情况、安全和主要使用功能的核查及抽查结果、观感质量验收结果、工程质量自验结论等。

（2）初验收。监理单位收到工程竣工报告和全部施工资料之后，总监理工程师应组织各专业监理工程师对竣工资料及各专业工程的质量情况进行全面检查，对检查出的问题，应督促施工单位及时整改。对需要进行功能试验的项目（包括单机试车和无负荷试车），监理工程师应督促施工单位及时进行试验，并对重要项目进行监督、检查，必要时请建设单位和设计单位参加。监理工程师应认真审查试验报告单并督促施工单位搞好成品保护和现场清理。

初验收合格的，由施工单位向建设单位申请正式验收（竣工验收），同时由总监理工程师向建设单位提出质量评估报告；初验收不合格的，监理单位应提出具体整改意见，由施工单位根据监理单位的意见进行整改。未委托监理的工程，由建设单位组织有关单位进行初验收。

（3）正式验收准备如下：

1）建设单位收到施工单位工程竣工报告和总监理工程师签发的质量评估报告后，对符合竣工验收要求的工程，组织设计、施工、监理等单位和有关方面的专业人士组成验收组，并制订建设工程施工质量竣工验收方案与单位工程施工质量竣工验收通知书。建设单位的项目负责人、施工单位的技术负责人和项目经理（含分包单位的项目负责人）、监理单位的总监理工程师、设计单位的项目负责人必须是验收组的成员。建设工程施工质量竣工验收方案中应包含验收的程序、时间、地点、人员组成、执行标准等，各责任主体准备好验收的报告材料。

2）建设单位应当在工程竣工验收7个工作日前将验收的时间、地点及验收组名单通知工程质量监督机构。工程质量监督机构接到通知后，于验收之日应列席参加验收。

（4）正式验收。工程质量监督机构在验收之日应派人列席参加验收会议，对工程质量竣工验收的组织形式、验收程序、执行验收标准等情况进行现场监督。

由建设单位宣布验收会议开始，建设单位应首先汇报工程概况和专项验收情况，介绍工程验收方案和验收组成员名单，并安排参验人员签到，然后按下列步骤进行验收：

1）建设、设计、施工、监理等单位按顺序汇报工程合同的履约情况，以及工程建设各个环节执行法律法规和工程建设强制性标准的情况。

2）验收组审阅建设、勘察、设计、施工、监理等单位提交的工程施工质量验收资料（放在现场），形成单位（子单位）工程施工质量控制资料检查记录，验收组相关成员在其上签字。

3）明确有关工程安全和功能检查资料的核查内容，确定抽查项目，验收组成员进行现场抽查，对每个抽查项目形成检查记录，验收组相关成员签字，再汇总到单位（子单位）工程安全和功能检验资料检查及主要功能抽查记录之中，验收组相关成员在其上签字。

4）验收组现场查验工程实物观感质量，形成单位（子单位）工程观感质量检查记录，验收组相关成员在其上签字。

验收组对以上4项验收内容给出全面评价，形成工程施工质量竣工验收结论意见，验收组人员在其上签字。如果验收不合格，验收组提出书面整改意见，限期整改，之后重新组织工程施工质量竣工验收；如果验收合格，填写单位（子单位）工程施工质量竣工验收记录，相关单位在其上签字盖章。

参与工程竣工验收的建设、设计、施工、监理等各方不能形成一致意见时，应当协商提出解决的办法，协商不成的可请建设行政主管部门或工程质量监督机构协调处理。

3. 建设单位提交工程竣工验收报告

单位工程竣工验收合格后，建设单位应当在3日内向工程质量监督机构提交工程竣工验收报告和竣工验收证明书。工程质量监督机构在工程竣工验收之日起5日内，向备案机关提交工程质量监督报告。

工程竣工验收报告应包括以下内容：

（1）工程概况：描述工程名称，工程地点，结构的类型、层次，建筑面积，开（竣）工日期，验收日期。

（2）简述竣工验收的程序、内容、组织形式。

（3）建设单位执行基本建设程序的情况。

（4）勘察、设计、监理、施工等单位工作情况和执行强制性标准的情况。

（5）工程竣工验收结论：应描述验收组对工程结构安全、使用功能是否符合设计要求的意见，是否同意竣工验收的意见。

（6）附件：勘察、设计、施工、监理等单位签字的验收文件。

4.8.2 建筑工程竣工备案制

《建设工程质量管理条例》第四十九条规定："建设单位应当自建设工程竣工验收合格之日起15日内，将建设工程竣工验收报告和规划、公安消防、环保等部门出具的认可文件或者准许使用文件报建设行政主管部门或其他有关部门备案。"《房屋建筑和市政基础设施工程竣工验收备案管理办法》对建筑工程竣工备案制的主要规定如下：

(1）建设单位应当自工程竣工验收合格之日起15日内，依照本办法规定，向工程所在地的县级以上地方人民政府建设主管部门（以下简称备案机关）备案。

（2）建设单位办理工程竣工验收备案应当提交下列文件：

1）工程竣工验收备案表。

2）工程竣工验收报告。竣工验收报告应当包括工程报建日期，施工许可证号，施工图设计文件审查意见，勘察、设计、施工、工程监理等单位分别签署的质量合格文件及验收人员签署的竣工验收原始文件，市政基础设施的有关质量检测和功能性试验资料以及备案机关认为需要提供的有关资料。

3）法律、行政法规规定应当由规划、环保等部门出具的认可文件或者准许使用文件。

4）法律规定应当由公安消防部门出具的对大型的人员密集场所和其他特殊建设工程验收合格的证明文件。

5）施工单位签署的工程质量保修书。

6）法规、规章规定必须提供的其他文件。

住宅工程还应当提交住宅质量保证书和住宅使用说明书。

（3）备案机关收到建设单位报送的竣工验收备案文件，验证文件齐全后，应当在工程竣工验收备案表上签署文件收讫。

工程竣工验收备案表一式两份，一份由建设单位保存，一份留备案机关存档。

（4）工程质量监督机构应当在工程竣工验收之日起5日内，向备案机关提交工程质量监督报告。

4.9 建设工程文件管理规范

4.9.1 建设工程文件的内容

在完成了项目建设工程合同任务，建设工程项目顺利通过了竣工验收后，五方责任主体责任单位均需要按照《建设工程文件归档规范》（GB/T 50328—2014）的要求，相互配合，按照各自的职责，积极地将工程建设过程中所形成的如图4-13所示的符合归档要求的建设工程文件进行整理、归档。

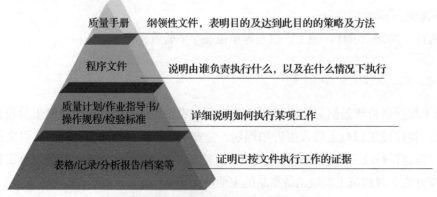

图4-13 质量管理体系文件层次框架

建设工程文件是指在工程建设过程中形成的各种形式的信息记录，包括工程准备阶段文件（A类）、监理文件（B类）、施工文件（C类）、竣工图和竣工验收文件（D类），简称为工程文件（E类）。

建设工程档案是指在工程建设活动中直接形成的具有归档保存价值的文字、图纸、图表、音像、电子文件等各种形式的历史记录，简称工程档案。

同建筑工程施工质量检验与竣工验收直接相关的工程文件的具体归档范围应符合《建设工程文件归档规范》（GB/T 50328—2014）附录A和附录B的要求。

4.9.2 建设工程文件管理基本规定

《建设工程文件归档规范》（GB/T 50328—2014）是建设工程文件归档工作中统一的建设工程档案验收标准，适用于建设工程文件的整理、归档，以及建设工程档案的验收与移交，其基本规定如下：

（1）工程文件的形成和积累应纳入工程建设管理的各个环节和有关人员的职责范围。

（2）工程文件应随工程建设进度同步形成，不得事后补编。

（3）每项建设工程应编制一套电子档案，随纸质档案一并移交城建档案管理机构。电子档案签署了具有法律效力的电子印章或电子签名的，可不移交相应纸质档案。

（4）建设单位应按下列流程开展工程文件的整理、归档、验收、移交等工作：

1）在工程招标及与勘察、设计、施工、监理等单位签订协议、合同时，应明确竣工图的编制单位、工程档案的编制套数、编制费用及承担单位、工程档案的质量要求和移交时间等内容。

2）收集和整理工程准备阶段形成的文件，并进行立卷归档。

3）组织、监督和检查勘察、设计、施工、监理等单位的工程文件的形成、积累和立卷归档工作。

4）收集和汇总勘察、设计、施工、监理等单位立卷归档的工程档案。

5）收集和整理竣工验收文件，并进行立卷归档。

6）在组织工程竣工验收前，应按《建设工程文件归档规范》（GB/T 50328—2014）的要求将全部文件材料收集齐全并完成工程档案的立卷；在组织竣工验收时，应组织对工程档案进行验收，验收结论应在工程竣工验收报告、专家组竣工验收意见中明确。

7）对列入城建档案管理机构接收范围的工程，工程竣工验收备案前，应向当地城建档案管理机构移交一套符合规定的工程档案。

（5）勘察、设计、施工、监理等单位应将本单位形成的工程文件立卷后向建设单位移交。

（6）建设工程项目实行总承包管理的，总包单位应负责收集、汇总各分包单位形成的工程档案，并应及时向建设单位移交；各分包单位应将本单位形成的工程文件整理、立卷后及时移交总包单位。建设工程项目由几个单位承包的，各承包单位应负责收集、整理立卷其承包项目的工程文件，并应及时向建设单位移交。

（7）建设工程档案的验收应纳入建设工程竣工联合验收环节。

（8）城建档案管理机构应对工程文件的立卷归档工作进行指导和服务，并按《建设工程文件归档规范》（GB/T 50328—2014）的要求对建设单位移交的建设工程档案进行联合验收。

（9）工程资料管理人员应经过工程文件归档整理的专业培训。

（10）工程档案的编制不得少于两套，一套应由建设单位保管，一套（原件）应移交当地城建档案管理机构保存。

4.10 质量评价标准与优质工程申报

4.10.1 质量评价标准

《建筑工程施工质量评价标准》（GB/T 50375—2016）是评价施工质量优良等级的标准，其在合格评定的基础上抽查，以评分的方式进行评定，将工程分为地基与基础工程、主体结构工程、屋面工程、装饰装修工程、安装工程及建筑节能工程6个部分，每个部分又规定了性能检测、质量记录、允许偏差、观感质量等4项评定项目，每个项目按标准抽查的方式评分达到85分及以上的，即为优良工程。

施工质量评价是指工程施工质量满足规范要求程度所做的检查、量测、试验等活动，包括工程施工过程质量控制、原材料、操作工艺、功能效果、工程实体质量和工程资料等。

优良工程是指在满足相关技术标准规定合格的基础上，经过对工程结构安全、使用功能、建筑节能、观感质量以及工程资料的综合评价，达到《建筑工程施工质量评价标准》（GB/T 50375—2016）规定的优良标准的建筑工程。

《建筑工程施工质量评价标准》（GB/T 50375—2016）对评价基础的规定如下：

（1）建筑工程施工质量评价应实施目标管理，健全质量管理体系，落实质量责任，完善控制手段，提高质量保证能力和持续改进能力。

（2）建筑工程质量管理应加强对原材料、施工过程的质量控制和结构安全、功能效果检验，具有完整的施工控制资料和质量验收资料。

（3）工程质量验收应完善检验批的质量验收，具有完整的施工操作依据和现场验收检查原始记录。

（4）建筑工程施工质量评价应对工程结构安全、使用功能、建筑节能和观感质量等进行综合核查。

4.10.2 优质工程申报与验收

下面以江苏省优质工程奖"扬子杯"为例来讲解优质工程申报与验收。江苏省住房和城乡建设厅于2015年8月印发了《省住房城乡建设厅关于印发〈江苏省优质工程奖"扬子杯"评选办法〉的通知》（苏建规字〔2015〕2号），明确了江苏省优质工程奖为江苏省人民政府确定的行政奖励，是江苏省建设工程质量最高奖。

江苏省优质工程奖"扬子杯"评选办法

第一章 总则

第一条 为推动建设工程质量水平提升，促进建设行业科技进步，规范江苏省优质工程奖"扬子杯"评选活动，制定本办法。

第二条 江苏省优质工程奖"扬子杯"（以下简称扬子杯）是江苏省建设工程质量最高奖。

第三条 扬子杯的评选范围为本省行政区域内完成竣工验收并交付使用一年以上的房屋建筑、市政、园林、城市轨道交通、交通、水利、电力、通信等建设工程项目（以下简称建设工程项目），以及装饰、安装、钢结构等专业工程项目（以下简称专业工程项目）。

已获得扬子杯的建设工程项目，其所属专业工程项目不再另行奖励。

第四条 扬子杯评选遵循公开、公正和质量第一、优中选优的原则，优先授予绿色建筑以及实施绿色施工、建筑产业现代化、有重要技术创新的项目。

第五条 扬子杯每年评审一次，实行获奖项目总量控制。当年建设工程项目获奖总量不得超过上一年度竣工验收建设工程项目数量的百分之一；专业工程项目获奖总量不得超过建设工程项目获奖总量的百分之五十。

第六条 扬子杯奖励对象为获奖项目，以及获奖项目建设单位责任人、施工单位项目经理、监理单位总监理工程师等主要参与人员。

第七条 扬子杯评选不收取任何费用。

除本办法规定的现场查验外，任何单位和个人不得以扬子杯评选的名义对项目申报企业或项目现场进行检查。

第八条 扬子杯评选工作接受党委、政府、人大、政协以及社会各界的监督。

第二章 评选组织管理

第九条 省住房城乡建设厅负责扬子杯的评选管理工作。具体工作由省住房城乡建设厅、扬子杯评选委员会负责。评选委员会下设办公室，负责扬子杯评选组织工作。

第十条 扬子杯评选实行专业技术专家审查制度，参与专业技术审查活动的专家从省住房城乡建设厅扬子杯专家库中随机抽取。

第三章 申报条件

第十一条 申报扬子杯的项目应当符合以下条件：

1. 符合法律法规要求，符合工程建设程序。

2. 工程设计符合国家强制性标准和行业技术标准、规范；凡列入江苏省优秀勘察设计奖评选范围的房屋建筑、市政、园林等建设工程项目应获得省城乡建设系统优秀勘察设计以上奖励；交通、水利等建设工程项目应获得省（部）级及以上优秀勘察设计奖。

3. 工程施工工艺和技术措施先进合理，质量优良；交通、水利等行业项目应获得省（部）级行业优质工程奖。

4. 工程技术档案资料（含隐蔽工程部位的施工过程影像资料）完整。

5. 申报的工程在施工中未发生质量安全事故。

6. 申报企业没有因受到行政主管部门行政处理而被限制市场准入的情形。

第四章 评选程序

第十二条 扬子杯年度组织申报文件由省住房城乡建设厅统一下发。

第十三条 建设、施工单位自愿申报扬子杯的，应当在规定期限内向项目所在地省辖市行政主管部门提出申请。省辖市行政主管部门对申请项目进行初审，对照扬子杯评选要求，结合日常监管工作情况，择优推荐评选项目，加盖公章后报省扬子杯评选委员会办公室。

第十四条 省扬子杯评选委员会委托相关行业协会（学会）组织专家进行项目资料复核和现场查验。专家应从省住房城乡建设厅扬子杯专家库中随机抽取。相关行业协会（学会）根据资料复核和现场查验情况，按照优中选优的原则，提交符合评选办法的项目推荐名单。

第十五条 省扬子杯评选委员会办公室按照本办法规定，组织专家对行业协会（学会）的推荐项目进行技术审查，专家组负责专业技术审查和把关，研究确定扬子杯获奖项目专家建议名单。

第十六条 扬子杯获奖项目专家建议名单在省住房城乡建设厅门户网站向社会公示十个工作日。公示期间有投诉的，省扬子杯评选委员会办公室应组织专家进行核查，并将核查情况报评选委员会。

第十七条 省扬子杯评选委员会在专家技术审查意见和社会公示意见基础上，结合日常监管和企业信用情况，以及省辖市行政主管部门意见、行业协会（学会）推荐意见进行综合审定，确定最终获奖项目名单。

第五章 奖励及惩罚

第十八条 省住房城乡建设厅颁发表彰文件，公布扬子杯获奖名单。

第十九条 在本省行政区域内申报国家级优质工程奖的项目，应首先获得扬子杯。

第二十条 建设工程项目、专业工程项目、建设单位、施工单位等主要参与人员在申报、评选过程中弄虚作假的，经查实，取消获奖，并计入信用档案。

第二十一条 参与扬子杯评选工作的评选委员会及其办公室成员，省辖市行政主管部门、行业协会（学会）的工作人员以及参与专业技术审查的专家，应当严格遵守法律法规和廉洁自律的规定。驻省住房城乡建设厅纪检监察室对扬子杯评选过程实行全程监督。

第六章 附则

第二十二条 本办法自发布之日起施行。省住房城乡建设厅以及省建筑工程管理局在本办法颁布之日前颁发的与江苏省优质工程奖评选相关的文件同时废止。

附 录

施工质量计划编制案例

新塘宿舍楼工程施工质量计划

1 工程概况

（略）

2 新塘宿舍楼工程质量目标与组织体系

2.1 工程质量目标

项目质量方针：项目经理部贯彻公司"诚信经营，持续发展；过程控制，建造精品"的质量方针。

工程质量目标：实现对业主的质量承诺，严格按照合同条款要求及现行规范、标准组织施工，确保工程验收一次性通过，达到《建筑工程施工质量验收统一标准》（GB 50300—2013）的合格标准，确保市级（省级）优质工程××杯，争创××奖。

（1）确保各分部工程合格率100%，优良率90%；观感质量评定得分率＞90%。

（2）单位（子单位）工程质量竣工验收（包括分部工程质量、质量控制资料、安全和主要使用功能、观感质量）符合有关规范规定和标准要求。

工程质量目标分解见附表1-1。

附表1-1 工程质量目标分解

总体目标	分部工程目标	分部工程	子分部工程	分项工程	分项质量目标	
					合格	优良
确保市级（省级）优质工程××杯，争创××奖	合格率100% 优良率90%	地基与基础	土方	降水、排水	合格率100%	优良率95%
				土方开挖		
				土方回填		
			桩基础	桩钢筋笼		
				桩身混凝土		
			混凝土基础	模板		
				钢筋		

(续)

总体目标	分部工程目标	分部工程	子分部工程	分项工程	分项质量目标 合格	分项质量目标 优良
确保市级（省级）优质工程××杯，争创××奖	合格率100%优良率90%	地基与基础	混凝土基础	混凝土	合格率100%	优良率95%
				混凝土现浇结构		
			砌体工程	混凝土小型砌块砌体		
		主体结构	混凝土结构	模板	合格率100%	优良率95%
				钢筋		
				混凝土		
				混凝土现浇结构		
			砌体结构	混凝土小型砌块砌体		
		建筑装饰与装修	地面	整体水泥砂浆面层	合格率100%	优良率90%
			抹灰	装饰抹灰		
			门窗	木门制作		
			涂饰	外墙涂料		
				内墙涂料		
		建筑屋面	卷材防水屋面	保温层	合格率100%	优良率90%
				找平层		
				卷材防水层		
				细部构造		
		给水排水与供暖	—	—	合格率100%	优良率≥85%
		建筑电气	—	—	合格率100%	优良率≥85%
		智能建筑	—	—	合格率100%	优良率≥85%
		通风与空调	—	—	合格率100%	优良率≥85%
		电梯	—	—	合格率100%	优良率≥85%
		节能工程	—	—	合格率100%	优良率≥85%

2.2 新塘宿舍楼单位工程、分部（子分部）工程、分项工程、检验批划分

依据建筑工程施工质量各专业验收规范，确定本案例分项工程和检验批划分标准。

2.2.1 地基与基础工程

地基与基础工程可按不同地下层或变形缝来划分分项检验批。

（1）土方开挖、土方回填等地基分项工程一般各划分为2个检验批，工程量较大时，应按分段施工、室内、室外或施工部位等情况划分多个检验批。

（2）排水分项工程一般划分为一个检验批。

（3）混凝土灌注桩桩基础分项工程一般划分为2个分项检验批（桩钢筋笼和桩身混凝土）。同时，检验批的划分还要考虑分段施工，桩的种类、大小等因素的影响，本工程桩基础和土方子分部工程在③、④轴线之间设置施工缝，混凝土灌注桩桩基础分项工程在实际施工中会形成4个检验批。本工程桩基础施工工程量不大，相同类型、工艺和施工部位每8~9根桩为一个检验批。

2.2.2 主体结构工程

（1）砌体结构工程应按楼层、变形缝、施工段划分检验批，以不超过250m³砌体为一个检验批。

（2）混凝土结构工程可根据工艺相同、便于控制质量的原则按结构类型、构件类型、工作班、楼层、施工段和变形缝来划分检验批。

本工程主体分部工程中的分项工程按楼层划分，水平施工缝设置在楼板梁下口50mm处，每层框架结构柱与梁板分开施工。

2.2.3 建筑装饰与装修工程

一般抹灰外墙按每500m²为一个检验批，共1个检验批；室内按50个自然间划分检验批，共1个检验批。

（1）地面工程，应按楼层、施工段、变形缝来划分检验批，高层建筑标准层可按每3层作为一个检验批。

（2）相同材料、工艺和施工条件的室外抹灰工程、室外饰面砖工程、室外涂饰工程，每500~1000m²划分为一个检验批。室内抹灰工程、室内饰面砖工程、室内涂饰工程每50个自然间（大面积房间和走廊按抹灰、饰面砖和涂饰面积每30m²为一间）应划分为一个检验批。

（3）同一品种、类型和规格的木门窗、金属门窗、塑料门窗及门窗玻璃工程每100樘划分为一个检验批，特种门工程每50樘应划分为一个检验批，量大的可按楼层划分检验批。

（4）同一品种的吊顶工程、轻质隔墙工程、裱糊和软包工程每50间（大面积房间和走廊按吊顶、隔墙和裱糊面积每30m²为一间）应划分为一个检验批。

（5）相同设计、材料、工艺和施工条件的幕墙工程每500~1000m²划分为一个检验批。同一单位工程的不连续幕墙应单独划分检验批。对于异型及有特殊要求的幕墙，检验批的划分应由监理（建设）单位和施工单位协商确定。

（6）细部工程按同类制品每50间（处）划分为一个检验批。每个楼梯应划分为一个检验批。

2.2.4 建筑屋面工程

建筑屋面工程可按不同楼层（屋面）划分不同的检验批，对于同一楼层（屋面）不得按变形缝和施工段划分检验批。建筑装饰与装修工程、建筑屋面工程中的分项工程按楼层均划分为1个检验批。

分项检验批抽检数量，按相应的分项检验批质量验收规范的规定确定，并据此收集整理施工技术资料和组织验收。施工验收过程中检验批若有变更，由建设单位、监理单位、施工单位另行商议确定。

新塘宿舍楼单位工程、分部（子分部）工程、分项工程、检验批划分计划详见附表（略）。

3 项目质量管理组织机构

3.1 项目质量管理组织机构的组成

项目经理部由公司授权组建,作为项目质量管理组织机构,按照企业项目管理模式设置,其组成如附图1-1所示。项目质量管理组织机构的管理重心是确保本项目的质量保证体系、生产组织体系运行"有目标、有计划、有组织、有检查、有效率、有成果",工程质量、进度、安全处于全面受控状态。

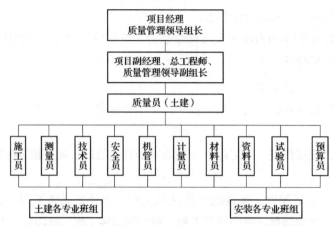

附图1-1 项目经理部(项目质量管理组织机构)的组成

3.2 现场管理人员质量职责(摘要)

(1)项目经理职责:

1)认真落实各级质量管理制度及质量责任。

2)制定项目质量控制、实施的相关管理制度。

3)审核技术质量部门起草的质量管理计划。

4)对项目在实施过程中的质量行为进行监控。

5)对施工过程中的质量事故负总责。

(2)总工程师职责:

1)负责审核技术部门起草的质量管理计划。

2)协助项目经理制定项目质量控制制度。

3)落实项目质量计划的实施情况。

(3)工程技术部经理职责:

1)负责落实各级各项质量管理制度。

2)负责项目质量计划的具体实施。

3)负责监督各班组施工质量行为。

4)对出现的质量事故有直接处理的权利。

(4)质量员职责:

1)负责对各班组施工的全程监督和管理。

2)对质量事故调查与处理负主要责任。

3)对质量事故有直接上报的权利。

(5)施工员职责:

1)协助工程部经理以及质量员对质量的控制和监督。

2)对班组质量行为进行全程跟踪。

(6)材料员职责:

1)负责材料的质量控制。

2)负责材料合格供应商的统计工作。

3)负责现场材料的入库以及出库统计工作。

(7)专业监理工程师职责:

1)根据监理规划,结合工程项目具体情况,制定分管专业的监理实施细则。

2)审查施工单位提交的施工方案和施工技术措施。

3)建立目标控制系统,制定工作流程控制措施。

4)督促施工单位完善质量保证体系,审查承包单位提出的计划、方案、申请、意见,并向总监理工程师报告。

5)组织、指导并检查本专业监理员的工作。

6)审查进场材料、设备、半成品的质量保证资料和检验报告,必要时进行平行检验。

7)负责本专业各分部分项工程的检查验收及隐蔽工程验收,审核工程量。

8)参与工程质量事故的处理,并提出初步意见。

9)记录分管专业的监理日记,参与编写月报。

10)定期或不定期向总监理工程师提交分管工作的报告、报表。

11)负责本专业监理资料的收集、汇总和整理,定期做好分管专业监理工作总结,并参加监理工作总结报告的编写。

(8)监理员职责:

1)负责进场材料、设备、成品、半成品的质量检查、检测。

2)做好旁站监理和巡回、跟踪检查工作,及时记录和报告有关工程情况。

3)检查施工单位人力、材料、设备、施工机械的投入和运行情况,并做好记录。

4)参加施工中各项检查、验收并签署检验记录。

5)检查是否按设计图纸、工艺标准、进度计划施工,并对发生的问题随时予以纠正。

6)参加工程计量、检验并签署原始凭证。

7)检查、监督现场施工安全、防火措施的落实。

8)做好监理日记,如实填报原始记录。

9)及时报告现场发生的质量事故、安全事故和其他异常情况。

3.3 项目经理部质量管理责任分配

项目经理部质量管理责任分配见附表1-2。

附表 1-2 项目经理部质量管理责任分配

质量体系要素名称	项目经理	项目生产经理	项目总工程师	商务部	工程技术部	质量监督部	安全环境部	材料设备部	财务部	综合办公室
管理职责	★	△	△	△	△	—	△	△	△	△
质量保证体系	○	○	★	○	△	—	○	○	○	○
合同评审	★	○	○	—	△	△	○	△	△	△
文件和资料控制	○	○	★	○	—	△	○	○	○	○
采购	★	△	△	○	△	△	○	—	△	△
顾客提供产品的控制	○	★	○	○	○	△	△	—	△	△
产品标识和可追溯性	○	★	○	○	○	△	△	○	△	△
过程控制	○	★	○	○	○	○	○	○	△	△
检验和试验	○	○	★	○	△	—	○	○	△	△
检验、测量和试验设备的控制	○	○	★	○	—	△	△	△	△	△
检验和试验状态	○	○	★	○	△	—	△	△	△	△
不合格品的控制	○	★	○	○	○	△	△	△	△	△
纠正和预防措施	○	○	★	○	○	△	△	○	△	△
搬运、储存、包装、防护和交付	○	★	○	○	○	○	○	○	—	△
质量记录的控制	○	○	★	○	△	—	○	○	△	△
内部质量审核	★	△	△	○	△	—	○	○	△	△
培训	★	○	○	○	○	△	○	○	△	△
服务	○	★	○	○	△	△	△	△	△	△
统计技术	○	○	★	○	○	—	○	△	△	△

注：★表示主管，△表示主相关，○表示一般相关。

4 项目质量技术和资源保障措施

4.1 项目质量技术保障措施

4.1.1 技术资料管理

（1）设专职资料员负责技术资料的收集、整理、归档等日常管理工作，及时检查、督促有关人员做好原始资料的积累，使施工技术资料在时间、内容、数量"三交圈"。

（2）执行施工技术资料管理的岗位责任制，实行项目总工程师技术资料总负责制，并做到分级把关。

1）材料设备部负责提供钢材、水泥、防水材料、外加剂等进厂原材料的材质证明。

2）工程技术部负责编制施工技术交底，提供原材料、半成品试验报告，办理隐蔽工程检查，办理设计洽商；负责提供质量评定、预检等原始资料。

3）质量监督部负责质量核定、预检、隐检的把关，严格按验评标准做到核定准确、签字齐全。

（3）严格执行工程资料管理规程，做到施工技术资料与施工进度同步，施工日志、试验报告、隐检记录、预检记录、质量评定记录在时间、内容、数量"三交圈"。

4.1.2 工程测量

（1）施工测量在整个工程中占有非常重要的位置，所用的仪器和引测方法均应适应和保证测量精度的要求，为保证工序之间的相互配合衔接，测量工作要与施工现场密切配合，根据施工布置和工艺流程做好各项准备工作，严格执行测量放线方案，并做好验线复核。

（2）本工程基坑开挖时、地下结构施工过程中须加强对基坑周围既有建筑物的观测，做好记录。

（3）测量仪器必须符合检验、测量和试验设备控制程序的有关规定，并在施工全过程中保持仪器状态完好。

（4）测量人员必须持证上岗，配合人员必须相对固定。

（5）钢尺使用时应铅直并用标准力，同时要进行尺长和温度校正。

（6）各种测量记录必须原始真实、数据正确、内容完整、字迹工整。

4.1.3 钢筋工程

要保证钢筋工程的施工质量，要控制好材料关、加工下料关、绑扎成型关、验收关。

（1）应认真熟悉图纸，明确节点要求，要合理配料，保证接头位置、接头数量、搭接长度、锚固长度满足设计及施工规范要求。

（2）钢筋料配表要经主管技术人员复核无误后方可用于施工。

（3）钢筋焊接应先在现场制作出焊接试件，试验合格后方可大批量施焊。钢筋搭接焊接严禁接头有夹渣、药皮、砂眼、咬肉等现象，接头外观要100%检查验收。焊工必须持证上岗。

（4）钢筋机械连接接头施工人员按要求进行岗前培训，做到持证上岗，按施工规范要求做好连接接头的检验试验，合格后方可进行下道工序的施工。

（5）钢筋的品种、规格、形状、尺寸、间距、锚固长度、接头位置等必须保证正确，箍筋加工应认真控制。钢筋绑扎前应认真做好弹线工作，保证钢筋位置和截面尺寸准确。钢筋绑扎成型后，要求横平竖直、整洁美观。

（6）认真做好钢筋保护层垫块、定位钢筋的支垫工作，应消除钢筋位移的质量通病。

（7）钢筋分项工程合格率应达到100%，优良率应达到80%以上。

4.1.4 模板工程

模板工程是保证混凝土"内实外光"的关键，必须精心设计、精心制作、精心施工。模板在设计过程中，对拼、对拉螺栓的数量，多块板的排列配置，除满足强度、刚度要求外，应严格按照均匀、对称、有规律的原则进行设计，在施工过程中严禁随意更改。模板加工、制作、安装的质量要求，要严于国家标准，分项工程合格率应达到100%，优良率应达到80%以上。

（1）根据模板相互位置及各部位尺寸，经计算后确定模板支设方案。大模板应拉通线校正，以防侧模里出外进，要确保线型顺直。

（2）墙模板支设完毕后必须进行校正，应支撑牢固，以免偏移扭歪。

（3）模板安装时标高、尺寸、轴线要准确。

（4）模板在拼装时一定要严密，模板的支设尺寸要利用负误差来修正，要防止胀模事故。

（5）墙模板支模前，先在其根部粘海绵条，防止柱、墙根部混凝土漏浆。

（6）顶板模板采用防水竹胶合板，拼缝处采用硬拼，以确保面板拼缝平整、严密。

（7）混凝土浇筑时要有木工跟班作业，要认真检查模板有无漏浆、拉结是否松动、模板是否变形等。

（8）施工缝处模板应设双层钢板网加木模板垂直堵严，防止因混凝土振捣而形成斜槎。

（9）拆模时混凝土强度要符合规范要求，拆模应经主管技术人员批准，并不得损坏混凝土的棱角。

（10）板、墙拆模时，不得死撬硬砸，按照先装后拆的顺序拆模，不得破坏混凝土。模板拆除后要及时清洁，刷好脱模剂。模板在运输、堆放过程中要注意保护，避免损坏。

4.1.5 混凝土工程

（1）本工程拟采用预拌混凝土，应选择合格供应商。

（2）预拌混凝土资料要求：

1）预拌混凝土搅拌单位必须向施工单位随车提供预拌混凝土运输单，并提供预拌混凝土出厂合格证。

2）28d抗压强度报告（现场检验）。

3）混凝土浇筑记录（其中部分内容根据预拌混凝土运输单整理）。

4）混凝土坍落度测试记录（现场部分）。

5）混凝土试块强度统计及评定记录（现场部分）。

（3）按每一流水段每 $100m^3$、每一工作班留置一次混凝土试块，每次除留置标准养护试块、同条件养护试块外，还应留置备用试块。

（4）混凝土浇筑前，应将模板内杂物清理干净，并用水充分湿润。预留、预埋必须完毕，隐蔽检查通过后，填写混凝土浇筑申请单，经监理工程师签认后方可浇筑。

（5）混凝土浇筑时要先确定其浇筑高度，浇筑前应抄平放线，并做好浇筑高度和范围标识，应使施工缝留在梁板内，以便于下次浇筑前剔除其表面的软弱层。施工缝位置应符合规范要求，且要便于施工。

（6）混凝土应分层浇筑，分层厚度应为振捣棒有效振捣长度的1.25倍。振捣时振捣棒应伸入下层混凝土50mm，振点应交错均匀排列（间距不大于400mm）。振捣时振捣棒要快插慢拔，严格控制混凝土振捣时间，以表面泛浆且不再下沉为原则。

（7）浇筑钢筋较密处混凝土时，要精心操作，不得漏振、过振。

（8）施工缝处理。施工缝接缝前要剔除原混凝土表面的浮浆和松动石子，用风泵吹净，并浇筑30~50mm厚的同配合比的减石子水泥砂浆，以确保施工缝处的质量。

（9）混凝土养护。混凝土终凝后立即按施工方案确定的方法进行养护，一般混凝土养护时间不得少于7d，抗渗混凝土养护时间不得少于14d。

（10）拆除混凝土模板时，要先行试压同条件养护试块，达到要求后施工方提出拆模申请，经主管人员批准后方可拆模。

（11）基础工程，应按规范控制其碱含量，施工时优先选用低碱水泥。

（12）混凝土楼板在强度未达到2MPa前不得上人操作。

（13）混凝土质量必须达到清水混凝土标准，即表面平整有光泽，阴（阳）角线型顺直、流畅，角度方正，施工缝无错台。混凝土分项工程实测实量合格率达100%，优良率达80%，混凝土强度等级满足设计要求。

4.1.6 防水工程

（1）选用的防水施工队伍应取得施工企业资质等级证书，且在有效期内。施工人员应持证上岗。

（2）防水材料应有"三证一标志"，即准用证、材料使用说明书、材料检测报告，同时还应有防伪标志。

（3）防水材料进场后应及时送检，并按规定进行见证取样，检验合格后方可使用。

（4）进行防水层施工时，基层处理和每一道防水层完成后均应指定专人进行检查，并做好隐检记录。

（5）防水层施工完后，应尽量避免上人，严禁穿钉鞋人员进入，严防施工设备损坏防水层。

（6）防水工程完工后，应进行试水试验，并请监理单位及建设单位共同验收，并填写试水试验记录，对屋面应做淋水试验，淋水时间不少于2h。厕浴间应进行24h以上的蓄水试验，最浅处的蓄水深度要大于2cm。

4.1.7 暖卫工程

（1）施工过程中与各专业密切配合，严格执行自检、互检、交接检程序，做好预留、预埋工作。

（2）浇筑、堵抹孔洞、墙洞工作应在土建精装修前完成，所用混凝土或砂浆强度不得低于原结构强度。

（3）所有材料应严格执行进场检验和试验程序，用水器具须有准用证。

（4）型钢支架开孔应采用专用机具，必须用气焊开孔、切割的，应做到表面光洁、孔径规范。

（5）管井支架应统一制作、统一布置，以达到稳固、合理、检修方便的目的。卡架固定应牢靠、稳固，非现浇墙上的卡架要预埋。

（6）为保证厕浴间的防水质量，所有立管、套管根部均做防水台，套管高度应大于50mm。套管制作完毕后，内壁与切口应马上进行防腐处理，埋设前外壁除锈应彻底。管道试压合格后应及时堵塞。

（7）进行保温施工时须保证保温层厚度，保温层应严密、光滑、无漏损。

（8）施工中应加强过程控制，严格执行过程检验和试验程序。

（9）施工前要制定专项和整体成品保护措施，防止交叉污染和成品受损。

4.2 项目资源保障措施

4.2.1 劳动力配置计划

劳动力配置计划见附表1-3。

附表1-3 劳动力配置计划

工种	1月	2月	3月	4月	5月	6月	7月	8月	9月
普工									
木工									
钢筋工									
架子工									
瓦工									
抹灰工									
防水工									
水暖安装工									
电气焊工									
电工									

4.2.2 计量器具配置计划

计量器具配置计划见附表1-4~附表1-6。

附表1-4 主要测量计量器具准备

序号	设备名称	型号	出厂编号	数量
1	水准仪	AL-332	411869	1台
2	水准仪	AL-25A	343594	1台
3	电子经纬仪	BTD-2	0112	1台
4	电子经纬仪	BTD-2	0152	1台
5	水准标尺	TL-1	T3-1114	1把
6	钢卷尺	JL-1	1841	1把
7	钢卷尺	JL-2	041967	2把

附表1-5 主要施工试验计量器具准备

序号	名称	型号	数量
1	台秤	AGT-10	1台
2	天平	JYT-10	1台
3	温（湿）度自控仪	BYS-Ⅱ	1个
4	温（湿）度计	WSB-F1	1个

附 录 施工质量计划编制案例

附表 1-6 主要施工检测计量器具准备

序号	名称	规格	出厂编号	数量
1	靠尺	JZC-2 型	K3-660	1 把
2	靠尺	JZC-2 型	K3-659	1 把
3	线坠	—	—	2 把
4	塞尺	—	—	2 把
5	钢直尺	BD-1	—	1 把

4.2.3 主要工程物资采购计划

主要工程物资采购计划见附表 1-7。

附表 1-7 主要工程物资采购计划

序号	主要材料	工程量	单位	进场时间	备注
1	钢筋		t		
2	混凝土		m^3		
3	陶粒混凝土块		m^3		
4	钢骨柱		t		
5	水泥		t		
6	砂		t		
7	瓷砖		m^2		
8	耐水腻子		t		
9	耐擦洗涂料		t		
10	防水涂料		kg		

4.2.4 分包计划

分包计划见附表 1-8。

附表 1-8 分包计划

序号	拟分包项目名称	分包队伍名称	备注
1	基础结构劳务		
2	主体结构劳务		
3	机电劳务		
4	防水施工劳务		

4.2.5 施工方案编制计划

施工方案编制计划见附表 1-9。

附表 1-9 施工方案编制计划

序号	名称	编制人	计划完成时间
1	砌筑工程施工方案		
2	模板安装施工方案		

(续)

序号	名称	编制人	计划完成时间
3	室内防水工程方案		
4	抹灰工程施工方案		

5 项目质量过程检查验收制度

5.1 图纸会审和技术交底制度

项目开工前，必须进行图纸会审。分项工程开工前，主管工程师根据施工组织设计及施工方案编制技术交底，对特殊工程必须编写作业指导书。对关键工序必须编写施工方案，分项工程施工前必须向作业人员进行技术交底，说明该分项工程的设计要求、技术标准、施工方法和注意事项等。

5.2 施工过程"自检、互检、交接检"三检制度

施工过程的质量检查实行三检制，即班组自检、互检、交接检。工长负责组织质量评定，项目部质检员负责质量等级的核定，确保分项工程质量一次验收合格。

交接检制度即工种之间交接检、总包与分包之间交接检、成品保护交接检。上道工序完成后，在进入下道工序前必须进行检验，并经监理工程师签证。上道工序不合格，不准进入下道工序，以确保各道工序的工程质量。坚持做到"五不施工"，即未进行技术交底不施工、图纸及技术要求不清楚不施工、施工测量桩未经复核不施工、材料无合格证或试验不合格的不施工、上道工序不经检查不施工；"三不交接"，即无自检记录不交接、未经专业技术人员验收不交接、施工记录不全不交接。

5.3 隐蔽工程验收制度

凡属隐蔽工程项目，首先由班组、项目经理部逐级进行自检，自检合格后会同监理工程师一起复核，检查结果填入隐蔽工程检查表，由双方签字。隐蔽工程不经签证，不能进行隐蔽。

5.4 测量定位复查制度

施工测量必须经技术人员复核后报监理工程师审核，确保测量准确、控制到位。

5.5 严格执行材料半成品、成品采购及验收制度

原材料采购需制订合理的采购计划，根据施工合同规定的质量、标准及技术规范的要求，精心选择合格供应商，同时严格执行质量检查和验收制度，按规定进行复试及见证取样，确认合格后方可使用。

所有采购的原材料、半成品、成品进场必须由专业人员进场验收，核实质量证明文件及资料，对于不合格半成品或材质证明不齐全的材料，不许验收进场。材料进场后应及时标识，确保不误用、混用。

5.6 施工计量制度（仪器设备的标定制度）

项目经理部设专职计量员，各种仪器、仪表，如经纬仪、水准仪、钢尺、液压表、千斤

顶、压力机、天平等应按照检验、测量和试验设备控制程序进行定期标定，由专人负责管理。

5.7 质量奖惩制度

项目经理部制定质量奖惩制度，从总价中给出相应的费用建立项目质量保证基金，实行内部优质优价制度，优质按保证基金的103%计价，合格按保证基金的98%计价，不合格项目不计价，返工合格后按保证基金的96%计价。同时，实行质量风险金制度，项目经理部各级人员均按其所负责的质量责任，在项目开工时交付质量风险金，作为个人质量担保的费用，以充分发挥经济杠杆的调节作用。

5.8 坚持持证上岗制度

工程施工人员、特种作业人员、技术人员等均要经考核合格，必须持证上岗。

5.9 实行质量否决制度

选派具有资质和施工经验的技术人员担任各级质检员，负责质检工作，质检员具有质量否决权、停工权和处罚权。凡进入工地的所有材料、半成品、成品，必须经质检员检验合格后方可用于工程。对分项工程质量验收，必须经过质检员核查合格后方可上报监理工程师。

5.10 认真执行"样板墙、样板间、样板层"制度

施工中执行"样板墙、样板间、样板层"制度，以明确标准，增强可操作性，便于监督检查。"样板"必须按规定经验收合格，并经监理单位、建设单位确认后方可大面积施工。

5.11 做好施工中的协作配合工作

为确保工程质量目标实现，我们以真诚的合作诚意与设计单位、监理单位共同把好质量关，在施工全过程中，教育施工所有参与人员，尊重和服从建设单位、监理工程师和质检员的监督与指导。

参考文献

[1] 中国建设监理协会.建设工程质量控制(土木建筑工程)[M].北京：中国建筑工业出版社，2021.

[2] 杨正权.建筑工程监理质量控制要点[M].北京：中国建筑工业出版社，2021.

[3] 张伟.建设工程质量检测实用手册[M].青岛：中国海洋大学出版社，2021.

[4] 中国建设监理协会.建设工程监理案例分析(土木建筑工程)[M].哈尔滨：哈尔滨工程大学出版社，2020.